进化着的进化学

——达尔文之后的发展

庚镇城　著

上海科学技术出版社

内容提要

本书对进化理论在达尔文之后的发展做了颇为细致的梳理,试图描绘出一幅较为清晰的发展脉络。主要内容有:进化综合理论与分子进化中立理论两个学派的代表人物在对待达尔文之后进化学发展史观问题上的共识与分歧;19世纪后半叶两位著名学者魏斯曼和海克尔对进化理论发展的贡献;1880年代末到1920年代,达尔文主义被逼入低谷;1930年代到1960年代末,综合理论形成并发展到隆盛时期;1960年代末,分子进化中立理论兴起;人类基因组计划完成,进化学迈入后基因组时代的新阶段;有关人类起源问题。本书尽力收罗了相关的文献资料,介绍进化学各发展阶段相关学者的重要贡献。对个别问题作者表达了自己的想法,供读者思考并乞科学发展的检验。

本书可供大学生命科学专业师生及进化学研究者参考。

图书在版编目(CIP)数据

进化着的进化学:达尔文之后的发展 / 庚镇城著.
—上海:上海科学技术出版社,2016.12
ISBN 978-7-5478-3192-2

Ⅰ.①进⋯ Ⅱ.①庚⋯ Ⅲ.①进化论-研究 Ⅳ.①Q111

中国版本图书馆CIP数据核字(2016)第173022号

进化着的进化学——达尔文之后的发展

庚镇城 著

上海世纪出版股份有限公司
上海 科 学 技 术 出 版 社 出版
(上海钦州南路71号 邮政编码200235)
上海世纪出版股份有限公司发行中心发行
200001 上海福建中路193号 www.ewen.co
常熟市华顺印刷有限公司印刷
开本 787×1092 1/16 印张 16.25
字数 325千字
2016年12月第1版 2016年12月第1次印刷
ISBN 978-7-5478-3192-2/Q·41
定价:58.00元

前　言

　　上海科学技术出版社出版了和正拟出版一系列有关"进化着的"某些学科的书籍，其宗旨在于向广大读者介绍该学科的发展历史以及在发展途中所发生的重大事件以及当今的最新成就。编辑者的这样创意和出版规划是非常美好的，值得高度赞许。多年之前，为我出版过好几本书的责任编辑、相处40余年的好友李维靖先生就向我提议写一本《进化着的进化学》的书。对于他给予我的这种信赖与热情鼓舞，我是一直心存感激的。

　　宇宙万物，大到巨星小到微观粒子，无不时刻地在发生着变化。这是辩证唯物论哲学的第一要义。

　　我要讨论的进化议题是关乎生命这种特定物质的进化。生命为何物，生命与非生命在本质上有何区别，自古以来便是哲学家、自然科学家深为关注和孜孜求索的问题。拙作《生命本质的探索》即旨在介绍自古迄今中外诸子百家关乎生命本质的见解，即各种生命观。其中尤其着重介绍了年轻的量子物理学家德尔布吕克（M. Delbrück，1906-1981）在1932年听了哥本哈根学派的领袖玻尔（N.H.D. Bohr，1885-1962）所做的在科学史上著名的"光与生命"的讲演之后，其志趣从此由物理学转向生物学，最终开拓出分子生物学这样一个崭新学术领域的过程。在该书的"遗传因子、核素、中心法则"一章中，较详细地讲述了孟德尔（J.G. Mendel，1822-1884）、米歇尔（J.F. Miescher，1844-1895）、摩尔根（T.H. Morgan，1866-1945）、埃弗里（O.T. Avery，1877-1955）等人对基因、核酸的发现以及确定基因的本质是核酸的认识过程；其中特别介绍了沃森（J.D. Watson，1928-　　）、克里克（F.H.C. Crick，1916-2004）、富兰克林（R.E. Franklin，1920-1958）和威尔金斯（M.H.F. Wilkins，1916-2004）在确立DNA双螺旋结构中的各自贡献，以及克里克提出分子生物学的中心法则。

　　英国的伟大学者达尔文（C.R. Darwin，1809-1882）在1859年发表了《物种起源》一书，提出自然选择原理，为进化论奠定了科学基础。150年来，进化学正是在达尔文学说的光辉照耀下迅猛发展的。介绍、弘扬达尔文及其学说的文章、著作不计其数。2009年是达尔文诞生200周年及其名著《物种起源》发表150周年值得纪念的年份，笔者写了《达尔文新考》，介绍了现代国外学者研究达尔文学说的一些新进展。

　　进化综合理论（synthesis theory of evolution）是20世纪20年代后期兴起的达

尔文学说发展的新阶段。它有两个发源地——以欧美学者费希尔（R.A. Fisher, 1890-1962）、赖特（S. Wright, 1889-1988）和霍尔丹（J.B.S. Haldane, 1892-1964）为代表的群体遗传学派和以俄罗斯切特维利柯夫（С.С. Четвериков, 1880-1959）为首的进化遗传学派。在拙作《李森科时代前俄罗斯遗传学者的成就》中专门介绍了切特维利柯夫其人其事以及他领导的莫斯科进化遗传学派所取得的成就。并着重介绍了进化综合理论旗手杜布赞斯基（T. Dobzhansky, 1900-1975）成长的历程及其学术成就。

呈献于读者面前的这本小册子则着重介绍进化学在达尔文之后的发展，内容包括19世纪科学哲学思潮对生物学及进化论发展的影响，19世纪德国两位伟大进化论者魏斯曼（A. Weismann, 1834-1914）和海克尔（E. Haeckel, 1834-1919）对于进化论发展的贡献，19世纪后半叶起由古生物学中发展起来的新拉马克主义及定向进化理论，还有20世纪初孟德尔遗传规律再发现之后兴起的以德弗里斯（H. de Vries, 1848-1936）和贝特森（W. Bateson, 1861-1926）为代表的"孟德尔学派"。新拉马克主义、定向进化理论和"孟德尔学派"从不同的角度对达尔文学说进行了猛烈的攻击，曾一度把达尔文学说逼入低谷。可是到了1920年代后期，随着数理群体遗传学和实验群体进化学的出现，事情又峰回路转，一些承认自然选择为进化原动力的学派集合起来形成了进化的综合理论。这个理论在从1920年代末到1960年代末的40多年间，取得了迅猛的发展，君临整个进化学界。一切进化问题似乎都由这个理论解决了。可是随着分子生物学的崛起，1968年日本学者木村资生提出了分子进化的中立理论。这个新的理论和综合理论发生了激烈的争论，为时长达20年之久。中立理论由于不断得到分子生物学新数据的支持，终于在进化学界赢得了公民权。

20世纪70年代是分子生物学蓬勃发展的时期，我国科学工作者积极学习和掌握新的科学知识，但是科学的发展是有连续性的，对于一门科学的了解和认识不该遗留空白。由于我国过去特定的历史条件使得不少进化学工作者对于达尔文之后进化学的发展以及进化综合理论、分子进化的中立理论缺少足够的了解，这对于我国进化学的发展势必会产生不利影响。为了填补这个缺憾，笔者不揣冒昧愿将多年来读书的心得及从事进化学和进化遗传学教学工作中累积起来的一些体会，写进这本书里，供从事进化学研究与教学的同行参考。

2003年4月14日测定人基因组碱基序列的研究大功告成，这在生物学发展的历史上是一座辉煌的里程碑，标志着此后的生命科学进入后基因组时代。通过不同生物基因组碱基序列的比对，探讨生物间的亲缘关系与进化途径乃是今后进化学研究的一个重要方向。

在长达38亿年之久的生命进化之旅中，从生命起源问题始，有一系列重要的节点性问题，诸如氰细菌的繁荣与真核生物的出现，单细胞生物演变为多细胞生物，寒武纪大爆发，动物与植物的登陆，无脊椎动物与脊椎动物的演化，鱼类、两栖类、爬行类、哺乳类的起源与发展，历次的大灭绝，灵长类的起源与发展，人类的起源与进化等，以及植物方面的很多问题，都是进化学正在探讨的。由于分子进化学的参与，许多问题的研究取得了很大的进步。

　　限于篇幅的关系,本书仅就人们最关心的人类自身的起源问题做些讨论。关于人类起源的研究,一个半世纪以来主要是由人类学、古生物学、考古学、地质学、古气候学担当的,成就斐然。赞成"多地域起源说"的古人类学家认为,人类从直立人(*Homo erectus*)阶段开始历经近200万年的曲曲折折的进化过程,发展成为智人即现代人(*Homo sapiens*),并扩展到世界的各个角落。20世纪80年代后,分子进化学运用到这个研究领域中来,使人类学研究出现了新的特色,并提出了新版的"出非洲单一系统说"。根据这个假说,所有的现代人是在距今不足20万年前的时间内由非洲的一个女性起源的,而后扩散到世界各地。从前生息、活跃在欧亚大陆及大洋洲的直立人、尼安德特人都没有留下任何子孙突然地灭绝了。秉持传统见解的学者们当然认为这种新理论是不可信的,于是在人类学界开展了激烈的争论。这种争论还在继续着。本书对传统的化石研究和分子进化研究两个方面所得到的结果、结论及其争论焦点进行了介绍。

　　如果本书能对我国从事进化遗传学教学与科研工作的科技人员有所裨益,能使广大读者对进化学产生兴趣,乃是笔者的莫大期许和荣幸。

目　录

第1章 两派权威学者
进化史观的差异

从本书的题目《进化着的进化学》和副标题"达尔文之后的发展"来看,就可知带有讨论近代进化论发展简史的性质。进化论成为一门科学,是从1809年法国的伟大学者拉马克(Jean-Baptiste Lamarck,1744–1829)发表其著作《动物哲学》(*Philosophie Zoologique*)的时候开始的。这是因为拉马克在生物学史上是第一位勇敢地站出来反对特创论、形而上学的物种不变论和"灾变论",明确主张物种是逐渐进化的、不断向上发展的学者。他并且试图完全用自然的因素来阐明生物进化的机理,以排除神的干预,这是拉马克的伟大之处,可谓是进化论的急先锋。为了阐明生物进化的机理,拉马克在其《动物哲学》中提出了环境条件的改变可以直接或间接地引起生物变异,还提出了用与不用的理论(theory of use and disuse)即用进废退的理论和获得性(acquired character)遗传的理论。用这三种理论来阐述生物进化的机制。获得性遗传的理论曾强劲地影响生物学界长达150年之久。从现代遗传学观点看,用进废退和获得性遗传的理论是错误的,是被无数事实否定了的。但是,如果用历史的眼光来做评价,在19世纪的初叶,在科学很不发达的时代,拉马克能基于唯物主义原则提出上述理论来说明生物的进化,委实是非常了不起和难能可贵的。恩格斯在《反杜林论》中写道:"拉马克时代,科学还没有具备充分的材料足以使他对于物种起源的问题除了事前的预测即所谓预言之外,作出别的回答来。"

拉马克在动植物分类学方面也做出了非常重要的贡献。他是首先把无脊椎动物与脊椎动物区分开来的学者,就连"生物学"(Biology)这个术语也是由他创立的。

但是,拉马克的一生尤其在其晚年是非常不幸的,贫病交加,双目失明,最后死无葬身之地。后人称他为近代生物学史上的"薄命天才"。

英国的伟大博物学家达尔文在1859年发表了他的名著《物种起源》(*On the Origin of Species*),标志着进化学发展到它的第二个阶段。达尔文在《物种起源》一书中提出了自然选择的原理,为进化学奠定了科学的基础。正是这个原理使进化论蓬蓬勃勃、日新月异地向前发展。时至今日,自然选择依然被认为是促使生物进化的原动力。一个半世纪以来,人们对于达尔文及其《物种起源》一书,真是好评如潮。当然,在过去和今天,仍有些学者对达尔文及其自然选择理论是持反对态度的,在此书的有关章节将会涉及。

　　进化学发展的第三个阶段是在20世纪20年代末30年代初萌生于欧美和俄罗斯的进化的综合理论阶段。又可称之为新达尔文主义（neo-Darwinism）阶段。综合理论在今日仍然是进化学的主流学派之一。

　　日本的群体遗传学家木村资生（Kimura Motoo，1924-1994）1968年在《自然》（Nature）上发表了题为"Evolutionary Rate at the Molecular Level"的论文。1969年美国学者金（J.L. King）和朱克斯（T.H. Jukes）在《科学》（Science）上发表了题为"Non-Darwinian Evolution"的论文。以此两篇论文为契机，进化学步入到它的第四个发展阶段，即分子进化的中立理论（Neutral theory of molecular evolution）阶段。近半个世纪以来，很多的实验数据都证明分子进化的中立理论是正确的。

　　如今，分子生物学已进入到后基因组时代。许多学者都断定进化科学将成为21世纪生物学的最前沿的学科之一。但是从理论框架（paradigm）论上来说，后基因组时代的进化学大概也不会有悖于分子中立进化和自然选择这两个理论框架的。

　　从1809年《动物哲学》发表到现在，已经历了207个春秋。笔者没有能力把跨越两个世纪之久的波澜壮阔、跌宕起伏的进化学史讲述得清楚完整。

　　1982年是达尔文逝世的100周年。世界各国有许多著名的进化学家写了纪念达尔文或其学说的文章。笔者在阅读过的文章中，觉得进化综合理论的奠基人或元老之一的美国古生物学家辛普森（G.G. Simpson，1902-1984）所撰写的"达尔文以后的进化研究"一文和分子进化中立理论的创立者木村资生所撰写的"从拉马克到中立学说"一文，都非常有价值。

　　虽然说今日的进化学已进入后基因组的时代，但是，进化学依然是由自然选择和分子进化中立理论为核心的两个理论框架支撑着。辛普森和木村资生则分别是这两个理论框架的头号掌门人。他们两人的文章都高屋建瓴、提纲挈领地讲述了进化学"进化"的历史和在进化学发展过程中发生的一些重要节点、事件以及他们所持的评价。从科学史角度看，辛普森和木村资生的这两篇文章可说是经典性的文献，很值得研究进化科学的工作者认真一读的。

　　其次，进化的综合理论与分子进化的中立理论隶属于不同的理论框架。两个学派对待一些问题的见解是明显不同的。两学派之间曾发生过旷日持久的且十分激烈的争论。这一点，从辛普森和木村资生的文章中也都清晰可见。

　　辛普森的文章有三个亮点。（1）他是反对分子进化的中立理论的。他在这篇文章中，对中立理论是持不予理睬或不以为然的态度，只字未提。（2）作为综合理论古生物学派的元老，以自身有关生物进化速度与模型的研究成就批判了古生物学家古尔德（S.J. Gould）和埃尔德雷奇（N. Eldredge）在1972年提出的"断续平衡理论"（punctuated equilibrium theory），读者从辛普森提出的反论中会得到新鲜感与颇大的启迪。（3）明确地将德国气象学家魏格纳（A. Wegener，1880-1930）所提出的地质板块构造学（plate tectonics）与大陆移动学说并入到进化综合理论中来，为不同大陆上的生物存在着平行进化现象提供了理论依据。

　　木村资生的"从拉马克到中立学说"的文章则较详细地陈述了进化学发展的

历程,并清晰地评价了群体遗传学三位创建者的功绩以及他们在理论数学上的区别。谅读者会从中受到颇大启迪。木村资生还讲述了他创立的中立学说的要点与其学术渊源。此外,木村资生在文章中对进化的综合理论做了批判,认为它是"过剩生长"了,其潜台词便是它阻碍了进化学的进步。并几次带着嘲讽、责难的口吻提到了杜布赞斯基和辛普森。

笔者选这两篇文章作为近代进化学史概述的第三个理由是,迄今被公认的进化综合理论的八位主要奠基者:费希尔、赖特、霍尔丹、切特维利柯夫、穆勒(H.J. Muller, 1890-1967)、杜布赞斯基、辛普森、迈尔(E. Mayr, 1904-2005)皆已过世。创立分子进化中立理论的木村资生也已成了故人。把辛普森和木村资生两位权威学者所写的上述两篇文章翻译出来,作为本书第1章的内容,既可使我国广大读者从权威学者的论述中相当准确地了解到近代进化学的发展历史以及他们之间对事件评价的异同;同时这也是我们表达对于进化学创建者的崇敬与纪念的最好方式。正因为他们的卓越贡献,进化学才得以薪尽火传,后继有人,蓬蓬勃勃、如火如荼地前进着。

§1.1　辛普森:达尔文以后的进化研究

首先将辛普森的"达尔文以后的进化研究"文章译出来。译文如下。

达尔文之后,几乎所有高水平的生物学家均承认进化是事实,并且认可自然选择是引起进化性变化的必要理论。但是,追溯到18世纪或更早期,获得性遗传则被认为是引起进化性变化的另一个可能性。获得性遗传曾被达尔文认为是进化中的一个极重要的辅助性因素。达尔文还指出,获得性遗传是一个可以反证的假说。获得性遗传假说进入本世纪(笔者注:指20世纪)后,还得到过若干生物学者的支持,可是经反证,获得性遗传在今日的进化论领域里已成为完全不值得评价的事件了。

遗传变异的真正根据和本质以及和进化之间的相互关系,实际上在1900年(并非是常说的1866年)之前是没有搞清楚的。

1900年到现在已过去82个春秋。人们对遗传现象的理解变得明确和更为详细了,可事情也变得更加复杂起来。今日遗传学由于和生物化学的进步相辅相成,从而它较之生物科学中的其他领域拥有更多的研究者。

对进化论而言,遗传学的开头是并不怎么好的(笔者注:参见相关链接)。构筑遗传学基础的学者之一的德弗里斯用拉马克月见草(*Oenothera*)做试验材料。通过拉马克月见草杂交突然产生出若干与亲代显著不同的子孙。德弗里斯和当时的其他几位遗传学家便做出这样结论:正是这样的突变才是导致生物进化的本质原因,而自然选择对于进化几乎是或完全是没有作用的。可是后来逐渐搞清楚了拉马克月见草属于例外的情况,在其身上所出现的突变与进化倒是几乎或完全没有关系的。

其后，在20世纪里，遗传学证明了生物体的遗传性状，即使不是全部也是绝大部分，是由配子中的各种单位所控制，并可传递给下一代。这种单位称之为基因。起初，基因是假设性的，后来通过其表达出的结果而得以确认。若干年间，人们了解了基因在染色体上呈直线状排列，通常存在于配子和通过分裂而增殖的单细胞生物中。在进行有性生殖的生物即几乎所有的动植物中，雌性配子与雄性配子相结合而成为合子。合子具有两套具有配对性，但自然并非完全相同的染色体。如今基因已经不是假想的东西，乃是可以进行化学分析的染色体的部分。存在并非完全同一的两套染色体一事，是有性生殖生物经常发生变异的一个根本原因。

对于已详细了解的遗传现象，我今天一概不涉及。而只想讲一个问题。使群体发生遗传变异的可证明并能搞清楚的有若干原因，例如，染色体上承载基因的部位发生种种的重新排列以及染色体数目发生变化等。这里我特别想讲的是基因的点突变问题。所谓点突变仅是一个原子为另一个原子置换的微细变化。

在把遗传学和进化结合起来方面，特别是以下三点重要。第一，一个基因仅控制一个性状是很稀少的，相反，一个性状仅由一个基因控制也是很稀少的事。第二，某个基因并非直接关系到性状的表达，而是规范其他基因的性状表达，特别是由于情况之不同，对其他基因的影响则可有可无。第三，某个基因或染色体的某个部分对于性状表达既没有直接的也没有间接的影响。这样一来，生物体的体质在解剖学上以及在功能上的特性，就可认为是在与遗传机制和别的因素——几乎为环境因素的相互作用中而进化。但是，基因组自身也在一定程度上独立于体质（soma）发生着进化。关于这一点，时下还处于各式各样议论的当口，似乎还未充分理解。

今日进化论之基础是由基本的达尔文学说要素与增长着的遗传学综合而成，并且开始了生物学诸多相关领域向综合进来的方向发展。现在非常多的遗传学家和其他领域的生物学家与综合进化发生了关系，可是其最初期权威性创造性研究，由已故的杜布赞斯基和当下还非常活跃于学界的赖特两人所做的贡献为最大。在1930、1940年代中，其他领域的进化论者陆续参与到进化综合理论的形成。要把每个人的名字都列举出来，则过多了些。但下面讲到若干成果时，还打算简单地提提。来自其他领域的对综合理论的贡献一直延续到1980年代。进化论的综合理论本身一直在进化着，大概还将进化着。在这篇短文里我只限于从各个领域所做出的很多成果中挑选出若干个特定的成果来讲。

系统学者——主要是从事物种分化研究的人们——在形成以下三个概念方面做出了贡献，即异域性（allopatry）、邻域性（parapatry）和同域性（sympatry）。所谓异域性乃着眼于在地理上隔离得非常彻底的群体。邻域性则着眼于栖息于别的群体附近的群体或两个群体在邻接的边缘地带有接触，但却不能杂交的群体。同域性则着眼于栖息于同一地区的不同群体，它们之间或正处在不能杂交的状态或已经完全不能杂交了。上述这些概念，按照地理学及生态学的观点，是与物种的分化或起源有关的。奠基者原理或抽样原理（founder principle 或 sampling principle）也是与系统学相关的概念。还有位于边缘地带的小群体或者与种的主要个体群隔离的小群体，它们不具有该物种全部群体所具有的整个基因库，于是隔离以后的变异以及自然选择则出现朝着与群体之主体有若干不同或完全不同的方向进行的倾向。

关于对生物如何进行分类的问题，迄今还在激烈地争论着。

生物的进化，以及进化意义上的系统发育分类学（phylogenetic systematics），尽管其知识还相当不完备，可却有悠久的历史。然而，其分类必然只能是人为的。关于这个问题，我不打算在这里讨论。

古生物学对达尔文来说，是生物进化的事实证据之一，可是他在世时，古生物的材料很少，曾使他感到困惑。而后化石的数量、化石的种类以及关于其生存期间的知识增加得令人惊讶。化石的记录大概永远不能是完整的。就是说，数不清数目的生物种不可能都能化石化，即使有的生物变成了化石，但并未保存在发掘处或与研究相关联的场所。尽管如此，古生物学从达尔文以来由于进行彻底的调查研究，积累起很多证明进化速度和进化方式的标本。地质学家现今提供了高精度测定化石年代的方法，特别包括放射性同位素的测定方法。精确的测定方法使进化速度的研究成为可能。现在我们已经知道不同的生物种群进化速度不同，相同（或近缘）的生物种群在不同的时代其进化速度也有很大的不同。还知道了生物所在的栖息环境或迁徙到的地点，遭遇到生态学性的变化，其进化速度显著加快。而处于稳定且已很好适应的生物，其变化速度在几百万年间也许实际上是零。在此两极端之间，有各种各样的进化速度。

在这个领域，最近的争论是发生在"稳定论"或"渐变论"（stabilism）和"断续平衡论"（punctuated equilibrium）之间的对比。"稳定论"认为跨越地质学上很长时期的变化是逐渐的、缓慢的，"稳定论"被认为是达尔文和综合理论的主张。而"断续平衡论"则从地质学上看，认为是急速的进化与几乎进化速度为零的不间断的反复。因而"断续平衡论"被看成是个新理论。其实，这原本是过去许多事例中的一种，不过就是造了个新词（术语），把本是一系列的东西挑出两个极端，竟声称是革命的想法（idea）。"断续平衡论"不过是通过选出两个极端而削除许多中间的实例（case）。达尔文至少注意到了这个事实，对他而言只是没有数量化的材料。作为古生物学对于综合理论的贡献，在近于40年前就清楚地掌握了一系列各种情况并加以数量化［辛普森1944年所著 *Tempo and Mode in Evolution*（Columbia University Press）就阐明了一系列各种情况并加以数量化］。

生物地理学证明了达尔文所主张的进化是事实，并成为论证自然选择是阐明生物进化理论时的根据之一。加拉帕戈斯群岛的达尔文燕雀如今众人皆知是达尔文学说的一个例证。进化的生物地理学是在达尔文之后，由于生物学者和古生物学者双方补充了许多观察事实，才作为一门逐渐复杂化且一部分数量化的学问发展起来。这个学问也被错误地分成两派，其中一方

（极端派）认为是新学说并误用术语，因而争论至今。此极端派把新种的起源与分布称之为"vicariance"，因此而发生争论。所谓"vicariance"，其实质就是一个原来分布范围很广泛的物种由于某种隔离因素而分隔成两部分。这个极端派学者将此现象比作"分散"（dispersal）。"分散"即指某个特定物种在某特定地域里起源以及从该地域迁徙出去或扩展开去。生物地理学也不存在可以认为是正确的或辩证法的两个分割。生物地理学上的这两个事实现象以及起因于这两者间的各种各样的现象是明显存在着的。而且，这一点达尔文也是了解的，虽然稍许欠缺严密性。达尔文以后的生物地理学家进行了广泛的研究，并一直做着详细的记载。

　　达尔文以后发生的另一个事件，当然是达尔文所完全不了解的，从这个意义上说，谈谈这件事也许是很适合做我这篇论说的结尾。那便是地质板块构造学（plate tectonics）与大陆移动说。大陆移动问题，从前也有人作为假说提出来过，也曾以不能认为是很认真的方式议论过。一般认为这是由德国气象学家魏格纳提出来的。在他所提出的证据中，很多受到怀疑，其中一部分特别是古生物学的证据是完全错误的。可是在魏格纳逝世若干年之后，完全不同的证据和使用新发明的仪器证明了如下事项：即地壳的大部分是由坚硬的板块所形成，该板块在各不同的时代发生移动，于是就成为板块上承载着的大陆反复发生周期性分离与合拢的原因。大陆的离合运动从各个方面正在对生物地理学产生着影响。从更加严密的意义上说，地质板块构造学与大陆移动说是在达尔文之后给进化学研究带来的新要素。

§1.2　木村资生：从拉马克到中立学说

　　下面将分子进化中立理论的创立者日本学者木村资生写的"从拉马克到中立学说"的文章介绍给读者。在读者还没有阅读这篇文章的译文之前，笔者先交代一个问题。我国有不少学者称分子进化中立理论为"分子进化中性理论"，为什么在这本书里，笔者称为中立理论呢？于此稍作解释。日本是使用汉字的国家，木村将其创立的理论是用四个汉字"中立理论"加以标明的。他将其理论译成英文是：Neutral Theory。Neutral此词在中文里既可译为中立，也可译为中性。于是我国有的学者便将木村资生的理论译为"中性理论"。中性与中立两词在中文里的含义似乎区分不大，但在日文中，两者的含义却有明显的不同。1970年代末，笔者在京都参加一个学术会议，会上有一个日本学者问我，中国为什么将木村资生的理论译作中性理论？中文里没有"中立"一词吗？那个日本人之所以提出这样疑问，是因为在日文中，"中性"一词一般只有三个解释：化学上的中性；德语、俄语等语法的中性；(俗)中性人，阴阳人（请参见辽宁人民出版社1986年出版的《新日汉辞典》1358页）。显然，木村资生的理论涉及的不是关于化学、语法和阴阳人的事情，故将其译成中性理论是不够妥当的，正如把中立国译为"中性国"欠妥一样。因此，本书使用中立理论这个术语。

从拉马克到中立学说一文以达尔文的自然选择与孟德尔遗传学相融合而产生的群体遗传学的历史为中心,叙述从拉马克的用与不用理论到分子进化中立理论历程中关于进化机理认识的变迁。另外,还对最近通过分子进化研究而形成的中立理论进行解说。

今年是达尔文逝世100周年。是他的著作《物种起源》发表后的123个年头。《物种起源》刚发表时曾遭到来自各方面的暴风骤雨般的批判,可是现在基于达尔文的自然选择的进化理论已作为生物学中的伟大成就而被广泛接受。达尔文的进化理论并不太有实用价值,可是,在人类了解其自身由来,思考人为何物时,它却是根本性的理论。因而,不仅是生物学家、哲学家,对于一般的知识人来说,达尔文的进化论也备受关注。德国某报在报道达尔文逝世消息时写了"19世纪是达尔文的世纪"这样的话,由此也可见达尔文的进化论对人类思想产生了多么大的影响。

在达尔文之后的生物学发展中对进化论产生最大影响的大概要算是孟德尔遗传学。尽管如此,直到最近之前,进化的研究几乎还是限于可目睹的生物表型。可是到了十几年前,终于可以从分子(基因内部结构)水平来研究进化了,发现了以前预想不到的许多新的事实。为了说明这些新事实,在14年前提出了分子进化的中立学说。可是这引起了很大的争论,中立说遭到了强烈的批判。所幸,最近的二三年间DNA碱基序列的数据急速地累积起来,此外,有关变异得到了新知识,支持中立理论的各种证据都涌现出来,中立学说今后也将存续下去吧。以下试从群体遗传学的立场来讨论进化论的"进化"过程。

(1) 拉马克对进化论的贡献

地球上生息的多种多样的生物物种不是永久不变的,在长久的年月间会逐渐发生变化的生物进化的思想,可以说能追溯到古希腊哲学家那里。可是,最初基于事实倡导作为科学的生物进化论的学者大概要算是法国的拉马克。他在几乎所有生物学者都认为物种是不变的19世纪初,主张生物是从低等向高等进化着的。他在1809年发表的《动物哲学》是非常有名的。由于他是第一个明确认识到进化是事实,因而他在进化学史上占据着仅次于达尔文的重要地位。另外,他也是首先提出系统进化机理的学者。他假定个体在一生中获得的变异可作为遗传性质的变异传递给后代。例如,关于长颈鹿脖子的进化,拉马克是这样说明的,这个动物的祖先为了想吃到长在树高处的叶子而不断地努力伸长其脖子,这种习性代代反复延续的结果,就进化成如今有这样长的脖子和腿的长颈鹿。如果用现代语言来说的话,就是由"获得性遗传"造成的结果。可是,通过后来遗传学的发展,获得性遗传被完全否定了。所以说,拉马克理论作为进化机制的理论是不正确的。尽管如此,可是直到今日还不断有学者赞同拉马克派的进化理论,从这一点来说,获得性遗传的想法从我们的常识里根除却并非是那样容易的事。辛普森在提到拉马克理论时,竟说如此有魅力的理论是错误的真令人感到遗憾。

拉马克是首先明确主张生物是进化的人,就是在今天拉马克也被认为是伟大的生物学家。可是在他活着的时候却并没有受到重视。根据辛普森的著述(*This View of Life*, 1964),拉马克在写《动物哲学》时(当时他已65岁),几乎没受到重视。并且晚年失明,在悲凉的状态中去世。拉马克成为名人是延后多年的事情,那是起因于达尔文的《物种起源》在1859年出版引起一场大的争论。在达尔文的反对派中,有一派全面排除自然选择理论,主张环境的直接影响是进化的主因。由于他们的主张是从拉马克的著作中引出来的,故被冠名为新拉马克主义(neo-Lamarkinism)。其实,新拉马克主义和拉马克学说是不一样的。

从正面对拉马克学说进行攻击的是魏斯曼。魏斯曼在其一系列的论文中指出,假定用获得性遗传来说明进化不仅是不必要的,而且这种假定本身就是不正确的(关于魏斯曼在遗传学史中的作用,参考 Sturtevant: *A History of Genetics*)。魏斯曼曾做过一个很有名的实验:将生下来的小鼠的尾巴切断,连续切了22代,可是之后生出来的小鼠的尾巴之长度却一点也没有变短(关于这个实验对于否定拉马克学说有无意义,学者间的意见有很大分歧)。

伴随着20世纪的进程,孟德尔遗传学以非常迅猛之势发展。新的革命性的知识见解不断地增加,最终达到了如今以分子遗传学所代表的现状。于此期间,没得到过一个支持获得性遗传的证据。尽管如此,可是令人惊异的是,固执于拉马克学说、主张用孟德尔遗传学不能说明进化的学者却络绎不绝。

由分子遗传学所搞清的最重要的事实是:遗传信息以碱基序列的形式刻录在DNA分子上,遗传信息被转录到RNA上,并据此决定了蛋白质的氨基酸序列,于是形成物种所特有的个体,并能维持其生活。所以我们认为,核内DNA的碱基序列不可能因生活环境或习性的影响而发生特别的致使个体更好适应环境的变化。可是,反向转录酶被发现之后,出现了认为反向转录酶在分子水平上可说明获得性遗传的主张。

魏斯曼的进化学说被称为是新达尔文主义(neo-Darwinism)。他作为一派的首领同新拉马克主义一派进行过激烈的斗争。因此进化学直到19世纪的末了都是非常热闹的。魏斯曼是极端的自然选择万能论者,除了自然选择外,他排除了达尔文所有其他一切主张。

(2)达尔文的《物种起源》

对生物进化进行真正的科学研究,不言而喻是从达尔文开始的。达尔文在拉马克的《动物哲学》出版后过了半个世纪的1859年发表了他的《物种起源》(他当时50岁)。达尔文在乘贝格尔号军舰航行世界一周之后,不仅用经过多年收集到的大量资料让世界的学者接受生物是进化的事实,而且阐明了生物由于自然选择而发生适应性的进化。正如已讲过的那样,达尔文的那本书不仅对生物学产生了巨大的影响,对人类的思想也产生了巨大的影响。当《物种起源》发表100周年之际,穆勒称那本书是"由一个人所写的最伟大的书籍"。众所周知,达尔文根据人工选择(人为淘汰)类推,认为选择作用在自然界中也同样有效地在活动着。提出这种见解的理由是,不论是哪个物种,都产生出较之达到成熟的个体数目多得多的幼子,因此发生生存竞争。因而对个体生存哪怕是稍许有利的变异就会得到保存,并根据"强的遗传法则"传给下一代,逐渐在种内扩散。达尔文强调微小的有利的变异的累积是非常重要的,认为由此而慢慢地发生适应性的进化。

达尔文在写《物种起源》时,最让他烦恼的事是不了解遗传性的变异是怎样产生的又是如何传给其后代的遗传法则。但是,他的天才的洞察力使他能够领悟到自然选择在进化中起着重要的作用。但是有观点认为,达尔文在其《物种起源》的初版之后,由于受到对自然选择学说的激烈批判,是不是一点点地失去了自信,随着书的每一次改版,主张自然选择是进化的主要因素的立场都发生减弱。与此同时,则转向认为获得性遗传在进化中也似乎起着重要作用的立场。如今达尔文的自然选择学说已成为进化学的主流,一部分人视其为神圣,对于当时达尔文的理论曾受到过那般激烈的暴风骤雨般的批判似乎极其难以想象。

孟德尔遗传学是与20世纪一同起步的,曾使达尔文深感困惑的遗传法则问题得以消解。可是,孟德尔时代的开场亦绝非是顺当平稳的。孟德尔时代开始不久,在以皮尔逊(K. Pearson)和韦尔登(W.F.R. Weldon)为首的生物统计学派与以贝特森(W. Bateson)为代表的孟德尔学派之间发生了尖锐的对立。其实,这种对立在1900年孟德尔法则再发现之前就已存在。深受高尔顿(F. Galton)影响的生物学家韦尔登曾相信对研究进化来说,生物统计学的方法是最合适的,并且试图通过对动植物的各种性状的测定来推测进化的速度与自然选择的强度。著名的应用数学家皮尔逊是韦尔登的好友,由于受韦尔登的影响,皮尔逊对生物进化问题也有了兴趣。当时皮尔逊加以定格化的遗传法则是错误的,可是,皮尔逊通过这项研究所开发的统计学方法(例如卡平方方法)对于其后进化与遗传的研究所做出的贡献真是大得不能想象。韦尔登和皮尔逊一起加入达尔文学派,认为进化是由于自然选择对微小的变异的作用而慢慢发生的。与这种见解相反,贝特森根据对动植物变异的研究反对达尔文的主张,认为自然选择作用于连续变异而发生进化的事情是不可能的。贝特森认为生物的不连续变异对进化才是重要的和有意义的。

随着孟德尔法则的再发现,孟德尔学派与生物统计学派之间的纠葛变得更为激化。但是不久韦尔登英年早逝,另外支持孟德尔法则的正确性的实验数据陆续发表,随着生物统计学派的明显败北,两个学派间的争论也就逐渐消失了。但是在此我想补充说明一点,攻击孟德尔法则的韦尔登在关于自然选择的研究中却做出了重要贡献。他根据对螺的测定发现螺的螺圈数不论较平均数多的个体还是比平均数少的个体,其生存率都比具有平均数的个体要低。这种现在称之为稳定化选择(stabilizing selection)的选择模式,乃为韦尔登最早发现的。

伴随着孟德尔学派的胜利,对由于微小的连续变异起作用而发生进化的达尔文学说产生怀疑的学者变得多了起来。德弗里斯的所谓突变说曾被普遍接受。德弗里斯主张新的物种不是在自然选择的作用下慢慢形成的,而是由于遗传物质的突然变化一蹴而就的,即一下子产生的。这种论点在20世纪初期被提倡并得到许多学者的支持。德弗里斯在拉马克月见草上所发现的"突变",其含意并非是今日我们所使用的突变概念,如今认为德弗里斯所说的"突变"大多数是由于这种植物有关特殊染色体异常的异质合体所产生。但是,德弗里斯说却使得许多生物学者把注意力转向作为遗传变异真正原因的突变并对其进行探究,乃是德弗里斯突变说的重大功绩。不久,穆勒的研究确认了突变的存在,并成为阐明突变性质的开端。

由于这个原因,在20世纪的头10年间,为了判明对连续变异起作用的自然选择是否果真像达尔文所主张的那样有效的问题,进行了积极的探索。特别有名的是约翰森(W.L. Johannsen)所做的实验,显示在纯系内选择是全然无效的,于是他提出了所谓的纯系说。这个学说不但未解决问题,反而起到了进一步加深疑问的作用。可以说20世纪初期是混乱的时期。

但是,混乱慢慢地收敛了,孟德尔遗传学和达尔文学说并非相矛盾的想法终于为人们所接受。

(3)群体遗传学的诞生与发展

在消解这种矛盾的过程中起到了特别有力作用的是果蝇遗传学的惊人发展。这是由于搞清楚了它在基因突变中也存在着表达效果非常微小的突变。不久,用统计学方法将达尔文自然选择学说置于遗传学基础上的努力获得结果,即群体遗传学诞生了。1908年由英国的数学家哈代(G.H. Hardy)和德国的医生温伯格(W. Weinberg)分别独立发表的所谓哈代-温伯格法则为群体遗传学历史的出发点则是再合适不过了。其内容如下:(1)在进行任意交配的群体中,如自然选择、突变、迁徙、遗传漂变等因素不起作用,常染色体上基因座位的各种基因型的频率则世代不变。(2)如果等位基因A和a各自分别以p与q的比率(相对频率)存在的话,则任意交配的结果如下:

p^2 AA: $2pq$ Aa: q^2 aa(注意,这里$p+q=1$)。以后在任意交配的情况下,这种比率在每个世代中都保持不变。在上面的两项中,当时认为最重要的是第1项。其理由是,在生物统计学者中有些人没充分理解孟德尔法则在进化上的意义,认为如果孟德尔法则是正确的话,显性的性状(例如人的短指症),其频度在群体内的增加最终就要达到75%,可是实际情形不可能是那样,于是就认为找到了孟德尔法则的岔子而进行不当的批判。哈代的论文在纠正此种误解方面起了很重要的作用。在孟德尔法则得到确认的今天,当然不再会有此种误解。在上述两项中,即使在今天,第2项也是有意义的。在任意交配的群体中基因型的频度通过等位基因频度适当地相乘是可以求得的。这一点是方便的。

当下在高等中学的生物学教科书中都有哈代-温伯格法则的内容,学习群体遗传学的人大抵都是从学哈代-温伯格法则开始的。可是,在很多时候把第1项当作根本性原理来处理,把哈代-温伯格法则说成好像是群体遗传学的根本似的,笔者认为这实在是愚蠢。这个倾向从哪里开始的,说不清楚,但也许是从杜布赞斯基那本著名的著作《遗传学与物种起源》的第3版(1951)那里来的。在该书第3版中杜布赞斯基写有哈代-温伯格法则"是群体遗传学及近代进化学的基础"等夸大其词的话。而在笔者看来,这样讲法委实是无益的,并且是使学生头脑混乱的教育方法。以现在的观点看,只要不存在使基因频度发生改变的特别要素(突变、使分离发生偏离作用、自然选择等)的话,仅孟德尔性分离是不会使基因频度发生改变的,所以在哈代-温伯格法则第1项中所讲的内容是无需用数学加以证明的自明之理。从基因是自己增殖分子而论,也是理所当然的。合子的形成仅是使两个同源基因搭配起来这么回事,高等生物由于其二倍体世代发达而重视合子的频度。如果人是单倍体生物的话,谁也不会认为哈代-温伯格法则是值得注重的事情。该法则的主要点,毋宁说是其第2项。即使基因频度因自然选择作用随着世代繁衍变化下去时,在任意交配的条件下,根据彼时基因频度相乘之积是可以近似地求得每代刚受精之后的合子(受精卵)的频度。此点是极其有用的。

在哈代-温伯格的研究之后的20年间,孟德尔式遗传的群体遗传学的意义、价值,由费希尔、霍尔丹、赖特三人所阐明,并在1930年代初,大体上完成了群体遗传学的古典性的数学理论。在此三位学者中,对于进化遗传学正统想法的形成,给予最大影响的人大概要算是费希尔。依照正统的立场来看的话,进化的速度与方向几乎全由自然选择所决定,突变、迁徙、遗传漂变只能给予一点点次要的影响。这种正统派的观点也常被称为与前已讲过的魏斯曼学说同样的名称"新达尔文主义"。这表明是延续着魏斯曼的传统立场。所谓魏斯曼的立场,像已讲过的那样,就是完全否定获得性遗传,最大限度地重视自然选择的作用。在美国有很多学者给这种观点贴上进化的综合理论(synthetic theory of evolution)的标签。进化的综合理论是强调在近代遗传学知识许可的范围内综合地吸收各种进化要素来讨论进化问题的这种理论的名称。

费希尔是近代统计学的创建者,英国有名的数理统计学者,在群体遗传学的理论研究上创造了划时代的业绩。当有限的群体繁殖时,配子发生随机的抽样,因此基因频度发生偶然性的变动,首先把这种现象作为概率过程加以研究的也是他。现在众所周知,这是称之为遗传漂变的现象(而费希尔当时称之为:Hagedoorn effect)。他当时是用热传导型的偏微分方程式来处理此现象的。并且在繁殖个体数为N的群体内,得到了基因频度的方差(标准差的平方)以每一代$1/(4N)$的数量减少的结果。在生物的各式各样物种中,N一般是非常大的,所以据此结果,他认为变异的减少率是极其微小的,只要有一点点自然选择就可以是忽略不计的程度。后来赖特指出,在费希尔的计算中存在着一点小的错误,正确的减少率应该是$1/(2N)$。费希尔受此刺激后对这个问题做了进一步深入的研究,进行了非常卓越的数学分析。可是不管怎么样，费希尔对于遗传漂变在进化中的重要性却始终是持完全否定的立场。他还在1930年发表了其不朽的名著《自然选择的遗传学理论》，从遗传学角度为自然选择奠定基础方面做了最大的贡献。该书曾长期被视为进化机制理论领域中的经典著作。可以认为英国的极端重视自然选择的强的传统，恐怕大部分原因是来自这本书。

霍尔丹对群体遗传学数理研究的贡献，并不像费希尔那样具有独创性，可是他从事研究题目的多样性和使之具有生物学意义方面，却有很多研究是卓越的。特别是从1924年开始，他以"自然选择及人工选择的数学理论"为题发表的一系列论文，在当时是具有划时代意义的。他在其最初论文的一开头便说："处理自然选择的完美的理论必须是量化的。"而且他的信念是，只有根据量化分析才能考察自然选择的遗传理论是否适当。他对于合子选择、配子选择、家族选择、伴性基因选择等各种不同的选择方式对基因频度的变化产生怎样的影响问题都做了数理研究。例如，等位基因A和a，假定显性基因个体（AA，Aa）的生存率为1，隐性基因个体的生存率为$1-k$。如果k为0.001的话，霍尔丹算出：A在群体内从1%增加到99%，要经历16 483个世代。若k大10倍的话，发生同样变化所需的世代数则变为1/10。霍尔丹把这种理论应用到曼彻斯特发生的蛾的工业暗化现象上，得出选择系数（k）至少为0.33，有时候是0.5左右的估计值。其后，差不多过了30年，根据凯特威尔（H.B.D. Kettlewell，1907—1979）的研究，搞清了实际这种程度强的选择是由于鸟的捕食所致。基因频度变化的这样数学处理是决定论的，而无视偶然的变动。可是，这种方法即使在现在很好派上用途的场合也不少。另外，1927年霍尔丹还从事了探求突变基因在简单条件下在群体中固定概率问题的研究，假定群体中出现了一个显性的突变基因，它较已有的基因在生存上的有利度仅为k，还假定群体非常之大，且随意进行交配，则其固定概率几乎是$2k$。这是霍尔丹初次搞明白的（但是，$0 < k \leqslant 1$）。霍尔丹在1932年写了题为《进化的要因》一书。这本书是对他以往研究的要点总括，并以此为基础讨论了进化的机制问题。霍尔丹的这本书与已经说过的费希尔的1930年的著作一道，在使世界的生物学者承认孟德尔遗传学和达尔文的自然选择学说两者之间并无矛盾的观念方面做出了非常大的贡献。另外他还说过，其在1930年代发表的有些论文中对进化问题所做的数学处理大概将成为20世纪后半世纪期间应用数学的一个优异的分支吧。此预言的正确性，已得到当今很多生物学家的认可。

与费希尔和霍尔丹相比，赖特的研究特色在于强调遗传漂变的重要性以及基因间上位或异位显性（epistasis）的普遍性。在他研究的初期想出路径系数（path coefficient）的方法，用此种方法完成了关于近亲交配与选择交配的划时代的业绩。真正使他出名的是1931年发表的题为"孟德尔群体的进化"（Evolution in Mendelian Population）的论文。赖特的这篇论文和前边已讲过的费希尔及霍尔丹的著作并列被看成是代表古典群体遗传学的文献。通过这三位学者的研究基本上完成了赋予达尔文进化论以孟德尔遗传学基础的工作,这样的看法是恰当的。

1932年后赖特提出他的独特的、后来他称为"移动平衡理论"(shifting balance theory)的进化理论。这个理论讲的是,对生物进化最为合适的情况是:大的群体被细分成很多地区性的小的分群体,分群体于是会发生急速的进化。按照赖特的见解,移动平衡的过程是由以下3个阶段组成的。第1个阶段是遗传漂变。在地区性分群体的内部,因为群体的个体数少和由于环境变动易造成选择强度的摇摆,基因频度会发生大规模的偶然性变化。第2个阶段是分群体内的个体选择。在某分群体的内部,可能有这种情况,某个单独的突变基因是不利的,可是两个这样突变基因组合却变成对生存有利的,这样基因组合由于偶然因素而增加,当其频度偶尔达到某种程度以上的时候,强的个体选择就发生作用了,于是具有这样基因组合的个体就在群体中急速地扩展开来。第3个阶段是分群体间的选择。如此这般,有偶然形成的有利基因组合固定的分群体其竞争力量会胜过其他分群体,排挤掉周围的分群体而逐渐在种内扩张。当具有这样有利基因组合的分群体在各地发生同心圆式的扩张时,在分群体相遇的地点还会产生出比两个分群体中的两个有利基因组合中的哪一个都更为优异的新的基因组合,这个新的基因组合又会以该地点为中心,同心圆式地扩张下去。这样一来,赖特的主张可以说几乎是无限的有利的异位显性基因的作用被利用到进化中去。还有,赖特的进化理论并非像有人说的那样,在表型进化中遗传漂变(被部分误解)取代了自然选择的作用。赖特反复强调着这一点。

赖特的进化理论受到了英国费希尔及福特(E.B. Ford)一派的激烈反对,发生过争论。争论焦点在于遗传漂变在进化中是否果真起着重要的作用?如果按照费希尔的见解,大部分的生物种,群体的个体数都是非常之大的,所以不论关于什么样的突变基因,选择系数在绝对值上几乎不可能变得比群体个体数的倒数小,故而,在自然选择中中立性突变等情形几乎是不可能存在的。所以,遗传漂变是几乎无效的。

而另一方面,让赖特来说的话,物种是由多数地区性分群体所组成,在分群体中遗传漂变对适应性进化,特别是对大进化是起着重大作用的。在大的、全体能进行任意交配的群体所构成的物种中,种的遗传构成依靠个体选择是不可能立即达到适应峰值的。

与此相反,费希尔则认为似乎不会有赖特所讲的那样情形发生。按照费希尔的见解,在大的群体内,包含着数目庞大的基因型,其中的哪个基因型在某个地点对其适应有利的话,该基因型就会增加频度,群体的适应度也就随之增加下去。

赖特的进化理论也遭到来自迈尔的反对。反对的理由是,在大群体构成的种中,在分群体之间隔离少,可相互迁徙,故而在地区性分群体间难以发生遗传分化。

在笔者看来,赖特的进化理论是有魅力的,可是在现阶段不太有明确的根据。但是1931年以后,他在对有限群体的基因频度的偶然变动的理解上竟发表了几项非常重要的研究。我认为如果没有他所奠定的这些基础的话，笔者后来无论如何也不可能使群体遗传学中的扩散模型的理论得以发展。

（4）进化综合理论的过剩生长

1930年代在费希尔、赖特、霍尔丹的群体遗传学的理论研究之外，在使孟德尔遗传学和达尔文的进化理论结合上做出根本性贡献的是穆勒（H.J. Muller）。众所周知他因使用X射线诱发基因突变的研究而获得诺贝尔奖。可是，他对于进化遗传学的贡献之大却没有那么多人知晓。他从1920年代初开始以果蝇为材料，阐明了基因突变的本质以及突变通过自然选择与进化发生的关系，其功绩委实是重大的。另外，他首先利用*CLB*法等染色体异常进行解析基因的方法，不久通过自然群体中的致死基因的研究及其他研究，给群体遗传学的实验研究带来不可估量的影响。

在上述研究的基础上，不久进化遗传学的各派值得注目的研究如花盛开。特别著名的是，由杜布赞斯基及其一派所做的果蝇自然群体的基因解析，由辛普森所做的根据进化遗传学的知识解释古生物学的事实，表明了实际的生物进化过程也可以从遗传学角度加以充分的理解。福特及其一派提出和发展了"生态遗传学"。还有，动物分类学家迈尔基于动物的分布与生态的材料探讨物种起源问题的研究等等陆续发表，进化的综合理论给很多生物学者造成光辉灿烂发展的印象。

杜布赞斯基的研究中心是关于自然群体中染色体多型性的分析，此外他还发表了许多优秀的著作给进化遗传学界很大的影响。特别是他的《遗传学与物种起源》一书是很有名的，很多生物学家读过这本书。另外，他强调了超显性对于遗传变异在自然群体中的保存起着主要的作用。将此主张推进到极端的是勒纳（I.M. Lerner），他在1954年著有题为《遗传的稳衡过程》（*Genetic Homeostasis*）的小册子，对超显性的重要性推崇备至，得到很多的支持者。他赞同近亲交配对生物是有害的见解，甚至把孟德尔以前的观点都收罗进来。并且批判穆勒的遗传荷重的概念，认为是不合适的。过高评价超显性和上位（异位显性）作用的立场，被杜布赞斯基进一步推进。杜布赞斯基在第20届冷泉港讨论会（Cold Spring Harbor Symposia）上，设想群体遗传学的想法有两个对立的立场，名之为古典假说（classical hypothesis）和平衡假说（balance hypothesis）。根据他的定义，古典假说的主张是，群体内的个体其大部分的基因座位是同质合子的，在进化过程中各式各样的基因座位被对生存有利的突变逐个地置换。并且根据这个假说，基因座位变为异质合子的状态是以下4种场合：（1）出现有害突变和通过选择将其除掉之间的均衡；（2）对于选择呈中立性突变；（3）由于环境的多样性所维持的适应性多型；（4）有利的突变在群体中扩张的过渡状态。

与古典假说相反的平衡假说，则主张个体的标准适应状态是大部分的基因座位处于异质合子状态。认为同质合子的状态在普通的两性繁殖群体中，由于是不利的，因而很少见。在很多的基因座位上是呈复等位基因存在状态，因为那种状态对生存有利，因而发达。这样的想法与勒纳的遗传异位基因(上位)显性的主张类似。杜布赞斯基明确声称自己是平衡假说的代表,而把穆勒置于与之相反的古典假说代表的位置上。

杜布赞斯基的这种主张其后对美国群体遗传学的研究家们产生了很大的影响。可是从现在的情形来看,杜布赞斯基作为平衡假说根据的很多的实验结果,特别是由于重组可容易生成综合致死(synthetic lethal)的现象等,实际上并不存在乃是明显的事实。尽管如此,可到了1960年代后半期,利用电泳方法检测出在各种生物群体中酶多态性高度存在的事实,于是在杜布赞斯基的追随者中竟有人说这是杜布赞斯基根据其平衡假说可以预想到的情况。但是这是完全没有根据的主张。关于在这之前阶段群体遗传学研究过的致死、半致死、弱有害等的遗传突变,如穆勒所主张的那样,群体中保有的基因状况是产生突变和由选择去掉之间取得平衡的论点(古典假说)在本质上是正确的。这一点已由克劳(J.F. Crow)与向井辉美等人的研究所确认。

在英国,福特及其一派强烈主张遗传多态性主要是由超显性所致。他提倡的生态遗传学其后由其弟子们所继承,并产生了用平衡选择假说说明酶多态现象的极端的自然选择万能论派。

在美国,在重视超显性和上位的论者中,一直得势的是迈尔。他讥讽费希尔、赖特、霍尔丹等所创立的经典的群体遗传学为不适当之物。迈尔强调各个基因的适应度是相对的,是通过与其他基因的相互作用而决定的。他将这种想法称为"群体遗传学领域中的相对理论"。另外,他在1959年为纪念达尔文的名著《物种起源》出版100周年所举行的冷泉港讨论会上,发表了对由费希尔、赖特以及霍尔丹所创立的数理群体遗传学的价值提出疑问为基调的讲演,并将他自己的立场称为新的相对论群体遗传学。但是,按笔者的意见,这是与物理学中的相对论似是而非的空洞的东西。这样看来,综合理论是大大地做了扩大宣传了。今天来看,可以认为综合理论的时期在本质上是科学上几乎没有进步的不毛时期。

尽管如此,在1960年代中叶之前,生物学者间还是把近于选择万能论的进化综合理论作为定论加以接受的,把生物的各种各样性状都看成是适应性进化的产物的观点成为主流的见解。而对于自然选择不好也不坏的中立性突变等,在群体遗传学家和进化遗传学家之间认为是几乎不存在的观点占压倒性的优势。此时,迈尔在其大作《动物种与进化》一书中认为,对于选择呈中立状态的突变是几乎不可能存在的,并说最好也不要把遗传漂变当成进化的因素。同时,福特也在其著作《生态遗传学》中说,中立性突变基因是极其稀少的,是不可能在群体中达到很高频率的。福特是站在费希尔一派的立场上的。

当然,选择万能主义(panselectionism)的这种想法是从前就有的想法,19世纪末到20世纪初曾流行过,竟多有荒诞无稽的主张,甚至于贬低对达尔文自然选择理论的评价。与上述的选择万能主义相比,1960年代具有进化综合理论特征的选择万能主义理论还把群体遗传学吸收进来成为学术上水平很高的理论。当时进行的很多实验或观察看上去几乎都是支持这种立场的。那个时期，根据已成为主流的综合理论的意见，生物的进化速度和进化方向几乎全由正的自然选择所决定，与此相对，突变在进化中只产生次要的些许的影响。回过头来看的话，当时是进化的综合理论和已成为其核心的自然选择万能的思想被认为是难以动摇的真理般的时代。凡群体遗传学和进化遗传学的研究者，几乎没有人对综合理论持怀疑态度的。可以说，那时是进化综合理论的鼎盛期，笔者本人也受其影响而有近于选择万能的思想。

而那个时期群体遗传学的数学理论研究却与综合理论几乎无关的独立地慢慢地取得了进步。特别是笔者倾注了主要力量对基因频度变化作为概率过程加以处理的扩散模型的研究，对后来基于中立学说来对待分子水平上的变异与进化是非常有益的，这是笔者的幸运。使用这个方法可以处理有限群体中突变也包括自然选择作用的基因频度受偶然因素支配所发生变化的概率过程。这是以费希尔、赖特的伟大研究为基础构建起来的成果。笔者是受赖特论文的影响才从事此项研究的，对我本人来说，乃是最重要的工作。扩散模型的方法包含着近似，可是它能够解答用其以外的方法无法处理的许多问题。例如，寻求有限群体中产生的一个突变基因在一般条件下扩展到整个群体的概率（固定概率）和计算达到固定所需要的带有附加条件的时间等，利用这个方法才开始变得可能。

另一方面，数学方法虽然有这般的进步，可是要想把它应用于实际的进化与突变问题上来，在分子水平上的研究未走上轨道之前却是不可能的。其理由是因为，对于进化和突变的研究，以往是从表型水平上进行的，而不能从基因的内部构造水平上加以探索。例如，从前就不知道在实际的进化过程中种内新的突变基因是以怎样的速度被置换的。可是，等到把分子遗传学的概念和方法导入到进化与群体遗传学的研究中去的时候，上述的限制便被去除了。其结果在两个方面取得显著的进步。第一方面，对相同的蛋白质分子特别是血红蛋白分子在脊椎动物之间进行比较，并将古生物学的知识加入进去参考，就可以推测出进化过程中氨基酸的置换速度。第二方面的进步是，可以使用电泳的方法对群体中有关酶蛋白质的遗传多态性开展研究。运用这样的方法，种内基因水平上有怎样程度的变异就可以轻易地测得可信赖的推定值。

（5）分子进化中立学说的提倡与发展

这样一来，有关进化与变异的分子水平的数据便开始出炉了，当把由群体遗传学的数学理论特别是扩散模型所导出的理论适用到那些数据上时，便出现了笔者认为仅用达尔文派的自然选择理论是无论如何都难以说明的情形。其结果，于是发表了在分子水平上的进化与变异，与其说是自然选择起作用还不如说是突变和遗传漂变起着主要作用的分子进化的中立学说的想法。关于中立学说形成的来龙去脉，以前已在本杂志（注：日本《科学》杂志）上讲过，还在其后的多种场合发表过，所以这里从略。中立学说绝非是否定达尔文的自然选择学说，但它认为近于选择万能论的进化综合理论是万万不能说明分子水平上的进化与变异的。由于中立学说的这种主张而引发了很多的争论，这是众所周知的。并且为了否定中立理论进行了很多的实验与观察，另外，也出现了与中立理论相对抗的各种选择假说。可是，最近两三年间出现了支持中立理论的诸多事实，特别重要的是，由于开发出基因重组的方法和迅速测定DNA碱基序列的方法，于是关于各种生物的形形色色基因的DNA的碱基序列的数据便以排山倒海之势涌现出来。并且曾是分子进化研究主流的蛋白质氨基酸序列的比较可以变换为DNA的碱基序列。其结果，逐渐阐明了的事实之一是，同义置换（synonymous substitution），即不使氨基酸发生改变的DNA碱基置换（密码子的第3位碱基置换大部分属于这类）在进化的过程中是非常频繁发生的。蛋白质在形成生物体和维持生命功能方面发挥着根本性的作用，而蛋白质的功能则是依存其立体结构，但如果想到蛋白质的立体结构最终是由其氨基酸的序列决定的话，那么，在DNA碱基的置换中，一般说来，使氨基酸发生改变的碱基置换比不使氨基酸发生改变的碱基置换对表型产生的影响理应要大得多。另一方面，由于自然选择是对个体的表型发生作用，决定个体的生存与繁殖，所以不使氨基酸发生变化的同义性突变便自然难与自然选择发生关系，即不受自然选择的作用。

　　可是，在进化过程中，不使氨基酸发生变化的置换以比使氨基酸发生变化的置换高得多的频率发生，以很大的速度蓄积在种内，这是毫无疑问的。在组蛋白H4和微管蛋白等的蛋白质中的氨基酸序列在10亿年间每100个氨基酸座位中顶多只有1个氨基酸座位发生变化，具有明显的保守性，可是我们知道在DNA碱基水平上，密码子的第3个场所却急速发生着同义性变化，而且其进化速度比血红蛋白和生长激素那样氨基酸水平上的进化速度要大得多。关于密码子第3个位置的同义性改变与组蛋白等的DNA水平密码子第3个位置的同义性改变几乎是相同的。换言之，DNA碱基进化中的同义性置换的速度不仅高，而且为各种不同的蛋白质编码的碱基进化中的同义性置换的速度几乎是相同的，这种明显的性质也是近一两年来明确的。这与中立学说的如下主张——随着功能限制的减少（即随着功能的重要性的降低）其碱基分子的进化速度则收敛到由突变率所决定的上限——相一致。即按中立学说的看法，在分子水平上的进化速度k与总突变率vt之间的呈如下关系：$k=f_0 vt$，下面就容易说明了，f_0是在突变之中对自然选择呈中立性质突变的比例；功能制约性越大的，其f_0越小，相反，功能制约性越小的，其f_0越大，在制约全无的状态，其最大值为1。在上面的式子中，进化速度k表示每单位时间（年、世代）每个座位依据突变置换率测得的进化速度。vt则表示每单位时间每个座位的总突变率。不用说，上述同义置换的进化速度即使还未达到$f_0=1$，也可以将其看成极其接近。与此相关极为有趣的是伪基因（pseudogene）的进化速度。所谓伪基因，尽管在其DNA的碱基序列上与正常的基因是相同的，可是却由于种种原因而失去了基因的功能。关于血红蛋白基因，在过去的一两年间在小鼠、人与其他动物身上陆续找到了这个基因。根据进化速度的研究，关于这些基因在失去功能后，碱基置换的进化速度变得异常的高，血红蛋白基因中的同义置换表现出超高的速度。而且，这种速度的上升在其密码子的第1、第2个位置变得特别显著，第3个位置由于原来就高，变化并不太大。伪基因在表型上不起作用，因此不管发生怎样的突变，都与自然选择无关，所以对自然选择而言，全变为中立的（$f_0=1$），其结果会以$k=vt$的最高速度进行进化的见解，自然确是可以理解的。

功能制约少的分子（或分子的某个部分）其进化速度要比功能制约多的分子或其某部分为大的事实，在血纤维蛋白肽和胰岛素原的C链（在形成有活性胰岛素时胰岛素原中央被切掉的差不多1/3的部分）等情形中已得到了确认，这可以认为是支持中立理论的证据，而一些学者对此则表达出不相信的想法。但是，由于如今已能对DNA碱基序列进行比对，得到了上面讲的那样结果，再对中立理论进行反驳，几乎是不可能的了。再有同义密码子的使用频率问题。几个同义密码子与一个氨基酸相对应的场合，例如亮氨酸有6个密码子UUA、UUG、CUU、CUC、CUA、CUG与亮氨酸相对应，已查明它们的使用频率广泛存在着明显的不均等（non-random usage）现象。这种现象被中立理论的反对派说成是对中立理论的反证。可是这个现象也可以在中立理论的理论框架内加以解决。其细节容在别的机会详述，基本上是以池村淑道所发现的转移RNA的频率和同义密码子使用频率的对应现象为基础，通过引进大家所熟知的数量遗传上的稳定化选择来加以说明。有关受这种选择作用的性状如果与非常多的碱基座位相关联的话，自然选择对各个碱基座位的作用强度就变得极其小，各个碱基座位发生的突变事实上与完全中立的情形在本质上并没有不同，其行为主要是由遗传漂变所决定，这点已得到数学的证明。另外，根据中立理论也可以合理地解决同义性碱基置换的进化速度较之伪基因的进化速度低到怎样的程度。这样说来，中立理论体系的本身中也在进步发展，在进步发展过程中，太田朋子提出的微弱有害的突变假说起到了特别重要的作用。

（6）迈向新的方向

总而言之，在分子水平上认为越是难以与自然选择发生关系的性状，越是以大的速度进化，自然，突变基因就不断地蓄积在种内，这是用达尔文派的自然选择理论不可能说明的，无论如何非得用中立理论来说明。达尔文以来100多年是在表型水平上研究进化的，而在分子水平上研究进化才只有十几年的历史。可以说是处在刚刚起步的状态。另一方面，最近两三年间分子生物学正面临着称为第二变革时期的急速进步的时期，有关真核生物基因的新知识以目不暇接之势层出不穷。分子进化的研究当然也会把新的知识吸收进来而发生飞跃式的进步。这是可以预期的。基因重复问题的重要性将增强，自不待言；包括多数重复的多重基因族的进化研究等将是今后有大发展的领域。分子进化的中立理论作为向进化研究这样新的方向迈出的微小的第一步，可以说是很有意义的。

第2章　19世纪达尔文后的
两位伟大进化论学者

19世纪,世界的科学中心在欧洲,而非在美国。这一章的两位主人公:魏斯曼和海克尔,全是德国人。他们两人都出生在1834年,魏斯曼于该年1月17日出生于德国的法兰克福,海克尔于该年2月16日出生于德国的波茨坦。魏斯曼长海克尔1个月零1天。从笔者接触到的文献看,他们两人之间似乎并没有很深的私交,可是他们都是属于深受达尔文进化思想激励的一代,都为传播、发展达尔文学说做出了重大的贡献,因而后人称赞他们是19世纪伟大的达尔文主义者。此外,魏斯曼在遗传(当时还没有成为独立的学科,是研究系统形成的一个侧面)、进化论领域,海克尔在生命发生、进化形态系统学、发生学、人类学等领域,做出了各自的突出贡献。

魏斯曼和海克尔之所以能成为伟大的进化论者,有其时代即19世纪的思潮背景和科学背景。

§2.1　对魏斯曼和海克尔具有影响的19世纪思潮

2.1.1　达尔文的进化理论的确立

对魏斯曼和海克尔的思想影响最为深刻的,不言而喻是达尔文的进化学说。1859年达尔文的《物种起源》一书出版,提出了以自然选择理论为核心的生物进化学说。这个学说对于生物学各领域的发展起到了不可估量的推动作用。这个进化学说也给予宗教的特创论、物种不变论以致命的打击,对于推动欧洲乃至世界的社会思潮的进步也产生了重大影响。魏斯曼和海克尔对于该学说是心悦诚服,推崇备至并为其传播、发展进行了艰苦奋斗,取得重大成就。

2.1.2　自然神论和因果联系决定论

19世纪在欧洲有几种哲学思潮,如新康德主义、马赫主义、马克思主义、自然神论和因果联系决定论等。但是对于19世纪自然科学家包括生物学家产生过重大影响的,主要是自然神论和因果联系决定论,两者的影响在19世纪前半叶和后半叶又有所不同。自然神论的影响主要表现在于19世纪的前半叶。

　　1869年英国《自然》杂志问世,标志着自然神论的落幕。在19世纪后半叶成名的魏斯曼和海克尔的著作中看不出有自然神学的影响,特别海克尔还是一元论哲学的旗手。但是,自然神论在19世纪60年代之前,对魏斯曼和海克尔的前辈们包括达尔文在内都是颇有影响的,故在这里简单地提提自然神论。

　　(1) 自然神论(Natural theology)是隶属于基督教范畴的一种神学,源远流长,出现于17世纪的英国,其影响力长期遍及欧洲。早期的代表人物是英国的赫尔伯特男爵(E. Herbert of Cherbury,1583–1648)。

　　自然神论是相对于启示神学(Revealed theology)而言的。启示神学是指忠诚地相信圣经里所讲的上帝的一切启示。而自然神论认为,神只是非人格的世界始因,世界一旦出现则受自然法则或规律的支配,可是自然法则或规律乃是由上帝设立的,因而它是第二性的。自然神论者认为,人类通过生产实践和科学探索是可以认识和把握自然法则或规律的,于是进而可领悟和论证神或上帝(世界始因)的存在,这也是自然科学家的一项崇高使命。自然神论的最著名的理论是"钟表匠理论"。这个"理论"旨在用类比的方法证明世界始因即上帝的存在。如在路边看到一块表(或一把剪刀或任何其他器物),我们就理所当然地认为,一定有设计、制造它的匠人存在。宇宙中有万般物体、现象与规律存在,是客观事实。自然神论者按照"钟表匠理论"类推,也该承认有设计、制造它们的"匠人"即造物主的存在。

　　英国伟大物理学家牛顿(I. Newton,1642–1727)提出的"第一推动力"便是自然神论的体现。英国化学家、物理学家、英国皇家学会的创始人之一波义耳(R. Boyle,1627–1691)把自然界理解成为机械装置,认为自然界的法则是由神所设计的。与牛顿、波义耳是同时代的英国博物学家雷(J. Ray,1627–1705)也是自然神论者。雷在生物分类学中是具有划时代性的人物。他首先明确了物种的概念。他是第一个将单子叶植物和双子叶植物区分开来的人。他从事过以解剖学为基础的动物分类学研究。在其著作《创造事业中所显示的神的睿智》(1691)一书中说,动物体的结构直到其细微处所以都是那样精巧,恰恰是证明了神的睿智。

　　英国的自然神论家佩利(W. Paley,1743–1805)的著作《基督教的验证论》(1794)、《自然神学》(1802)等在使自然神学成为19世纪的强大精神支柱方面起到了推波助澜的作用。不论数学、物理学、化学还是生物学,其年幼时期都是在自然神学的影响下或说是在自然神学的襁褓中成长起来的。自然科学和自然神学曾被混淆为一体。19世纪中叶之前,著名的《牛津评论》便是在自然神论统辖下的自然科学、社会科学各种不同见解发表和进行争论的刊物。

　　19世纪的许多生物学家都深受自然神论的影响。如被誉为"近代动物胚胎学之父"的德国其后为俄国的著名胚胎学家贝尔(K.E. von Baer,1792–1876)通过对不同动物胚胎发育的比较,发现不同的动物,在其个体发育的越早期越发相似的现象,即著名的"贝尔法则",是海克尔提出重演论的依据。但是,贝尔对于这一现象,却不是从进化的角度去说明,而是支持、附和特创论者居维叶(G. Cuvier,1769–1832)的动物界有固定的毫无联系的4种创造类型(脊椎动物、关节动物、放射动物、软体动物）的观点。

1859年达尔文的《物种起源》一书出版。达尔文的进化论沉重地打击了特创论和形而上学，可是达尔文并未完全摆脱自然神论的影响，在其著作和书信中仍能看到自然神论的影子（参见拙文"达尔文的基督教情结及其进化学说"，《上海科技馆》杂志，2012，4：2）。

直到1869年，世界上第一个专门为自然科学各个领域服务的《自然》杂志在英国面世，标志着欧洲人已经认识到科学和宗教是属于不同的领域，是两者不可再混淆于一道的开端。科学才最终摆脱了自然神论的束缚。1880年代后，自然神学作为自然科学知识的理论框架才消失殆尽。在魏斯曼和海克尔的著作中看不出自然神论对他们有影响，这是他们较之达尔文进步与高明之处。

（2）因果联系决定论（determinism）（有的外国文献称之为决定论世界观）主张宇宙、自然界中的一切现象均由必然的因果联系决定的。这种思潮在19世纪欧洲知识人中间产生过深刻的影响。对魏斯曼、海克尔的影响也是极为深刻的。魏斯曼的种质论被评价为19世纪"大因果论时代的结晶"；而海克尔的一元论哲学则认为宇宙的一切，包括天体、地球、自然界、生物领域、人类及人类的心理、灵魂在内都是受宇宙中唯一的最高位的因果论定律（allgemeine causalgesetz）绝对地必然地支配着的。

因果决定论的观点可以追溯到伽利略（G. Galilei，1564-1642）和笛卡尔（R. Descartes，1596-1650）的机械论那里。18世纪末19世纪初，自然界中的谜一个接一个地被纳入牛顿力学的古典框架里并逐次得到成功的破解，于是那时的学者们便普遍认为自然界里没有不可解的谜，不过是时间的迟早罢了。这种观点最有代表性的人物乃是法国数学家、天文学家拉普拉斯（P.S. Laplace，1749-1827）。拉普拉斯在天文学上是继康德（I. Kant，1724-1804）之后完成关于宇宙形成的"星云说"的人。康德–拉卜拉斯是打破形而上学自然观的"第一个缺口"的哲学家（恩格斯语）。

拉普拉斯认为，宇宙间的一切事物、现象都具有因果联系，都是物体运动的结果，因而归根结底是可以用牛顿力学来加以阐明的。他提倡世界是可以"力学化"（mechanization）的世界观。

拉普拉斯在1814年发表了其名著《概率的哲学试验》（*Essai Philosophique sur les Probabilites*）。该书阐明了他的因果联系的决定论思想。他设想宇宙中存在着具有万能头脑的"某种知性"，并称之为"拉普拉斯妖"或"拉普拉斯恶魔"（Démon de Laplace）。"拉普拉斯妖"知道存在于宇宙中的所有物体（含原子等粒子）的确切位置和动量，并能将其代入牛顿方程式，不论多么庞大的数式都可以瞬时地计算完毕。"拉普拉斯妖"能洞察宇宙间任何事物与现象的整个过程，对其过去、未来的了解，就像对现实的了解一样。它既知道宇宙一年后的变化情况，也能预测其100亿

拉普拉斯（P.S. Laplace, 1749–1827）

年后的变化情况。就是说,宇宙从一开始的瞬间起,其后的一切变化、发展过程都已决定了。这就是从18世纪末起到整个19世纪普遍流行的决定论思潮的精髓。拉普拉斯在其《概率的哲学试验》这本书的一开头,有下面一段文字,清晰地表明了这种决定论的观点。

　　　　所有的事实和现象即使因其非常渺小而看不出是自然伟大法则的结果,但其实与太阳的运行一样也必然是由该法则所产生。由于人们不了解这些事实和现象与宇宙全体系统间的联系,就会认为这些事实和现象或者是由于规律性引起的接续发生或不是由眼睛可见的秩序引起的接续发生,或认为事实和现象是由目的因所导致或者认为是由偶然性所导致的。但随着我们的知识范围的不断扩展,这些想象上的原因将一个接一个地退却下去。因果论认为,那些不解的事实和现象是因我们不了解其真正的原因。在健全的哲学面前,那些不解的事实和现象将烟消云散。在现实的事实和现象与先前存在的事实和现象之间是有着某种联系的。这种联系便成为不论是什么事情和现象若没有产生出它的原因就不可能存在的自明之理的基础。人们知道此项公理名为充足理由原理。这种原理使我们必须持有这样的见解:宇宙的现在状态是其前存在的状态的结果,是其后状态的原因。某种知性(即拉普拉斯妖),如果知道所在时点开动自然的全部的力和构成自然的全部存在物的各个状态的话,如果再有分析这些状态所提供的信息的能力的话,某种知性大概就可以使宇宙中的最大的物体运动,还有最轻的原子运动都包容在同一方程式之下。对于某种知性来说,大概没有一个不能确定的事实和现象,在它的眼里,未来也和过去一样,也将会是现实的。

　　拉普拉斯认为,自然界中的一切事物和现象,无论巨细,其变化、发展都依据同一因果性原理并按照牛顿力学原理在运行,于是"天体的原理也可以适用到地上的现象"。照他看来,如果人们能掌握关于要了解的事物的所有情报信息,再根据牛顿力学进行精确至极的计算,对该事物的认识就可以达到彻底的、既可追根溯源并能预见遥远未来的理想状态。拉普拉斯的这种观点对于19世纪的自然科学家的世界观产生了重大的影响,或者可以说19世纪的自然科学家普遍地不同程度地具有这种想法。对于"拉普拉斯妖"的憧憬、渴望是19世纪自然科学家的一种普遍的理想追求。科学的目标不再单是对自然现象的描述与说明,而是要搞清奠基于自然现象根底的终极原因以及其后发展中的必然的因果联系。故而19世纪又被科学史家称为"大因果论化的时代"。

　　19世纪的因果论思想无疑还兼有对抗、排除唯心主义目的论解释自然现象的性格。

　　在因果论思潮及牛顿力学的强烈影响下,19世纪的生物学者在试图解释生命现象时,便产生了认为"生命力"(Lebenskraft)、"原基"(Anlage)等是支撑生命的根本力量或根本原因的假说。著名的有内格里(K.W. Nägeli, 1817–1891)的分子团说(Mizelle, micelle, 1858),孟德尔的遗传因子说(factor, 1865),达尔文的芽球说（gemmule，1868），德弗里斯（H. de Vries）的胚芽说（pangen，1889），斯宾塞（H. Spencer，1820-1903）的构成生命现象的三种单位说（化学分子单位、细胞形态单位、生理单位）和魏斯曼的生源体说（Biophor，Biophore）等。这些假说都是基于"生命力"、"原基"概念产生出来的颗粒性生命单位的假说，成为19世纪生物学界的一种时尚，一种普遍性特点。当然，不同学者对自己所提出的生命单位赋予了不同的性质、功能与特征。而在这其中，魏斯曼提倡的生源体说则是最成功的推测。魏斯曼的生源体说和种质论与后来被摩尔根遗传学派学者用实验证实的基因理论表现出很大的一致性，故而后人把魏斯曼、孟德尔、摩尔根的思想理论联系起来，视为属于同一个遗传理论体系。

§2.2 成就魏斯曼和海克尔的科学背景

19世纪自然科学包括生物学在内都有突飞猛进的发展。生物学中的分类系统学、细胞学、胚胎学、古生物学、化学（包括有机化学、细胞化学）等领域都取得了很大的进步。这样的科学背景为魏斯曼和海克尔的学术起步、成长、大丰收提供了肥沃的土壤。当然，这些学科的成就对魏斯曼和海克尔两人成长中的贡献度是不一致的。这里仅就对他们两人学术成长至关重要的领域加以介绍。系统分类学的成就对于他们当然也是重要的，但是笔者认为放到生物多样性一章中则更为合适。

2.2.1 细胞学取得的成果

在19世纪自然科学的三个伟大发现中，生物学占了两个：细胞学说和达尔文学说。

细胞学说（cell theory）是由德国植物学家施莱登（M.J. Schleiden，1804-1881）于1838年发表的文章"植物发生论"（Beitrage zur Phytogenesis）和德国动物学家施旺（T. Schwann，1810-1882）于1839年发表的文章"用显微镜对动植物的结构和生成的一致性的研究"（Mikroskopische Untersuchungen uber die Ueberinstimmung in der Struktur und dem Wachstum der Thiere und Pflanzen ）中分别提出来的。细胞学说的要义是：细胞是构成生物体的基本单位，不论植物体还是动物体都是从这一单位的繁殖和分化而发展起来的。细胞学说的建立有力推动了细胞学的迅速发展。其实，早在细胞学说建立之前，法国生理学家迪特罗谢（R.J.H. Dutrochet，1776-1847）在其1824年发表的"对动植物内部结构的解剖学和生理学及其活力的研究"（Recherches anatomiques et physiologiques sur la structure intime des animaux et des vegetaux et sur leur motilite）一文中，就有如下的表述：细胞是所有生物的构造单位，生物体是由细胞及其产物所组成，细胞是决定生物生长和分化发育的重要单位。

早在细胞学说建立之前，就有些人已观察到细胞内有细胞核存在，但是，强调细胞核是细胞的重要组成成分的人则是英国植物学家布朗（R. Brown，1773-

1858)。他是在兰(*Orchis*)的叶片表皮细胞中观察到细胞核的(1833)。

细胞是如何进行增殖的,是1830—1840年代摆在生物学家面前的重要课题。有数位细胞学家观察到细胞是由于分裂而增殖的。德国植物学家默尔(H. von Mohl, 1805-1872)是最初详细记述了细胞分裂过程的(1835, 1844)的学者。瑞士植物学家内格里也明确指出细胞是通过分裂而得以增殖的(1844)。

构成细胞重要内容物的"原生质"(德文Protoplasma)一词最初是由捷克学者浦肯野(J.E. Purkinje, 1787-1869)创立的(1840),但使这个术语普遍化的人则是默尔。加深对原生质构成的了解便与化学联系了起来,从而推动了细胞化学这样一个新学科的成长。

1841年德国动物学家雷马克(R. Remak)明确提出细胞来自既存细胞的概念。德国病理学家微耳和(R. Virchow, 1821-1902)提出"所有的细胞来自细胞"(Omns cellula e cellula)的结论(1855)。德国细胞学家克利克尔(R.A. von Kolliker, 1817-1905)相信在细胞分裂之先,细胞核先行分裂(1843)。可是当时的一般学者则认为核在细胞分裂之前消失,当子细胞形成之后,核再在每个子细胞中重新产生。可是,德国细胞学者霍夫迈斯特(W. Hofmeister, 1824-1877)确信在细胞分裂前核膜及核仁先消失,核的内容二等分,另外今日称之为染色体的物体(当时称之为"对光强烈反射的物质的球状滴")也分开向两极移动(1848)。霍夫迈斯特是在紫鸭趾草(*Tradescantia*)的花粉母细胞中观察到这一现象的。到了1879年,德国植物学家施特拉斯布格(E.A. Strasburger, 1844-1912)明确主张细胞核来自既存的细胞核,且通过核分裂实现的。于是德国细胞学家弗莱明(W. Flemming, 1843-1905)在1882年做出"凡核均来自核"(Omnis nucleus e nucleo)的结论。

1873年德国动物学家施奈德(A. Schneider)明确提出了染色体(chromosome)在细胞中存在。于是许多学者开始着眼于染色体与遗传的关系的研究。生殖细胞中染色体数目减半现象是由比利时动物学家贝内登(E.van Beneden, 1846-1910)发现并开始研究的。贝内登首先发现同一种生物体的各个部分其细胞的染色体数目是相同的,且不同种生物其细胞染色体的数目是特定的。他在1883年发现马蛔虫(*Ascaris*)的卵与精子中的染色体数目较之体细胞中的染色体数目减少一半。施特拉斯布格(1888)确定被子植物的卵核与精子的核都经过减数分裂,使其染色体数目减半并且也发现生物的染色体的数目是恒定的。几乎同时还有数位学者在苏铁、藓类、羊齿、苔类中发现同样的事实。在动物方面,德国动物学家亨金(H. Henking, 1859-1942)、吕克特(J. Ruckert)、海克尔、冯拉司(Von Rath)等相继搞清了卵在成熟之际,进行减数分裂并放出极体。1894年,施特拉斯布格做出总结性的意见:凡行有性生殖的生物在其生存的一定时期必定要进行减数分裂的。

最早推测到细胞核与遗传有关联的学者便是本章主人公之一的海克尔(1866)。而认真探讨细胞核与遗传关系问题的则是德国动物学家赫特维希(O. Hertwig, 1849-1922),他在海胆研究中首先发现受精之际精子进入卵中,精核与卵核合一;发现染色体在减数分裂形成精子或卵子过程中数目减半,通过受精染色体恢复固有的数目,克利克尔、魏斯曼、施特拉斯布格等人几乎是同时在1884—1885年间对此问题进行研究的,并分别提出了细胞核是"遗传的媒介物"(vehicle of heredity)的主张。而在这些人中,魏斯曼的主张最为系统与深刻。魏斯曼的主张包含在他于1892年出版的《生殖质说———一种遗传理论》(*Das Keimplasuma Eine Theorie der Vererbung*)一书中。下面我们会做介绍。

　　上面较详细地叙述了从细胞学说建立到19世纪80年代这段时期细胞学史中所涌现的一系列发现与研究成果,对于魏斯曼、海克尔思索、探讨遗传与发育的问题,无疑提供了丰富的学术滋养。没有细胞学所取得的这些成就,魏斯曼是不可能提出把种质与染色体联系起来的种质理论的。

2.2.2　胚胎学取得的成果

　　下面我们再把视线转向胚胎学(发生学)。胚胎学的进步也为魏斯曼、海克尔的学术发展构筑了重要的阶梯。而胚胎学的发展又和细胞学发展密切联系着的。1830年德国植物学家阿米奇(G.B. Amici)开始明了植物的受精过程,发现落在柱头上的花粉粒会长出花粉管。德国植物学家霍夫梅斯特(W. Hofmeister)(1849)相信胚珠中的卵在受花粉管的刺激之后才得以发育。1844年瑞士植物学家内格里在羊齿植物中发现了具有能动性的精子。1853年瑟莱特(G. Thuret)在植物岩藻属(*Fucus*)中发现精子附着于卵子上,指出此举是发育所必需的。平塞姆(N. Pingsheim,1824-1894)在绿藻纲的鞘藻属(*Oedogonium*)植物中最初观察到精子进入到卵中。胥米兹(F. Schmitz)认识到动物的受精现象,即搞清了来自两亲的两个核发生融合,新的个体才可能发育(1879)。附带说一下,动物的精子是1677年由列文虎克(A. Leeuwenhoek)的弟子哈姆(L. Hamm)发现的。哈姆公布此项发现之后,列文虎克又进行了更为深入的研究。可是列文虎克却认为精子是精液里的寄生动物(animalcula)。哺乳动物的卵是德国胚胎学家贝尔在1827年发现的。

　　魏斯曼和海克尔发展其学术思考所利用的胚胎学的成果侧重面是有所不同的。魏斯曼主要在于种质连续传递方面,而海克尔则在继承和发展贝尔法则方面。众所周知,胚胎学领域内从17世纪起就有前定论(theory of pre-formation)与后成论(theory of epigenesis)之争。在前定论中又分精子论和卵子论。精子论认为微小个体蕴含在精子之中;而卵子论认为微小个体蕴含在卵子中。发育过程不过是微小个体的扩展过程。19世纪初由于显微镜功能的改进,学者们的注意力转移到研究细胞的微细结构方面。在对细胞的微细结构进行仔细观察之后,最终否定了在精子内或卵子内存在着微小个体的庸俗的前定论。但这也并不表示后成论取得了胜利。因为当时遗传学不发达,后成论者依然说明不了为什么后代酷似其亲代的道理。人们的思想长久地困惑在前定论与后成论这两座对立的非此即彼的森严壁垒之间,而找不到出路。胚胎学的此种困局促使魏斯曼依据细胞学、胚胎学到19世纪后半叶所取得的诸进展,特别是染色体的发现,对他提出的与染色体行为相联系的种质论进行思考,最终提出种质连续说,破解了胚胎学的这一困局。魏斯曼的种质连续说是支持前定论的,但又与以往的庸俗的前定论有着本质的不同。魏斯曼主张连续的是种质（idioplsma），而非是微小的生物体。

贝尔是19世纪前半叶胚胎学上最知名的学者，有许多建树。他发现了哺乳类的卵和脊索；发现诸多动物中都存在俄国学者潘德尔（C.H. Pander）在鸡胚中所观察到的胚叶，并发现同种器官是由相同的胚叶所形成，建立了"胚叶说"。贝尔还对多种脊椎动物的发生过程进行了比较研究，发现尽管是不同的动物，但在其胚胎发生的初期，它们的形态是非常相似的，且越是早期越是相似，分类学上越近缘的物种其早期胚胎相似的程度就越大。贝尔写道："哺乳类、鸟类、爬行类这些脊椎动物，由于其羊膜发达，故可总括地称为羊膜动物。它们在咽头胚阶段（胎儿出现鳃的时期）非常相似，如果在标本瓶上忘贴标签，就会完全搞不清是哪个动物的胚胎了。"这样的表述也许有些夸张，但是却正确地指出了，较之成体时期的特征，亲缘关系越是近的，其早期胚胎的形态越是相像。他还指出："脊椎动物在本质上是具有鳃与脊索的动物。"这种论断也是正确的。贝尔把以上的论述归纳在其《动物发生史——观察与思考》一书（1828、1837）中，名之为"贝尔法则"（Baer's law, 1828）。由于贝尔在胚胎学上的这些贡献，被誉为"比较胚胎学之父"。1834年贝尔应圣彼得堡科学院之邀，赴俄国，并在俄国度过其余生（42年）。他曾到俄国各地去旅行，从事人类学、人种学、考古学、语言学等多种学科的研究。俄文文献总是把贝尔看作是俄国人的光荣。

贝尔在胚胎学上的成就与海克尔的学术成长关系颇密切。特别贝尔法则为海克尔后来提出进化学上的"重演律"提供了重要的学术前提。贝尔可谓之是海克尔的先驱。从现象上看，贝尔法则与海克尔后来确立的重演律似乎并没有什么大的区别。但是贝尔是特创论者，一向追随居维叶。居维叶是法国著名的动物学家、古生物学家。他把动物界划分为四个大"类型"：①"脊椎动物"型（与现生的脊椎动物几乎一致）；②"关节动物"型（含今日的环节动物与节肢动物）；③"放射动物"型（含腔肠动物与棘皮动物）；④"软体动物"型（大体上与现在生存的软体动物相当）。居维叶的"型"相当于现今动物分类学上的门（不过，今天动物分类学已将动物界划分成30多个门）。居维叶认为这四个"型"是孤立的，静止的，"型"与"型"之间是没有联系的，即没有亲缘关系的，是被上帝分别创造出来的。

贝尔赞同居维叶的四型说。贝尔认为，胚发育最早期所显示的形态是动物四个"型"的各个"原型"，有着最基本的共同形态（pattern），所以相像。但贝尔同样认为四个"原型"之间是孤立的，没有联系的，所以在发育的后面阶段显现出不同的成体形态。贝尔承认"动物是不进化的"。而海克尔在观念上则与贝尔的观念大相径庭。海克尔主张"个体发育是系统发育的扼要的重演"。在这里，海克尔是把个体发育与系统发育联了起来，认为重演律是动物进化、类群之间具有亲缘关系的反映。

其实，在贝尔确立其法则之先，德国的解剖学家梅克尔（J.F. Meckel, 1781-1833）已发现了胚胎学上的这种现象。梅克尔曾在法国大学者居维叶指导下工作过。梅克尔是将动物比较解剖学引进到德国并使之在德国兴旺起来的学者，对德国学术发展功绩大矣。梅克尔研究过从高等到低等的各种动物的解剖。他仔细观察过哺乳动物胎儿的心脏及血管系统的形态，发现哺乳动物"此时期胎儿的心脏与鲸鱼的心脏的确很相似"以及"哺乳动物的胚胎似曾经过爬行类阶段"等胚胎学现象，于是梅克尔做出"哺乳动物胚胎发育的形态确实仿照'从两栖类开始经过爬行类到哺乳类'诸阶段"的结论。可以说，这是历史上最初的"重演说"。梅克尔又可谓之是贝尔的先驱。

不过必须指出，梅克尔也不是从进化角度来理论动物胚胎发育过程中的这种现象的，他是继承了始自亚里士多德的动物界呈"阶段式序列"的自然观。梅克尔所说的"阶段式序列"，不是进化的阶段序列，而过多的是宗教的阶段上升观念的反映。

在魏斯曼、海克尔学术起步之前，生物学特别是细胞学、胚胎学已取得了上述一系列的成果，无疑为他们两人的学术发展与成功提供了重要阶梯。而在19世纪中叶之前，在达尔文开展他的理论研究时就没有如此丰硕的科学前提。

2.2.3　古生物学状况：特创论当道

古生物学到19世纪后半叶也取得了很大的成就。古生物学家已从不同的地层中找到了各种各样的化石，而且发现越是埋在下面地层的化石越是属于古老的低等动物类型的化石，而在较上面、较新的地层中发现的化石则是属于较高等动物类型的化石。这样的事实本来是说明生物进化的非常好的证据，可是，在古生物学发展历史中深受宗教观念束缚的很多古生物学家却不是从进化的角度去认识这个问题的，他们倒是认为上帝"创造"高等的动物较之"创造"低等的动物需要更多的时间，所以高等类型动物的化石出现的较晚。在古生物学发展的历史中很多古生物学家是顽强抵抗进化论的。其细节放在本书第7章讨论。

2.2.4　遗传学状况：混合遗传观念主导

19世纪，关于遗传问题的探讨还不成为一门独立的学问，被学界视为研究形态形成问题的一个侧面。人们对遗传的问题的认识依旧彷徨在混合遗传的理念之中。虽然孟德尔的遗传因子理论在1865年2月8日和3月8日分先后两次在布尔诺市的自然科学会会议上发表了，该理论包括显隐性法则、分离法则和独立分配法则。孟德尔总结其研究成果的论文——"植物杂交试验"发表在翌年《布尔诺自然科学会志》的第4卷上。可是遗憾的是，孟德尔所发现的遗传法则却长期被埋没，没有得到学界的认同。对它没有认同的原因是很复杂的（请参见中泽信午著、庚镇城译的《孟德尔的生涯及业绩》一书的第11章）。孟德尔的遗传法则没有得到与他生活在同一时代的涉猎群书的达尔文所了解，是科学史上的一件憾事。孟德尔非常崇敬达尔文，曾将其论文寄给了达尔文，可是，达尔文却未拆封。这一情形请参见拙作《达尔文新考》第22章。

孟德尔发现的遗传法则直到1900年，即被尘封了漫漫的35年之后，才被学者们再发现。由于孟德尔的遗传法则在19世纪的后半叶没有为人们所了解，所以它并没有进入到铸就魏斯曼、海克尔学术成就的科学背景中去。

§2.3　魏斯曼

如果我们问19世纪在达尔文之后，给予进化理论最强劲冲击的人是谁的话，人们都会毫不含糊地回答是魏斯曼。　　　　　——E.迈尔（1988）

我国年岁较大的生物学工作者对于魏斯曼这个名字一定不陌生的。因为新中国成立之初执行的是一条全面学习苏联的"一边倒"政策。这个政策在生物学、遗传学领域里的体现，便是全面输入、贯彻李森科派的"理论"。李森科派对魏斯曼、孟德尔、摩尔根为代表的传统遗传学是持完全否定态度的，宣布魏斯曼、孟德尔、摩尔根遗传学在政治上是反动的，在哲学上是唯心主义的，在方法论上是形而上学的，说他们是为现代帝国主义服务的伪科学派别。李森科派对魏斯曼、孟德尔、摩尔根学派进行过猛烈的攻击。关于这一点，拙作《李森科时代前俄罗斯遗传学者的成就》（2014）做了较为详细的介绍。魏斯曼被认为是这个反动的唯心主义遗传学派别的祖师爷。在1950年代，我国从苏联翻译引进了大量从"学术"角度与"哲学"角度宣扬李森科派观点和批判"反动的魏斯曼孟德尔摩尔根主义"的书籍。当时笔者作为大学的"达尔文主义"和"米丘林遗传学"课程的助教，阅读过不少这类图书。

李森科派对魏斯曼的批判主要集中在两点。第一，魏斯曼把生物体划分为体质和种质（又称生殖质）两部分，体质有生有灭，只存活一代；而种质则世代连续，万古不朽。李森科派认为生物体是统一的生命整体，生物体中不该有专司遗传性的物质（生殖质或种质）或器官的，生物体中的每一点一滴"活质"都是具有遗传性的。责难魏斯曼把统一的生命整体划分为本质、功能截然不同的两部分——体质和种质（生殖质）是主观唯心主义的，形而上学机械论的，是反科学和反辩证唯物主义的。李森科派的一些学者指出，一枚秋海棠的叶子就可以把魏斯曼的种质论观点打倒，因为秋海棠的叶子是体质，可是当把它放在适宜的环境条件下，它却可以生根发芽，开花结果。就是说，体质也生出了种质。

魏斯曼（A. Weismann, 1834–1914）

第二，魏斯曼认为种质（生殖质）决定着体质的产生与发育即分化；而体质在生物一生中由于受生活条件的作用所产生、获得的一切变异却不会影响到种质，故而是不遗传的。也就是说，获得性是不遗传的。魏斯曼生前曾坚决反对拉马克的获得性遗传理论。这一点，他是不同于达尔文和同时代的其他许多学者的。这是魏斯曼最明显的特征。为了证明他的这个观点，魏斯曼用小鼠做过实验。小鼠一出生，魏斯曼就将其尾巴割掉，总共割了22代1 592只小鼠。可是第23代之后出生的小鼠依旧是有尾巴的，而且尾巴的长度丝毫没有缩短。魏斯曼以此便认定获得性是不能够遗传的。李森科派学者对魏斯曼的这个切小鼠尾巴的实验进行过严厉的批判，认为他的这种想法非常肤浅、愚蠢和苍白无力，是把机械损伤与获得性混淆了。正如谁都知道车祸造成的残疾是不会遗传给后代的。妇女的处女膜代代被撕破，可是生出的女婴却总是有完好的处女膜。李森科派说，这些事实不是比魏斯曼的切小鼠尾巴的"实验"有力万倍！虽然，魏斯曼切小鼠尾巴的实验没有说服力，可是他所提倡的获得性不能遗传的观念却是正确的，已得到科学的证实。

论年岁，魏斯曼比孟德尔小12岁。可是，为什么在谈到传统遗传学的发展脉络时，人们总是把魏斯曼捧为上位？国内没有魏斯曼的原著，也没有其中文译本。在科学史书籍中也没有看到有关这个问题的讨论。在斯特蒂文特（A.H. Sturtevant，1891-1970）所著的《遗传学史》（*A History of Genetics*，1965）一书中虽然有十几处或短或稍长地正面地提到了魏斯曼，对他的学术思想与贡献是肯定的，可是却是散落在有关的章节中，并没有设一个章节完整地介绍魏斯曼的论述。那时的俄文文献则尽是批判魏斯曼的。于是笔者到日本留学之后，便留心搜集有关魏斯曼的材料，得到不少收获，如魏斯曼关于生殖质（种质）学说的日译文，但没有找到魏斯曼整本著作的日文译本。

1984年5月29日在德国弗莱堡举行了纪念魏斯曼150周年诞辰的讨论会。进化综合理论的大权威美籍德国学者迈尔发表了题为"魏斯曼与进化论"的纪念讲演。后来迈尔将其收进 *Toward a new philosophy of biology* 的巨著（1988）第27篇论说（essay）中，题目改作"论魏斯曼成长为一个进化论者"（On Weismann's growth as an evolutionist），这是一篇长达33页的大文章。

魏斯曼为德国动物学家。他起初在哥廷根大学学习医学。之后在吉森（Giessen）大学，师从洛伊卡特（K.G. Leuckart）教授学习动物发生学及形态学。1866年任弗莱堡（Freiburg）大学副教授，1871年升任教授。他曾是一个热心从事于胚胎学实验的研究家，夜以继日地在显微镜下观察海水蚤（*Cypris*）等低等动物的生殖细胞与其发生过程，后来患上严重的眼疾，再也无法从事实验工作，于是便坐在研究室的椅子上，对遗传、发生、进化等问题进行旷日持久的冥思苦索，不停地笔耕，提出超凡的见解，成为大理论家。

关于遗传问题，他在科学史上首次主张生物体中存在着两种在性质上截然不同的原生质：体质（morphoplasma）和种质或称生殖质（idioplasma 或 plasma germinatif）。对于这两种物质，魏斯曼强调生殖质的稳定性与连续性，成为后来建立与发展起来的染色体基因理论的思想先驱。魏斯曼的遗传假说充分凸显了19世纪大因果论的"原基"的观点，有的学者认为，魏斯曼提出的遗传假说是19世纪大因果论的一个"结晶"。对于遗传的观点与后来的基因观点是一脉相承的。

关于发生的问题，魏斯曼研究过多种无脊椎动物的发生，观察到的事实使他赞同海克尔提出的个体发育是系统发育的简短而扼要的重演的理论。魏斯曼由于主张种质的连续观点,所以他是前定论者。不过,他强调的是种质的决定论和种质的连续论。

关于进化问题,他赞同达尔文的自然选择学说,但是根据其遗传的观点,他不同于达尔文对待拉马克获得性遗传的容纳态度,而是坚决否定获得性遗传的理论。魏斯曼认为自然选择是生物进化的唯一动因即自然选择万能。他提出生殖质选择说(Theoryie de la selection germinale)作为自然选择的补充,自称他的这种别具一格的见解为新达尔文主义(neo-Darwenism)。

上面陈述的这些论点是对魏斯曼学术思想所做的最终的结论性的概括。其实,魏斯曼的学术思想也有过复杂而曲折的演变过程。

迈尔在前面提到的"论魏斯曼成长为一个进化论者"文章中,一开头便批评一些近代科学史家有一种通病或"不幸的倾向",就是在描述某个大科学家时,常常把那个大科学家的观点说成是一成不变的,一开始便是如何的鲜明、正确,首尾一贯。其实,真实的情况多半并非如此。迈尔指出,"拉马克到了已知天命之年的56岁时,才放弃物种固定性与永恒性的世界观,变为进化论者。魏斯曼否定获得性遗传——的确是喜剧性的转向——时已超过了47岁。"

按迈尔的论文,魏斯曼的学术生涯分成三个时间段:1868—1881或1882年为第一阶段;1882—1895年为第二阶段;1896—1910年为第三阶段。在不同的阶段,魏斯曼的想法是有很大变化的。1868—1881年或1882年间即第一个时间段,魏斯曼是赞同拉马克的观点的,承认获得性遗传。从1882—1895年间,是魏斯曼探究遗传变异原因的时期,他提出了种质(生殖质)及其连续的理论,进而否定获得性遗传。1896—1910年间,魏斯曼把生殖质选择作为自然选择的补充。魏斯曼在其晚年发表了他对进化思想的总结性一书《进化理论集》(Vortrage uber Deszendenztheorie),是一本巨著,长达672页,分上下两册,重版过三次(1902,1904,1910)。

下面我们着重叙述魏斯曼在遗传、进化两个方面所做的研究、思想脉络与主张。

2.3.1 魏斯曼关于遗传问题的见解

1881年以前,魏斯曼和达尔文一样是赞同拉马克的观点的,即承认外界环境的变化能对遗传性产生直接影响,相信器官的用与不用的效果对遗传具有作用和获得性遗传的。他相信"变换(transformation)(魏斯曼的"变换"即为进化之意)的起源系由外部生活条件的直接作用所致"(1868)。魏斯曼在1881年11月还写过如下的话:"尽管尚不能对由拉马克提出的直接作用所产生的变异的效果的程度做出准确的估计,但却也不能怀疑这种直接作用的存在。"魏斯曼还举出赤斑蝶(Araschnias levana)的例子作为生活条件直接作用与获得性遗传的例证。他写道:"夏季的炎热作用于该蝴蝶的每年的第二世代及第三世代,经过长期之后,并未使第一世代发生变化,却对第二、三世代的形态产生了影响。"

魏斯曼在1892年发表了《生殖质说——一个遗传理论》(Das Keimplasma —

Eine Theorie der Vererbung）一书，完整地叙述了他的想法。为了让我国读者原汁原味地理解魏斯曼当时的想法，兹将该书序言及第一节"生殖质——关于生殖质结构的概要"译成中文，供读者参考。不过，笔者想在读者阅读魏斯曼的文章之前说几句话。今天的读者不仅熟悉孟德尔的遗传因子理论、摩尔根的染色体学说，还了解遗传物质DNA的许多知识。当看到123年前魏斯曼写的论文时，会感到它很肤浅，有些地方甚至颇感不解。这是事实，笔者也同样有这样的感受。这里的原因很简单，就在于未用历史的观点来审视问题。如果把魏斯曼的论文放到123年前，放到19世纪80年代时的欧洲哲学思潮和生物学发展水平上去看的话，也许就能容易地看出魏斯曼的《生殖质说——一种遗传理论》所具有的先进特点以及魏斯曼的超凡睿智。魏斯曼的种质论在科学史上是很有价值的，有的文献评价它说，宛如暗黑中一道划破夜空的闪电，给当时的人们照亮了探索遗传奥秘的道路。魏斯曼在该书的序言中，坦言他之所以能提出他的理论是缘于19世纪60年代后20余年科学的发展，如前面对细胞学、胚胎学发展的叙述，特别对于受精和性细胞互相结合过程之认识所带来的全新革命，为他的种质论及种质连续的思考提供了依据。而在达尔文的时代，科学没有那样发达，所以达尔文只能凭其天才想出泛生论，故而泛生论是经不起实际验证的。

　　魏斯曼称遗传物质为"*Keimplasma*"，其中的"*Keim*"在德语中是"胚"、"芽"、"开始"的意思，"*Keimplasma*"即为"生殖质"或"种质"。魏斯曼在《生殖质说——一种遗传理论》一书中对生殖质有详细的叙述。首先，他将体细胞和生殖细胞区别开来。他主张生殖细胞的生殖物质司遗传功能。生殖质是由Id（伊得）、determinant（定子）、biophore（生源体）等越来越小的遗传单位所组成。魏斯曼假定，伊得是由数千数万个定子所构成，而定子则由更多更小的生源体所构成。生源体是生殖质的最小的生命单位。魏斯曼认为，生殖质从亲代传递给子代，子代传递给孙代，世代连续，生殖质是万世不朽的。魏斯曼认为，生殖质决定体细胞（体质）的类型与功能；体细胞代代死亡；可是生殖质却不受体质（体细胞）的影响，故而，个体生存中体细胞受到环境的影响而产生的变异是不会遗传给后代的，从而否定了由拉马克所倡导的、后由达尔文承认的认为是生物进化中的最重要的因素之一的获得性之遗传。

　　魏斯曼揣测细胞的分化是在染色体分裂中进行的。这个猜想是正确的，是超越时代的想法。当时学界依据形态学观察，认为染色体分裂总是均等地二等分的。康克林（E.G. Conklin）再三强调，所有细胞的染色体分裂均是二等分的。既然染色体分裂总是均等地一分为二，怎能导致细胞分化呢？所以康克林是强烈反对魏斯曼揣测细胞分化在染色体分裂中进行的想法。而今日我们知道，减数分裂中染色体要发生交换重组，是影响发育与分化的。

　　在染色体减数的事实还未被发现的时候，魏斯曼在理论上就预想到了有减数分裂（meiosis; reduction division）的存在。他认为染色体如果没有减数的话，每过一代，染色体的数目就将增加一倍。魏斯曼主张减数分裂大概发生在成熟分裂的时期。魏斯曼的这一预测在不久之后（1894）便得到了证实。

　　魏斯曼将生物的变异区别为两类。基于外界环境影响所产生的彷徨变异

（今日称之为个体变异）和基于遗传原因所产生的偶然变异（今日称之为突变）。魏斯曼的这一主张，不久之后也得到了德弗里斯的实验证明。魏斯曼的这一主张已为现代遗传学家所认可。

下面笔者将魏斯曼《生殖质说——一种遗传理论》一书的"序言"及该书的第一节"生殖质"译成中文，供读者了解。

2.3.2　魏斯曼《生殖质说——一种遗传理论》的序言

序　言

今日试图建立遗传理论，大概也许是骄傲行为的反映。我经过长期探索之后，为原理奠定基础的尝试，仍有难以克服的障碍。从最初领悟到必须开始做这样尝试的时候起，本人就坦言了这种感受。可是我搜集了迄今我力所能及的事实，我无法抗拒来自于充满着非常多谜的复杂生命现象的迷宫所展现的魅力。我还不认为这是为期尚早的、脆弱的、净是漏洞的尝试。在过去的20年间，我们的知识明显地大增了，给在眼前展开的对遗传的探讨提供了理论基础，我还不认为那是完全没有希望的事情（笔者注：指试图建立遗传理论事）。我倒是认为，有了经反复推敲过的遗传理论，以其为基础，才可提出新问题，进而找到答案。

但是，以往的理论几乎都不能回应这样的要求。例如，达尔文的泛生论（pangenesis）假说，只不过是停留为理论性的启示，要建立说明性原理，是完全不现实的。某种原理的射程距离，只有在其实际实施后才可能认识。然后开始显现困难的情况，在所有的方面出现新的问题。但是，达尔文的天才草案在这一点上是不充分的。这是因为泛生论是达尔文根据其生活时代的知识提出的"理念性"假说。也就是说，泛生论是立足于不是把现实性作为第一问题的说明原理之上的。

我的假定是：在胚之中保有着数百万个最小单位的原基（Anlage），它们随着生物体的发育，分布到各个场所，形成正确的构成物，使一定的器官出现。因此我的假定本身作为一种说明，是错，是对，是可以进行判断的。但是，假定本身将深化，例如，想要显示在胚中事先形成的"原基"可以发生组装的证据，想要显示这些原基在必要的构成中各个已经达到充分的状态，关于原基能导致器官形成的方式、其方法或路线，于是又产生出新的问题。只是由此，可对有关各式各样现象的所有见解进行试验，对于理论不管是支持，是反驳，还是扩充，都可以规划予以确定的实验。

观察者原本就是要在自然中提出问题，并将自身的理论性思考变成准确的东西。或者取以往已有的理论性思考，看能不能指导所有现象包括表面的现象和在心中留下深刻印象的现象，或者以仔细推敲过的理论为基础，看对成为问题的领域中的主要现象的解释起不起作用，不外两者居一：起作用或不起作用。我至少亲自提出过各式各样的遗传试论，如今我再次为了以真的成长在地面上的理论变为能在暗黑中缓缓前行的方向性指针，也想到还会失败,但其价值在于它本质上是发现性的原理。十全十美的理论只能在不完全的出发点上才可能有。不完全的出发点成为飞跃的踏板。

这本书也是经历很漫长的岁月才形成起来的。我在差不多十年间里认真地致力于思索遗传问题。可是存在着特别的遗传物质(vererbungssubstanz)的想法却一开始就浮现在我的脑海中。遗传物质是组织化了的生命物质,它从上代传递给下代。各式各样的物质是依据遗传物质而产生,作为个别存在的肉体转瞬间将消失。于是生殖质和生殖质连续性的论文就这样产生了。另外,我对以往假定的肉体获得的变异能遗传的见解产生了质疑,并结合实验加以详细的检讨。肉体获得的变异实际上是不会遗传的见解越发变成坚固的信念。与此同时,关于受精和性细胞互相结合的过程,许多优秀的研究者进行着研究,我本人也有机会参与其中进行些许的研究。对受精和性细胞互相结合过程的认识带来了完全的革命。因此,我达到了生殖质是由具有相等价值的生命单位所组成的这样认识。各个生殖质,对于个体而言,装入相等的原基,可是在个体中是相互不同的。我曾管它叫"祖先物质(ahnenplasma)",我想今后称它为"伊得(Ide)"。伊得在构建遗传理论时将成为更加广泛的基石,可是关于其完全的构造,还欠缺很多部分。我揣测,按我的想法,依据最近的论证考虑,遗传的困难问题即关于亲代遗传物质的相互作用的问题,借助于伊得这个概念可以得到某种程度的解决。可是,以此就将其视为完全完成了的遗传理论,正如许多人指出的那样,那还差得远着呢。事实上,其中确多有不足。例如,不仅对有性生殖这个独立的现象没有讨论,也回避了关于我的理论的物质基础的构造即伊得的构造进行讨论。我揣测伊得有复杂的构造,在个体发育的过程中它们从卵出发,有序地、规则地发生变化,可是关于其构造一直未加以详细讨论过。这是因为即便这个概念是临时性的,能不能构筑,能不能在所有现象的场合都显示出可实行性,还都是不确定的。

关于伊得的构造在做出某种程度决定之前,有必要对有关伊得的一切,逐个加以精细的考察。以往我关于遗传问题写下来的东西是理论的初步准备,绝非是理论本身。对于最近的有待加工的理论,长期以来我也是持怀疑态度的。达尔文的胚学说(笔者注:即指泛生论)实际上反映出它是远离现实的。依我的理解,达尔文的胚学说的内容是:"胚物质"在体细胞中增殖,在血液循环中被散布,而后集中到生殖细胞中。对于这种说法名之为泛生论(pangenesis),可是,这种理论是完全与现实不符合的。

依照我的见解,这些成为单位的物质是生殖质(keimplasma),根本不带有新的性质,仅具有单纯的一定的性质,但具有复杂的构造。生殖质决不带有新的性质,仅只成长、增殖,本身从一个世代传递给下一个世代。我的这个理论可以定名为种质遗传(blastogenesis)或可以称之为胚物质的发生理论。

长期以来,我对于达尔文学说一向持有的疑问,不仅只是泛生论这个侧面,还在于其一般的基础。预先形成的"原基"假说,对于解开遗传这个谜,看上去似乎过于容易。我认为蓄积在胚中的"原基"的数目多得惊人。为减少复杂性,我尝试开始考虑胚物质的结构,胚物质的结构在发育过程中将使其自身合并下去。

如换种说法的话,依据这样的胚物质,我曾想引入的不是生物体的展开说(笔者注:即前定论),而是后成说。我朝着那个方向做了各式各样的尝试,不止一次地认为成功了,可是进一步检查,发现结果又遭挫折。于是我最终形成了这样见解:后成论发育一般是不可能的。在本书的第一节将叙述展开说的现实性的确凿证据。时至今日来看,我为何长期竟未看到此点呢?真的难以理喻。

我的理论认识的一般基础同英国伟大的博物学家的理论认识起码是一致的,这是荣耀的事情。在此基础上应该加以构建。另外容易看出,别的几位研究者如德弗里斯、维茨纳的想法和我的想法本质上是一致的。在这种一致中,我看到了改正存在于这个领域中错误的可能性;遗传的问题,通过乍看上去很任意、思辨的情形而我看到了解决其可能性的征兆。还有,要经常看清楚某种准确的可能性,还要看清楚各种准确性同时是现实的,那才能达到成功。这个过程是需要很长时间的。我们是非常缓慢地在靠近真实。观察与思考的统一,乃是被指明的一条要走的道路。事实把我们引导到统一的见解中,该见解又会带来新的问题,促进新的观察,又会引进新的意义。

沿着这条道路走,首先最初,以往完全不曾被理解的生物学现象经过思考变得比较明了了。于此,我想提起有性生殖的问题。由于有性生殖的阐明,对于最近前不久还是困难的遗传领域的着实前进做出了贡献。作为可视为特别有希望的问题,说起来有两个容易面对的方面。一个是透过观察的遗传现象。另一个是通过观察可以很好了解的遗传物质。我们如今对于遗传现象的说明果真有价值吗,已能做出某种程度的判断。还有,遗传物质和遗传现象是否能统一起来,可以动脑筋去考察。以往那是不可能的,在那时,初期的说明原理,流行的仅是,如达尔文的"胚素(keiche)说"或斯宾塞的"单位(unit)说"。而如今这一点则得到了很大的改善。我坚信:纯粹的观测可以与研究相结合,理论的领域将被扩大,在和充满秘密的细胞核的关系中,如果不拒绝活用提出的新问题,关于核物质复杂过程的研究肯定将进一步深化。

今日我们离完全洞悉核物质复杂过程还很远,但是希望不要把我在这里陈述的理论视为海市蜃楼。或者也可以设想,将来确切认识的时点到来,只不过是在可能性中收缩了的事态。尽管如此,我本人认为,这种关于核物质复杂过程的研究绝非是单纯的试探操作而是会与好的结果相联系着的。我预料我的主张多半被视为一种研究,作为构筑学说的形态的可能性是小的。我的主张不是宣布公理,是把问题提出来,求给问题带来某种解答或者与将来解决这个问题相联系。我认为我的这个理论既非不是不可更改的东西,也决非完成之物,而是可按照需要,按照能力不断加以改良之物。

我极力不用专业的语言表述,努力用单纯易懂的语言表述,希望能使对生物学有兴趣的人、医学家、哲学家对这些事实有切身的感受。依据这个理由附加上几张图，对于许多动物学家、植物学家来说，或许是多余的，但这几张图应该有助于使这里讨论的课题之概念更加明确。我作为一个动物学家，当然观察到包括人在内的动物的各种现象，在充分了解、掌握事实的基础上构建了各不相同的见解。但是，我也观察到隶属于植物学的诸事实，我也将尽所能把植物学家的想法接纳进来。植物中的有些遗传现象和我的理论的基本假设是颇为一致的。尽管乍看上去是矛盾的事实，却是能协调的，就自然而然地清楚了。

对于疾病的遗传，进行正确而多方面的调查，做得还是很不够的。但对疾病遗传通过观察也得到了丰富的素材。对我的理论基础有价值的素材也加以利用了。但是，疾病的遗传实际上并非全部遗传即并非全部是由胚胎的个体性变异所致。一定比率的遗传病确系由胚胎感染（infection）所致。不该忘记，从具有这两种根据的各式各样原因中仅把遗传性疾病挑出来，在今日是完全不可能做到的。在本书第12节将讨论有关此问题的细节。

本书的出版因与英文版同时刊行，故迟了数月。德文原稿是4月末完成的，加上小的修正和附注。所以，最近的文献几乎未能提及，希谅解。

最后，对伯登（Burden）大公政府的照顾，致以由衷的谢意。我由于得到关照，才能长时期从大学教学的义务中解脱出来，继续从事此项工作。另外，我从我的同事、朋友、弗雷波格大学的鲍曼、骆埃罗特、魏德尔夏伊姆、奇格拉诸教授以及慕尼黑大学盖欧贝尔教授处得到了许多信息与建议，于此想由衷地感谢。还要对埃尔兹·德斯特尔女士鸣谢。为完成索引，得到了她在多方面的技术性帮助，她辛苦了。

这个历经长期作业和从众多怀疑中形成的成果，谅得到世人承认的时刻迟早会到来的。我的这个理论性的构筑物，由于今后的成果，也许几乎留不下不被改变的部分。尽管如此，我不认为此项工作会被人忘却。即便认为我的理论是错误的，如果靠它能引导出正确的推论来，也肯定是迈向真理的一步。

A.魏斯曼
于弗莱堡
1892年5月19日

下面的内容是魏斯曼关于生殖质的论述。他基于他的那个时代细胞学、胚胎学的成就，明确地将生殖质与染色体挂起钩来，并认为个体发育是"染色体的缓慢分解的过程"，用"缓慢分解"一词固然不当，但是他却揣测到不同的遗传物质在不同的发育阶段进行表达的实质。提出遗传物质决定细胞种类的揣测在他的那个时代也是难能可贵的。当然，毋庸赘言，他的生殖质论是建立其主观想象之上的，多有难理解之处，是自然之事。魏斯曼的假说只在科学史上有其意义。兹将其生殖质假说翻译如下，供读者参考。

2.3.3　魏斯曼的生殖质假说

关于生殖质结构的概要

如果按照我们的见解，多细胞生物的生殖质（keimplasma）是由原基物质或称伊得（Id）所构成，这些伊得是第三等级的生命单位（lebenseinheit）。核小棒（染色体）或称伊担特（idante），是由多数的伊得这样单位所构成。作为生殖质的每个伊得则是由几千个乃至几万个定子（determinant）所构成。定子乃是第二等级的生命单位，定子再由最小的生命单位——生源体（biophore）所构成。生源体有各式各样的种类，分别担当不同的部分，是细胞的"特征搬运者"（eigenschaftstrager）。生源体以各式各样且确定的数目相混合的方式构成定子。各个定子则是具有特征的细胞、少数细胞、多数细胞或巨大细胞群（如血液细胞）的原基（anlage）。

这些定子即原基以下面的方式决定细胞特征。每个生源体解除自身，借助于核小棒的极（顶头）在细胞中移动，靠自身增多、维持之力，使自身秩序化，从而决定细胞的组织学构造。但是，这种活动要在细胞内达到应该规定细胞特征的阶段，过了某个一定的正常发育时期后才得以进行。

每个定子当到达身体中规定的场所后，便进行如下活动。每个定子在生殖质——伊得中占据正确的位置，形成由遗传所决定的构造物。个体发育的进行是生殖质——伊得的缓慢分解过程。在发育中的每一个细胞分裂，核分裂中生殖质——伊得被划分为一定的定子小集团。这样一来，构成生殖质即伊得的各种定子变成数百万状态，在紧接着的个体发育的子细胞阶段变成仅有百万的一半，再接着到下一个阶段，定子只含百万的四分之一。最终各个细胞如果无视能考虑到的复杂之点，只剩下一个种类的定子。这种状态可以说决定了有关的细胞或细胞群。只有小数目定子集团的伊得后阶段中的生殖质——伊得的缓慢分解，不单被分割成为部分，在生命统一体的分解中，所有结合着的定子集团由于变化，各式各样的定子进行急速地不均等地增加，由于其吸引力的作用而变得有秩序。生殖质——伊得是可无止境地流动的构造物，可是其里面的各个定子的最初位置有如下条件。一面伴随着各种各样种类的定子的成长，一面由于发生遗传上不均等的核分裂，不论定子的状态怎样动摇，各阶段中的伊得的每个定子都占据一定的准确场所，另外，由于生殖质——伊得的作用，其后的所有细胞行列在到发育的最终阶段的细胞之前，自行调整并维持该过程，在该过程中，解除生源体（笔者注：可理解为发挥作用），把遗传特征刻印到细胞上。各个阶段中的每个伊得，拥有准确的遗传构造物。遗传构造物是摇动完全、确实、合乎规则的构造物。由于生殖质——伊得的作用，最终合乎规律的变化被传达给各个阶段的伊得。

在生殖质——伊得的结构中保存着接续下去阶段的伊得的构造潜能（potential），构造潜能还是定子的合乎规律性分割的基础。也就是说，

是关于原基与其部分的关系的基本形态的个体一般性构造的基础。规定
蝴蝶翅膀小斑点的定子就是因为处于正确状态的定子,而不是别的定子。
规定跳虫第5触手的定子,其功能确实为此,而不是为规定第4触手之物。
每个细胞的特征之规定都因持有相应的定子,并最终依据在细胞中传递
的生源体。

魏斯曼的生殖质理论是基于原基的概念构建起的复杂体系。科学史家高度
评价他的理论,说它是"因果论时代的智慧结晶"。

2.3.4 魏斯曼的进化思想

魏斯曼的早期进化思想是内格里的。在1870年代,魏斯曼持有与定向进化
流派的内格里、阿斯柯纳基等人非常接近的立场。魏斯曼在1873年所写的论著
中显示他不仅认为生物的变异具有定向性,而且认为生物具有内在的前进性进化
的动力。内格里和魏斯曼两人一贯坚持变异的原因只存在于生物体的内部,坚持
变异取决于生物体的结构的想法,认为环境的物理条件的改变对生物变异的影响
是极其微弱的。

关于种的进化问题,魏斯曼从最初就强调在于生物的变异性。认为变异性是
进化的基础,在这一点上,魏斯曼是对的。他极力批判德国动物学家瓦格纳(M.
Wagner,1813–1887)的地理隔离说。瓦格纳起初主张自然选择如果不与迁徙相
伴,就不能成为形成新物种的重要因素(1868)。到了1870年,瓦格纳进一步走向
极端,提出了物种形成的隔离说(separationstheorie)。这个学说主张,由于迁徙,
一些迁徙的个体与基本种没有了交配机会,受新环境的作用,变异性会增大,再
由于个体数增加趋向的最大化,同时杂交使变异平均化,群体最终形成了具有新
特征的新种。这里,瓦格纳几乎无视自然选择的作用。魏斯曼不同意瓦格纳的
见解,对它进行了批判。魏斯曼认为隔离在新种形成过程中起着很大的作用,这
一点是不容否定的,但是,隔离并非形成新种的主要因素。魏斯曼用在同样场所
存在近缘变种的事例,以及相反的情况如在淡水产的卷贝和蝶类中,即使存在隔
离也形不成新种或族(race)的例证来批驳瓦格纳。魏斯曼认为,种有稳定期与变
异期,两个时期有所交替。种在变异期发生的变异是由种的身体结构(physische
constitution)所规定,即由内因规定的,且变异具有方向性。魏斯曼认为,自然选
择对处于变异期的物种发挥着重要的作用,可形成杂种。隔离有作用,但只不过
在于加强自然选择的作用。

魏斯曼认为自然选择是造成生命目的性的唯一因素。强调自然选择(生
存斗争)的普遍性和重要性,此时,他与内格里的立场发生分歧了。魏斯曼的
思想还进一步发展,将自然选择概念极端化,提出自然选择万能(allmacht der
naturzuchtung)的主张。

魏斯曼的自然选择万能论,根本改变了达尔文对于变异、遗传的见解。魏
斯曼在其《进化理论集》(1902)一书中,明确否认获得性遗传是进化的因素之
一。而当时大多数学者如海克尔、内格里等都是持有与拉马克、达尔文相同的

想法,认为获得性是遗传的。魏斯曼的主张是正确的,可在当时他却是处于孤立的地位。

魏斯曼把生殖质的选择视为自然选择的基础。他主张定子通过分裂进行增殖时,定子之间要发生竞争。吸收了多量营养的定子将压倒营养差的定子而被保留,弱的定子则被淘汰。如此继续下去的话,某些定子就会更多,身体的某个部分就会更发达,导致向一定方向发展。他将这种想法称为新达尔文主义(neo-Darwinism)。许多学者指出,魏斯曼的主张冠之以"新达尔文主义"的名称是不合适的,因为魏斯曼只是片面夸大了自然选择中优胜劣败的生存斗争,而忽略了达尔文关于遗传变异的见解,应该称为"魏斯曼主义"。也有的文献认为,魏斯曼的主张其实和华莱士对自然选择的见解是基本一致的。有的学者说,魏斯曼主张吸收营养多的定子将取代或淘汰吸收营养少的定子的设想,实际上又承认了他否定的获得性遗传。因此说魏斯曼的思想是自相矛盾的。

对于达尔文的性选择理论,魏斯曼是支持赞同的。在前面提到的迈尔的文献中有较详细的介绍。篇幅的关系,这里不多叙述。

在关于魏斯曼种质论的介绍临近结束的时候,笔者补充一个从日本文献(横山利明:《日本进化思想史(三)》)中看到的史料。日本在明治维新时代,留学欧洲的日本学者将魏斯曼的生殖质竞争理论传入到日本。日本人普遍地崇拜欧洲人,认为欧洲人的血统比日本人的高贵,于是便有人提出,日本人应该与西洋人结婚(主要是指日本的女人嫁给西洋人,日本男人多是不配娶西洋女人做老婆)的主张,旨在让西洋人的优良生殖质在血液中逐步取代日本人的低劣的生殖质,以此来改良、提高日本人的生殖质的质量。事实上,很多日本人在西方人面前是表现得卑躬屈膝,低三下四,默认自己是低等民族的。在第二次世界大战前,日本人崇拜欧洲特别是德国,科学术语几乎都采用的是德语。第二次世界大战后则转而崇拜美国。魏斯曼的种质论传入日本后,一些日本人产生与欧洲人通婚的奢望是一点都不奇怪的。该书也提到,当时在日本社会中对上述想法也有一种担忧与反弹:认为如果那样做,在混血儿的血液中西洋人的生殖质会逐代增多,最终会完全取代日本人的生殖质,日本人的种质是改善了,可是随之也会丧失对先祖、皇室的尊敬以及对儒教忠孝精神信仰的叛逆。

§2.4 海克尔

2.4.1 海克尔其人

海克尔是德国著名的动物学者、进化学者、欧洲自然科学唯物主义一元论的代表人物。他最初在德国维尔茨堡(Wurzburg)大学接受医学教育,之后却从事动物学特别是海产低等动物学的研究。达尔文1859年发表了《物种起源》一书,海克尔对该书极其热衷,翌年,年仅26岁的海克尔便将其译成德文出版。海克尔深受达尔文进化理论的影响,一生都是达尔文进化理论的坚定的捍卫者和大力宣扬者。前面说过,在英语的圈子中,赫胥黎(T.H. Huxley, 1825-1895)是达尔文学说的最坚定的捍卫者；而在德语的圈子中，海克尔则充当与赫胥黎同样的角色，且其影响力远比赫胥黎要大。

由于海克尔在放射虫研究上的优异成绩，耶拿大学从1862年起聘他任教员后升为教授。海克尔先后去过加纳利群岛（1866—1867）、红海（1873）、斯里兰卡（1881—1882）、爪哇（1900—1901）等地从事科学考察研究。

海克尔头脑聪慧锐敏且善于写作绘画，一生发表了许多著作，涉及系统分类学、比较解剖学、发生学、进化学以及自然科学唯物论的一元论等广阔领域。海克尔所著的《普通形态学》（1866），全两卷，逾千页，是内容丰富的巨著，使

海克尔（E. Haeckel, 1834–1919）

不足"而立之年"的他一跃成为大学者。他之后所著的《自然创造史》（1868）、《人类进化论》（1874）、《宇宙之谜》（1899）、《生命之惊异》（1904）等都是闻名遐迩的大作。海克尔对推动德国及欧洲的生物学的发展以及对欧洲思想界的影响都是巨大的。

由多细胞组成的动物名为后生动物（metazoa，metazoan，1874）乃是海克尔命名的，沿用至今。关于后生动物的起源，海克尔提出"原肠祖说"（gastraea theory）。关于个体发育与系统发育的关系，他提出过著名的"重演律"（recapitulation theory），这个理论在生物学界传承了一个多世纪之久。他的这些理论对于生物学的发展产生过重大影响，从而他在生物学史上占据着显赫的地位。此外，他还提出发育差时（heterochrony）、异位发生（heterotopy）等发生学概念。

2.4.2　海克尔绘制出第一个"生物进化系统树"

依据达尔文的进化思想，海克尔认为地球上现存的和过去存在过的所有生物最早都应该是从"共同祖先"那里不断发生分歧、进化而来。海克尔根据当时的分类学、形态学和古生物学等知识，绘制出"生物进化系统树"（phylogenetic tree, genealogical tree），发布在其《普通形态学》一书（1866）中（图2-1）。海克尔将地球上的总总而生、林林而群由进化分歧产生的全部生物类型收罗归纳到一个有"根"、"树干"、"粗大枝条"、"细小枝条"和"叶子"的树状结构中，即谓之生物进化系统树。海克尔用此系统树方式非常完美地表现生物进化与亲缘关系，在生物学史上可谓之是第一人。他开辟了系统树理念与方法论的先河，非常科学，后人加以沿袭，并随着科学的进步，系统树的理念与方法也不断更新、改善。

海克尔绘制生物进化系统树的想法并非是无根由地产生出来的。在历史上，法国伟大学者拉马克是第一个排除上帝干扰，试图完全用自然的因素，诸如环境条件的作用、器官的用与不用和他臆想的获得性遗传来充作生物进化的机制。拉马克认为生命是自然发生的，并且生命能不断地自然发生，发生后向上发展。这

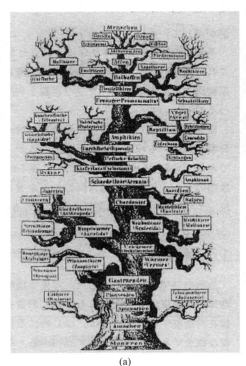

(a)

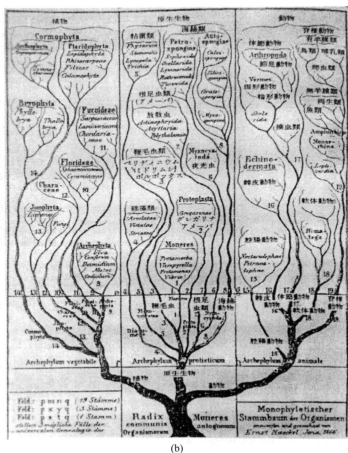

(b)

图2-1 海克尔的生物进化系统树

a. 海克尔最初绘制的生物系统树图；b. 译成日文的海克尔的生物系统树。海克尔承袭了林耐关于生物世界只有植物、动物两界的观点。他的生物系统树图中原生生物是由植物、动物混编而成，并非别于植物、动物的独立的界。

样，属于同一个生物系统中的类群是具有亲缘关系的，而隶属于并行的不同生物系统中的类群则就没有亲缘关系了。而达尔文的见解则不同于拉马克，达尔文认为地球上的生命只能自然发生过一次，所有物种都具有亲缘关系，不过或亲或疏罢了。达尔文在其进化笔记（transmutation note）中，绘过一张表示物种分歧进化的略图，图中的A、B、C、D分别代表不同的物种（图2-2）。

达尔文在《物种起源》（1859）这本巨著中只放上一张插图，就是表现物种分歧的图（图2-3）。在达尔文笔记中的略图或其《物种起源》书中的插图，尽管均系表示生命之网中的一小局部，但对于海克尔而言，肯定具有重大的启蒙意义。海克尔的生物进化系统树可以说是达尔文的种分歧图的延伸、扩充、完善和具体化，也是其一元论思想的体现。

海克尔在其所绘制的"生物进化系统树"中用于标明动植物类群的名称，当然用的是德文。笔者尚未见过该图被译成中文的。在系统树的最上部表示

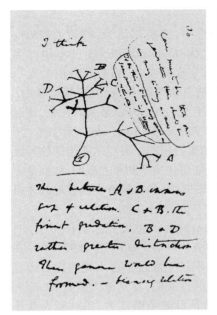

图2-2　达尔文笔记中的物种分歧图

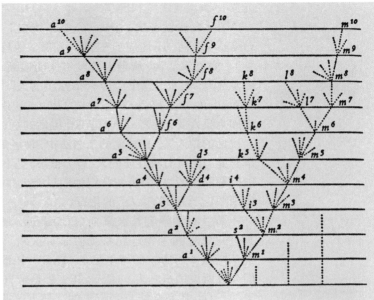

图2-3　《物种起源》一书中的性状分歧图

地球上现存的生物,有植物、原生生物和动物三大类。但是海克尔在其"生物界系谱"中,却沿袭林耐的见解,把生物界分为动物、植物两大界。进化系统树的下部有三个很粗的主干,分别是:植物、原生生物和动物。就是说,在生命起源之后,它们从生物的共同祖先那里分化出来,独立发展,历经沧桑,进化途中不少类型衰败、灭绝,而被自然选择保存下来的类型则生生不息,不断繁衍,绵延至今。树枝分叉处表示祖先型的生命类型发生分歧,形成两个新的生命类型(分类群)。分类群之间的距离越近,表示亲缘关系越近;反之,表示亲缘关系越远。

系统树的纵轴表示生物进化经历的时间跨度。当时地质学水平很低,误认为地球的历史只有几百万年,生物界的历史当然则更短。

2.4.3　海克尔系统树中的"缺失的环节"

海克尔认为,不论是动物,植物,还是原生生物,在从其久远的某祖先类型发展到后面的或当今的类型之间一定经历若干个过渡的中间环节。其中不少中间环节因各种原因灭绝了。但有的中间环节迄今尚未找到其化石遗迹。海克尔就把灭绝了的但尚未发现其化石遗迹的中间环节称为"缺失的环节"(missing ring)。海克尔认为,在进化系统树里包括许多这样的"缺失的环节"。例如,在人类与类人猿由其共同祖先分道扬镳之后,在向人类方向进化的一支中,海克尔相信存在若干"缺失的环节"并随着古人类学的进步,会发现相关的化石而证实其预言。这正如俄罗斯化学家门捷列夫(Д.И. Менделеев, 1834-1907)在1869年发现的化学元素周期表,可预测在周期表的空白处存在未知的元素一样。

在《自然创造史》中的"人类系统史"一讲中,海克尔认为,在智人(*Homo sapiens*)之前,还理应有过愚人阶段,他称之为*Homo stupidis*(现已不用此名称)。海克尔认为,从愚人阶段再往前追溯,肯定会存在过"带有猿性质的人"。海克尔认为,此未知的"带有猿性质的人"是缺乏语言能力的,故定其学名为:*Pithecanthropus alalus*。属名中的*Pithec*是猿的意思,*anthropus*是人的意思,连起来即为猿人属;种名*alalus*是不会说话的意思。*Pithecanthropus alalus*意思是"不会说话的猿人"。在林耐的二名法中,种名是做定语用的。海克尔臆想的这种无语言能力的带有猿性质的人,智力低下,是不会懂得住房子和穿衣服的,故而是不能御寒的。所以,海克尔认定他们只能生存在热带,并预言只有在热带地区才可发现"不会说话的猿人"的化石。

荷兰解剖学者杜波依斯(E. Dubois,1858-1940)读过海克尔的许多书,对其进化思想和生物进化系统树非常钦佩。杜波依斯在1890年至1892年间,在中爪哇梭罗河中游的特里尼尔(Trinil)中部洪积层中发现了古人类的化石即我们今日所说的爪哇直立猿人,其头骨是带有猿的性质的,而从其大腿骨看,与人类的一样,是完全能直立行走的。根据这些特征杜波依斯认为,爪哇猿人就是海克尔所说的在向人类进化过程中的"缺失的环节"。杜波依斯将其学名定为*Pithecanthropus erectus*(1894)。其中,属名*Pithecanthropus*就是依照海克尔当年所预定的。从所得的爪哇猿人的骨骼来看,无法判断其有无语言能力,故其种名未沿袭海克尔的想法取*alalus*。因爪哇猿人的大腿骨具有完全直立行走的能力,故杜波依斯将其种名定为*erectus*。*erectus*为直立行走的意思。*Pithecanthropus erectus*这个学名使用了很久,直到1960年代中期,*Pithecanthropus*属才被改换为*Homo*属,现在爪哇猿人的学名为*Homo erectus*。生物学史家一向认为,杜波依斯是受海克尔进化思想的启迪才发现了爪哇猿人的,它是填补海克尔生物进化系统树中"缺失的环节"的一个精彩的例证。

2.4.4　海克尔认为全部生物最早的共同祖先是Monera

在海克尔的生物进化系统树的最底部,便是海克尔所设想的全生物界的最早的共同祖先:Moneres。

Moneres是海克尔1866年在《普通形态学》中创立的德文术语。它源自希腊文μονηρης,意思是"简单"。与之相对应的英文为moneron,复数为monera。海克尔的《普通形态学》没有中文译本。海克尔所著的《自然创造史》(1868)一书有中文译本,系马君武(1881—1940)根据海克尔生前改订的最后一版即第12版(1919)译成中文的,商务印书馆出版。此书很值得进化学工作者一读。在《自然创造史》中,海克尔也用了不少笔墨讨论Monera问题。马君武将Monera翻译成"胶液生物"。

海克尔说"胶液生物"是处于前细胞阶段,即还不具有细胞形态。它不过是一块无结构、但具有营养与繁殖能力的蛋白质为主要成分的物体。

这里要特别指出的是,海克尔所设想的Monera与现代生物学所讲的Monera

不是一回事，两者间有着本质差别。现代生物学中的 Monera 是指原核生物界。原核生物界是指具有 RNA 或 DNA，但不同时具有两者的微小生物群。原核生物界（Monera）下面有 Virales（病毒目），包括 Virus（病毒类）和 Bacteriophage（噬菌体类）。显然，海克尔所说的 Monera 是迥异于现代定义的。

海克尔在《自然创造史》一书中对于胶液生物有过若干重要的论述，兹摘录如下。

> 　　碳素为一切元素中之最重要而最有趣味者，因在吾侪所知一切动植物体中，此种元素所显作用最大。此元素与其他元素独能构造复杂化合物，以致动植物体之化学组织及其形式与生活特性，备极复杂。碳素之特性，尤在其能与其他诸元素依无穷复杂之数量比例相化合。最初碳素与其他三种元素即氧、氢、氮（常亦有硫与磷）化合，以得一种极重要化合物，即蛋白质，为一切生活现象最先而最不能缺乏之基础。在蛋白质中又以生活质（Plasma）化合物质为最重要。前此既述胶液生物（Moneren）为生物体之最单简者，其全体最完全发达状态不过为半固体半液体一小粒蛋白质。

海克尔是主张生命从无机溶液中发生（autogonie）的，即自然发生。胶液生物乃最早之生命类型。海克尔在《自然创造史》中说："前此既述由原始发生不能直接即成立细胞，仅得胶液生物，是为极简单生物，与现今尚生存之绿藻、细菌、原始变形虫、原始菌等相似。唯此等无构造之生活质……实行营养及繁殖两种有机根本功能者，乃能于阿艮纪初期由自然发生自无机物质成立。少数胶液生物仍沉滞于原来简单构造阶级，其他则逐渐造成细胞。"[笔者注：阿艮纪即阿尔冈纪（Algonkiam），属前寒武纪后期]。

在《自然创造史》的第18讲结尾有一张"生物界系谱"图（图2-4），在此系谱表中，我们可清楚看到，胶液生物为全生物界的共同祖先。

海克尔在同书的第27讲"人类系统史"中主张，从最原始祖先发展到人类，经历了30个祖先等级。前10个祖先等级属于无脊椎动物，从第11祖先等级起为脊椎动物。关于第1祖先级即胶液生物，海克尔做了如下叙述："第一祖先级：无构造的原始生物。人类及其他一切生物之最古祖先，为意想中最单简之生物，即不具机体之有机物，与现今尚生存之胶质生物（Moneren）相等。彼等为最单简的生活质小粒，为无构造的蛋白质一小块，与现今尚生存之蓝藻类及细菌类无异。"海克尔在这段文字中再明确不过地指出，胶液生物为全生物界之最古祖先；阐明了胶液生物的特征；又认为与现存的"胶质生物"无异。

综合海克尔以上的论述，可以明确地归纳出以下几点。

第一，全生物界的最早的共同祖先为胶液生物。处于前细胞阶段，系"半固体半液体一小粒蛋白质"或"无构造的蛋白质一小块"，但是它们能"实行营养及繁殖两种生物根本功能"。

第二，从海克尔关于 Moneren 的论述中可以看出，Moneren 既包含无细胞形态与结构的胶液生物，即海克尔所设想的全生物界的最早的共同祖先，但它早已

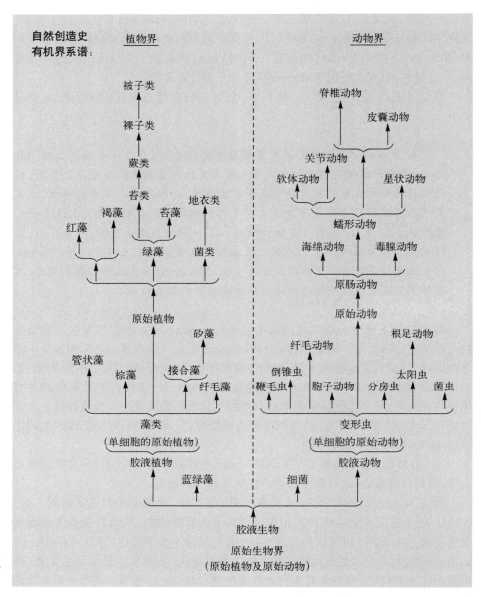

图2-4 海克尔生物界
系谱图

灭绝了；也包含现今尚存之胶质生物，如蓝藻、细菌、原始变形虫、原始菌类等。

很明显，海克尔的Moneren一词是一个既包含胶液生物，也包含胶质生物的混合概念。而且依据今天的生物学知识，蓝藻门植物、细菌是属于原核类生物；而绿藻、变形虫等则属于真核类生物。原核类生物与真核类生物属于不同的界，遗传距离相差很远。把它们混淆在一起，显然是不科学的。不过，这里要请读者了解，在海克尔的时代，生物学家还不知道生物有原核类与真核类之分。原核生物与真核生物被区分开来是20世纪30年代的事情。

通过上面的叙述，可知海克尔的Moneren是一个很含混的概念，既包括臆想的已灭绝了的原始类型,亦包括真实的现存类型。在现存的类型当中,既有原核类的,亦有真核类的。故而将海克尔关于生物界最早祖先的假说直呼Monera说,就显得很不适当了。笔者认为,遵照马君武的译法,将生物界的共同祖先称之为"胶液生物"也未尝不可。不过,现下学界将海克尔的生物界的最早共同祖先的Monera假说定为"原虫说"。

相关链接　　　　　　　**原核生物与真核生物**

　　生物学家明确地认识到生物界有原核类与真核类之分,是1937年的事情。法国海洋生物学家查统(E. Chatton)是首先做此种区分的人。查统提出,没有细胞核的生物为前核生物(procariotique),具有细胞核的生物为真核生物(eucaryotique)。英美学者称前核生物为原核生物procaryote,真核生物为eucaryote。两国学者对此两词在拼写上有所不同。英国人把两词中的c换写成k,于是为prokaryote和eukaryote。

2.4.5　原虫说

　　其实,在如今的生物界中也不存在原虫这种生物。那么,为什么把海克尔的Monera说称作为"原虫说"(theory of Monera)呢?经笔者核查,作如是称呼,乃源于俄文版《马克思恩格斯全集》中恩格斯的《反杜林论》一书中的一个注释。

　　恩格斯在《反杜林论》的自然哲学部分的"有机界(续完)"一节中,给生命下了一个定义:"生命是蛋白体的存在方式,这种存在方式本质上就在于这些蛋白体的化学组成部分的不断的自我更新。"在同一节中,恩格斯还写道:"我们所知道的最低级的生物,只不过是简单的蛋白质小块,可是它们已经表现了生命的一切本质的现象。"恩格斯所说的"蛋白质"与"蛋白体"或"蛋白质小块"是一回事还是非一回事呢?对此问题,20世纪的五六十年代,在我国生物学者中是有争执的。有人说,蛋白质和蛋白体是一回事;有人则说,两者不是一回事,因为在20世纪五六十年代,人们已知道蛋白质并非为生命。中文版的马恩全集是从俄文版翻译过来的,俄文版的马恩全集无疑是回答这个问题的最具权威性著作。笔者查阅过俄文版的《反杜林论》。俄文蛋白质一词用的是белок,而"蛋白体"则用的是белковое тело。белковое是形容词белковый "蛋白质(性)的"的中性,说明中性名词тело的。Тело是物体的意思。很显然,蛋白质和蛋白体在俄文上是不同的,蛋白体是由两个俄文词组合起来的词组。蛋白体的俄文是"蛋白质性的物体",应理解为:以蛋白质为主要成分并包含别的一些成分的物体。但包含哪些别的成分?海克尔并未明确指出,恩格斯当然也说不清楚。至于"蛋白质小块",其俄文为комочек белка。

комочек 是名词"小块"的意思,而后面的 белка 是 белок 的第二格即所有格,两个词连起来即"蛋白质的小块"的意思,与"蛋白体"是一回事。而与单纯的蛋白质一词则是明显不同的。笔者在阅读这部分文件时,看到苏联学者对于海克尔的 Monera 所作的一个注释(俄文版《马克思恩格斯全集》第20卷第52号注),受益匪浅。苏联学者将 Monera 译成俄文 Монера(亦谐音)。并且在该注释中清楚地将 Монера 分两类:"最古的 Монера"与"现存的 Монера"。并明确指出,海克尔的"最古的 Монера"是动物、植物、原生生物三界的共同祖先。关于最古的 Монера 的特征,苏联学者说,海克尔有以下描述:"无核的完全没有结构的蛋白质小块(комочек белка),它执行生命的所有重要的职能:摄食、运动、对刺激的反应、繁殖。"这段话再清楚不过地说明,海克尔认为,生命的最古老的祖先是没有细胞结构的,但却有摄食、运动、对刺激的反应、繁殖等功能的蛋白质小块(马君武先生译为:"半固体半液体状态的一小粒蛋白质"即"胶液生物")。俄文注释中又说,海克尔认为,这蛋白质小块是通过"自生的途径出生"的,就是说,海克尔是主张生命自然发生的见解的。注释还说,这蛋白质小块是"有机界的三个界发展的起点;细胞就是从最古的 Монера 历史地发展出来的"。这里再明确不过地指明,最古的 Монера 是有机界的"三个界发展的起点",所谓"起点"即共同祖先之意也。而后,由其发展成为细胞。俄文的注释还说,这种最古的 Монера 是海克尔(1866)推想出来的,"但是在科学中却未被确认过"。当然,这种最古的 Монера 早已"灭绝"了。俄文版《马克思恩格斯全集》中的这个注(第20卷第52号)把 Монера 一词解释的非常清楚了。可是,俄文 Монера 该怎样译成中文呢?东北农学院编的《俄华农业辞典》(1954)译成:"海克尔单虫";刘泽荣主编的《俄汉大辞典》(商务印书馆,1963)译成:"海克尔学说中的原虫";辽宁科学技术出版社出版的《大俄汉科学技术辞典》(1988)译成:"单虫"。Монера 究竟该译成"单虫"还是"原虫",莫衷一是。中文版《马克思恩格斯全集》的出版,给出了权威性定论。Монера 一词被中文版《马克思恩格斯全集》翻译成为"原虫"。于是我国学界将海克尔的"Монера 说"定为"原虫说",依据就在于此。

至于海克尔所说的"现存的原虫",则认为是由最古原虫进化到具有细胞形态的原生生物类群了,根据今天的认识,包括一部分原核生物和一部分真核生物。

2.4.6 海克尔的"原虫说"在马克思主义哲学上的价值

海克尔的这种最古原虫的想法对于和他同时代、同国度的恩格斯(1820—1895)产生了重大影响。生命本质、生命起源以及生物进化等问题,在马克思主义科学哲学中特别在其自然哲学部分中占有很重要的地位。马克思和恩格斯,特别是后者撰写了著名的《反杜林论》(1878)和《自然辩证法》(1873—1883;1925年在苏联第一次出版)两书,其中用了不少篇幅专门讨论生命本质、生命起源和进化论问题。笔者在仔细学习了《反杜林论》和《自然辩证法》两书以及海克尔的《普通形态学》(1866)的有关部分和《自然创造史》(1868)之后,便颇有把握地认为,恩格斯关于生命本质、生命起源与生物进化的诸多论述,其科学素材多源自海克尔的著作。海克尔的"最古原虫说"成为恩格斯论述生命本质和最初生命形态的主要依据。

2.4.7　海克尔的重演说

海克尔在《普通形态学》一书中还提出了重演说（recapitulation theory），又称重演律（recapitulation law）或生物发生律（biogenetic law）。重演说在进化发生生物学（Evo-Devo）迅速发展的今天，虽然已不再受到人们太多的重视了，但是在19世纪，它却是比较发生学和古生物学的指导性理论。

重演说的要义是：个体发育是系统发育的简短扼要且快速的重演。换言之，个体发育是系统发育的缩影。

海克尔在这段论述中，创立了"个体发育"和"系统发育"两个概念（1866）。"个体发育"又称"个体发生"（ontogenesis，ontogeny）。典型的个体发生现象（排除无性生殖），是以受精卵为出发点，继而发生分裂（卵裂），在多细胞化的进程中，不同的细胞或组织间通过接触（信息传递）而产生诱导作用，导致细胞分化。诱导作用是逐步有序（cascade）进行的，于是形成多样的细胞与组织，最终达到具有物种所规定的特有形态与功能的成体。这个过程谓之个体发生。

"系统发育"又称"系统发生"（phylogenesis，phylogeny）。生命在38亿年前起源之后，在遗传、突变与自然选择的作用下，由单细胞生物发展到多细胞生物，从低等生物逐步进化为高等生物，形成形形色色的物种。每个物种都是从其祖先物种出发，在遗传、突变与自然选择的作用下，可能经历无数次演变过程才得以成立。这个过程便是物种的系统发育。可是，一般单说发育或发生时，则是指个体发育。

个体发育和系统发育之间有没有关联性？海克尔的回答是肯定的。重演说便是海克尔对个体发育和系统发育的关联性的阐明。海克尔从进化论的角度出发，认为个体发育总是要简要地重复其祖先所经历过的重要阶段。海克尔曾对脊椎动物的发育过程进行比较研究。发现硬骨鱼、鲵鱼、龟、鸡、猪、牛、兔和人等8种脊椎动物的早期胚胎在形态上是非常相似的，随着发育的进行，各胚胎才逐渐出现差异（图2-5）。最上一排是发育初期咽头胚的阶段，它们的形态超越种的界限明显地相似。

凡是脊椎动物在发育过程中都经历咽头胚阶段。咽头胚是在原肠胚、神经胚之后出现的一个发育阶段。一些胚胎学家认为，咽头胚的形态型（pattern）是脊椎动物的"原型"或理解为祖先型，所以它们的形态相似，而且"不论哪种脊椎动物都要经历这个阶段，不经过这个阶段就不能继续发育。"

图2-6则是取另一种形式表示个体发育和系统发育之间的关系。从系统进化的角度看，先出现的是脊索动物，继之是脊椎动物，再后为羊膜类，再后为哺乳类，最后出现的是灵长类。图2-6中，右边箭头朝上的黑线表示个体发育，斜线上的黑圆点由下而上分别表示系统进化过程中脊索动物、脊椎动物、羊膜类、哺乳类、灵长类各类群动物相继出现的共有的典型特征。拿人的个体发育来说，其胚胎的发育是以简短而快速的方式重演了系统发育中所经历的阶段。此图中出现

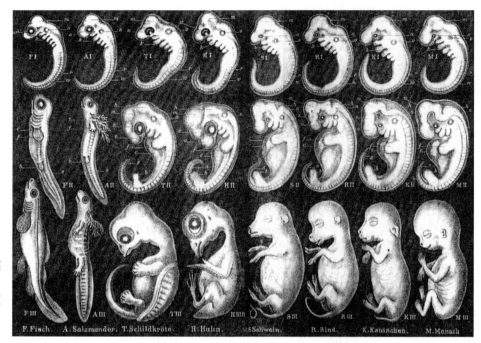

图2-5　8种动物的胚胎发育过程

　　从左至右是：硬骨鱼、鲵鱼、龟、鸡、猪、牛、兔和人。

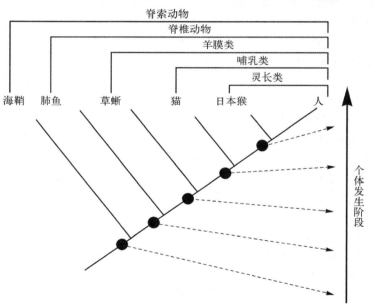

图2-6　个体发育与系统发育关系的简明示意图

的6种动物，自左至右是：海鞘（脊索动物）、肺鱼（脊椎动物）、草蜥（羊膜类）、猫（哺乳类）、日本猴和人（灵长类）。个体发育扼要地迅速地重演了祖先往昔经历的过程——系统发育。

　　再以蝙蝠为例来说明。蝙蝠是能飞翔的哺乳动物,其胚胎发育并不是一开始便朝着有翼的成体形态直线发育的,同样经历了别的哺乳类动物胚胎发育过程中出现的形态,直至发育到哺乳类阶段之后才完成其特殊化,前肢发展为翼。

从科学史角度分析,海克尔之所以能提出重演律,是基于两方面的原因。第一,先驱者梅克尔、贝尔在比较胚胎学研究中所做出的贡献,这在前面已说明了。当然,海克尔和贝尔对重演现象的解释是特创论的。第二,是受达尔文进化论的影响,而且,与其说是受自然选择理论的影响,毋宁说更是受系统分歧进化思想的影响。图2-6清楚展现出达尔文的分歧进化思想对海克尔重演律的影响。

在基因与基因组概念还未问世的时代,海克尔的重演律的确是一个充满魅力的学说。因为这个学说能让人们感到往昔岁月可以再现(返老还童)的满足。这个理论君临发生学界长达一个世纪以上。近二三十年由于发生学的飞跃进步,发生学家对个体发育果真重演系统发育的问题产生怀疑。经过仔细的研究,得出了"未必如此"的结论。其实,海克尔本人在生前就熟知许多与重演律不符的"例外"情形。"异时性"发生(heterochrony)便是其一,这是海克尔在1875年作为表述与同时性发生(synchronicity)相异现象的术语提出来的,其意是指个体发生中特定的器官在发生时间的选择及速度上提前或滞后。发生时间选择的变化会导致个体的幼态持续(neoteny)。英国胚胎学家德比尔(G.R. De Beer,1899-1972)从事脊椎动物的实验发生学研究多年,他对重演律是持批判态度的。他认为进化的原动力不是重演律而恰是异时性。因为异时性使发生径路在中途发生变更,于是生物才有进化的机会。他并且对异时性进行分类。对此有兴趣的读者可参阅发生学书籍。

今日的遗传学家对海克尔在19世纪80年代提出的"重演律"或倾向做何解释呢? 生物进化的核心问题是物种分化。共同祖先经过分歧而产生出两个物种。不言而喻,这两个物种在其共同祖先的阶段是具有相同的基因组的。可是在其后的分化过程中,两者基因组的内容一点点地发生改变(突变所致),直至两群体间不能再进行遗传物质交流,便成为两个独立的新种。在物种形成的方式中,还有由于遗传漂变导致基因频率发生改变,得到自然选择保留的,也可形成新的物种。不同的物种具有不同的基因组,故而其发育样式也会随之改变,于是作为发育的最终产物——形态(表型)自然也就不同了。例如,假设共同祖先的基因组含a、b、c 3个基因。a、b、c各个基因规定相应的形态形成。假定a、b基因规定发育过程中的中间形态的形成,而c基因的表达则是规定成体的形态形成。再假设发育过程是按着a→b→c的顺序进行基因表达的,于是个体发育就会正常的完成。可是物种分歧之后,两个新物种的基因组变得不同了,一个种在a、b、c之后出现了d基因,另一个物种的基因组变为a、b、c、d′。d和d′两个基因是关系到后裔成体最后阶段的形态形成,表达的结果,两个物种的个体在成体形态上则出现不同的特征。可是,在两个物种个体的发育过程中却都会经历a、b、c基因所规定形态阶段,个体发育就重演了系统发育过程。

当然也会有另外的情形发生。例如,c基因发生突变,变成c′,其基因型就变成a→b→c′→d。倘c基因与c′基因所规定的形态不同,发育过程就不会出现祖先c所规定的形态了,也有可能出现:a→c→d′、a→b→d等许多种情形,其个体发育就不会重演系统发育。故而,有的物种其个体发育会重演系统发育,有的物种其个体发育却不再重演系统发育。这些解释纯系遗传学家的理论推想。

长期以来,发生学和遗传学两者在观念上以及研究的方法论上是疏远的,甚至是对立的。可是到了20世纪中期之后,情况发生了转机。发生学家接受了分子生物学的观念,开始在分子遗传学的知识基础上研究个体发育问题,并在20世纪后期以发现同源(异形)框(homeobox)基因为契机,使一向处于疏远甚或对立状态的发生学与进化学"融合"了起来,出现了一门崭新的学问——"进化发生生物学"(Evo-Devo),为两个学术领域的结合与发展注入了新的强劲动力。

迄今为止,海克尔的重演律对于生物学界的影响绝不亚于达尔文的自然选择学说。很多人所持有的自然观及对进化论的印象也不能说与重演律无关。可是,海克尔的重演律正在经受着严峻的考验。有的学者不无惋惜地说:"每当我想到重演律时,我想如果能够证明它是正确的话,那可该有多好啊,能畅快地说明许多现象。可是,随着若干动物种的基因组被解读,以基因为基础的发生进程的实态被揭露,则越发清楚地显示海克尔的重演律可能不过是幻梦一场。"

2.4.8　一元论哲学的倡导者

海克尔也是捍卫、宣扬达尔文进化学说的热诚而勇敢的斗士。从他的著作中可深切地感受到这一点。海克尔被称为"德语圈中的赫胥黎"。不过在哲学上,海克尔则比赫胥黎前进了一大步。海克尔批判新康德主义、马赫主义,勇敢地捍卫了自然历史的唯物主义,不像赫胥黎受马赫主义影响,说自己是"不可知论者"。列宁曾批评赫胥黎是"羞羞答答的唯物主义"。而海克尔则旗帜鲜明地提倡物的一元论。

哲学上的一元论(英文 monism,德文 monismus)是指主张世界的整体或部分仅仅由一种终极的原理或存在所组成的哲学。主张世界是由两个终极的原理或存在所组成的,是二元论。主张世界由多个原理或存在所组成的,为多元论。一元论哲学源远流长,可追溯到古希腊时代。其后经过复杂的演变。主张世界的终极原理或存在为物质的,是唯物主义的一元论;主张世界的终极原理或存在为精神或心的,是唯心主义的一元论。

海克尔主张物质一元论。他认为把力与物质、灵魂与身体、有机与无机、生物界与无生物界割裂开来的世界二元论的观点是陈旧的错误的。他认为物质与力是同一的,没有力的物质和没有物质的力是不可想象的。他认为宇宙或世界全体是所有的物质和所有的力的总和。宇宙、世界(Mundus)可分天体(siderisch)部分和地球(tellurische)部分。后者就是人类居住的星球。地球以外的部分属于前者。地球又分为无机的自然界和有机的自然界,它们是有联系的。他认为宇宙的一切,包括天体、地球、自然界、生物领域、人类及人类的心理、灵魂在内都是受宇宙中唯一的最高位的因果论定律(allgemeine Causalgesetz)绝对地必然地支配着的。宇宙的一切皆可由物质=力的生成、进化、发展来加以说明。在他看来,力学的等于科学的等于因果论的等于进化论的(力学的=科学的=因果论的=进化论的),都是同义的。物质或力的守恒定律乃是说明整个宇宙、自然界和人类以及人类精神世界的包罗万象的基础原理。有的科学史家认为,海克尔的一元论主张与19世纪的因果论的思潮是直接密切相关的,且是它的发展,是19世纪中叶之后兴起的"大因果论"思想的最好的代表。

1863年9月,海克尔在第38届德意志自然科学家与医学家大会上做了"关于达尔文进化论"的报告。海克尔在这个报告中陈述了达尔文学说的要义,而且提出了若干属于他的富有新意和感染力的论点:今后生物学者将依据赞同达尔文学说与否而划分为两个营垒;地球上的所有生物包括人类在内都是从单纯的原始生物即Monera那里经长久时期逐渐进化而成,这在当时是非常大胆的见解;进化和进步呈平行关系;在个体发生、系统分类、古生物学记录三者之间存在着三重的并行关系等。这个报告几乎涉及后来进化论争论中的所有问题。海克尔时年仅29岁。

3年后即1866年,32岁的海克尔发表了全二卷超过1 000页的巨著《普通形态学》(*Generelle Morphologie*)。该书的整个名称是:《生物体的普通形态学、基于达尔文以力学为基础再建的进化理论的生物体形态科学的全概貌》。海克尔因这本书一跃成为欧洲驰名的大学者。海克尔在这本书里充分显露了他的学术成就和哲学思想。海克尔写这本书的第一个宗旨在于以达尔文的进化论观点为指导,依据形态学、发生学、古生物学知识对已知生物进行一气呵成的"科学化"("力学化"的同义语)的理论考察,使生物全体结成网络状的联系即系统树。在下一章将做较详细的介绍。

海克尔在《普通形态学》的最后部分已清楚地表述了他的一元论思想。他明确地描绘出二项对决图:生机论=目的论=前时代的,是属于过时的;而机械论=因果论=力学化=科学化,乃是19世纪该推崇的。海克尔的另一个企图也是明白无误的:通过"进化"这个概念把生物世界因果论化、力学化,借以把往日陈旧腐朽的特创论、目的论从生物学领域中驱赶出去。

1868年海克尔出版了《自然创造史》(*Naturliche Schopfungsgeschichite*)一书。到1920年,这本书德文版出了第12版,英文版重版两次,被译成很多国文字。在这本书中,海克尔提出了"生命从无机溶液中发生的"(autogonie)自然发生说,旨在把无机的、非生命的世界与有机的、生命的世界联系起来的一元化。他还提出了"缺失环节"(missing ring)的假说,旨在根据进化理论把形形色色的生物类型都纳入一个统一的有联系的网络即"系统树"中去。海克尔提出"愚人"(*Homo stupidis*)阶段和"带有猿性质的而不会说话的人"(*Pithecanthropus alalus*)阶段的假说,旨在把猿猴与人类之间的鸿沟填补起来,从而使人类的位置回归到生物世界里去,而非上帝的特殊创造。他的许多科学论点得到恩格斯的赞许和引用。

1899年海克尔出版了他的《宇宙之谜》(*Die Weltratsel*),其副标题是"有关一元论哲学的通俗读物"。将其一元论的思想进一步发扬光大,扩充到人类的精神世界。《宇宙之谜》初版就卖了4万册,1908年时已被译成18种文字,到1918年其外国译文则增加到24种。我国也有其译本。他的著作在世界的普及程度远远超过了达尔文、赫胥黎和魏斯曼。

海克尔为宣扬其物、力的一元论世界观,反对唯心主义世界观,在1906年还创立了"一元论协会",为一元论思想进行了公开的大胆的理直气壮的斗争。海克尔认为自然的统一、人类对自然认识的统一,自然科学的统一,是完全一致的。海克尔主张,所有的真的自然科学是哲学的,所有真的哲学是自然科学的,因而所有真的知识是自然哲学的。海克尔的物、力的一元论观点博得了列宁的高度喝彩(参见《唯物主义和经验批判主义》),当然也遭到了来自各国反动学者的咒骂。虽然海克尔实际上是坚定的唯物主义一元论者,但是,他却缺乏勇气承认自己是堂堂正正的唯物主义者。这是因为在他生活的那个时代,唯物主义者、无神论者是被人们所鄙视的,认为是等同于不敬畏神明、不敬畏天地、唯利是图的庸俗市侩。因而海克尔在主张其物的一元论的世界观的同时也屈从于社会舆论压力而认为一元论也是最纯真的一神论(Monotheismus)。海克尔在1892年还出版了《一元论是宗教与科学间的纽带》(*Der Monismus als Band zwischen Religion und Wissenschaft*)一书。此书没有中文译本。列宁对于海克尔不能将其唯物主义贯穿到底,是予以充分同情与理解的,认为那是受"那些流行的反对唯物主义的庸俗偏见"的巨大压力所致(参见《唯物主义与经验批判主义》)。海克尔在社会观方面则是社会达尔文主义者。

第3章 达尔文主义的低谷时期

　　达尔文的进化理论曾被视为英国维多利亚时代精神文化的光荣象征,对欧洲乃至世界的思潮产生了广泛而深刻的影响。可是在达尔文逝世(1882)后到20世纪20年代后期的近半个世纪的时期中,达尔文主义陷入低谷时期。其原因是复杂的,宗教势力和社会上的保守力量一向反对达尔文的进化理论不在言下。达尔文学说本身有弱点,主要是没有正确的遗传学知识支撑(时代的局限)。达尔文逝世后的一些自称的达尔文主义者并没有进行更深入的研究,多去自然界中寻找一些生物适应的现象,结论是"自然选择的结果"。如此泛泛化的结论并没有使人的知识有多大长进,久而久之,在感觉上与"上帝创造"也没有什么太大区别了。

　　这一章要向读者介绍的是,使达尔文主义陷入低谷的学术思潮。那就是在19世纪后半叶到20世纪初叶兴旺的三股学术力量:新拉马克主义、定向进化主义和一些遗传学家所宣扬的"突变论"。而新拉马克主义和定向进化主义都是由古生物学家担当主角的。

§3.1　新拉马克主义

　　新拉马克主义(neo-Lamarckism)最早起于美国,并在美国形成强大的学派,尽管当时拉马克的著作在美国并不是那么普及,可是当时古生物学家却认为用拉马克学说解释他们的研究成果更为合理。新拉马克主义这个术语是美国动物学家帕卡德(A.S. Packard,1835-1905)最早创立出来的(1885)。他在其《拉马克,进化理论的奠基者,其人其事》(*Lamarck, the Founder of Evolution: His Life and Work*)(1901)一书中非常赞赏拉马克的见解,认为环境的改变会迫使生物的结构、行动、习性逐渐发生适应性的变异,并且如此获得的特性会遗传下去,历久弥新,最终导致生物的进化。当时在美国有许多古生物学家赞成拉马克主义,认为器官的用与不用和获得性遗传是进化的主要动力。古生物学家柯普(E.D. Cope,1840-1897)是代表性人物。

　　新拉马克主义的表现主要有4点。其一,他们对拉马克的理论表现出钦慕。认为拉马克所主张的环境改变使得生物的器官常用或不用,从而导致变异的逐渐发生即用进废退,且这种变异是可以传承的,即获得性遗传,最终造成生物的进化,故他们以"拉马克主义"标榜。其二,达尔文认为自然选择是生物进化的主要动力,获得性遗传是进化的辅助因素。应该说明,达尔文越是到晚年越是向拉马克学说靠拢,这是由于达尔文因时代局限不了解遗传规律所导致的不幸。新拉马克主义者却与达尔文的主张恰好相反。新拉马克主义者否认自然选择为进化的主要动力,认为自然选择不过只是进化的辅助性的次要因素,而拉马克的主张才是生物进化的根本动力所在。其三,新拉马克主义者强调获得性遗传的效果非朝夕可见,而是要经历漫长的时间(世代)过程方能显现。在地质时代中体现出真的进化是须几百万年甚至更悠长的岁月,历久方可弥新。其四,最重要的一点是,随着19世纪生物学的进步特别是古生物学的进步,新拉马克主义者已不再是仅从理论上进行讨论,而是依靠发现的许多古生物化石来论证拉马克学说的正确性。这也正是新拉马克主义者冠之以"新"的主要理由。新拉马克主义的代表学者柯普等人的研究成果与提出新拉马克主义的依据,将在本书的第7章中讨论。

法国是拉马克的祖国。可是由于受大权威居维叶之影响,法国长期以来对于拉马克及其进化学说并不重视。可是在新拉马克主义不断高涨的声浪中进入20世纪后,特别在1909年,在英国人隆重纪念达尔文诞生100周年及其进化理论发表50周年的时候,法国人才如梦初醒般地意识到进化论的思想原来最早是诞生于法国的,拉马克该是法兰西的光荣。1909年也恰逢拉马克的《动物哲学》发表100周年。法国人为纪念拉马克的伟大,也想大肆庆祝一番。可是,拉马克的尸骨早已不见踪影。拉马克是在1829年在贫病交加中去世的,他的女儿没有钱为他购置一块永久的墓地,只好在公墓里买了一个为期五年的临时墓地,将拉马克埋葬。据俄文文献说,拉马克的女儿科涅莉在其父亲的纪念碑上镌刻了如下的话:"爸爸,后辈将会赞赏您,他们将会给您雪恨。"

五年过后,拉马克的尸骨便被丢弃了,1909年时已无法寻觅。于是,法国政府在巴黎植物园内给拉马克修建了一座雕像,以兹纪念。

§3.2 定向进化理论

按照达尔文的变异、选择、适应,再变异、再选择、再适应的这种理论模式,生物会不断地发生改变、分歧,直至产生新的物种即进化。但是,既然变异是随机的、不定的,环境条件也是千变万化的,那么进化过程也只能是跌宕起伏,随波逐流,"脚踩西瓜皮滑到哪里算哪里"了。不管进化是向着复杂的方向抑或向着简单的方向发展,只能由特殊的(ad hoc)机遇的总和所决定,一定的趋向(trend)是没有的。在经历极其悠长岁月的进化过程中所呈现出的似由简单到复杂、由低等到高等的这种总趋势,也是经过东摇西摆、前进后退、反反复复地完全是基于偶然性实现的。正如恩格斯在《自然辩证法》的"札记和片段"中的"偶然性和必然性"一节里中所指出的那样:"达尔文在其划时代的著作中是从建立在偶然性上的最广泛的事实基础出发的。正是单个的种属内部的各个个体间的无数的偶然的差异,正是可能增大到突破本属的特性的并且其最近原因只在极其稀少的场合下才可能得到实证的那些差异,使达尔文不得不怀疑生物学中一切规律性的原有基础,不得不怀疑原有的形而上学的固定性和不变性中的物种概念。"

可是,一些古生物学家,如前文提到的美国古生物学家柯普、奥斯本(H.F. Osborn)和德国动物学家艾默(T. Eimer,1843-1898)为代表的一些人在古生物化石的研究中却认为进化过程呈现一定的方向性,从而主张进化是定向的说法即定向进化论(Orthogenesis;Orthogenic evolution)。定向进化主义的化石论据放在第7章里介绍。

在定向主义者看来,自然选择在生物进化中几乎是没有意义的,因为生物自身是按着一定方向进化的,进化并非建立在随机变异(达尔文称之为"不定变异")的基础之上的。

那么,生物为何能定向进化呢?定向主义者认为,是藏在生物体内的一种向一定方向进化的神秘动力或潜能所使然。这显然是生机论的观点,属于唯心主义思想范畴。

§3.3 德弗里斯的突变论

达尔文不了解生物遗传机制是其理论的致命弱点。19世纪遗传的融合说盛行。按照融合说的主将技术专家詹金(F. Jenkin)的观点,融合遗传将使每一世代的遗传变异量减半,所以跟渐进性起作用的自然选择理论在数学上是矛盾的。即使自然选择选出了优良的特征,可是由于遗传是融合的,几个世代下来,优良的性状或性质就会消弭殆尽,自然选择的效果终将归于湮灭。当时自然选择理论抵挡不住融合说的进攻,因而使得达尔文生前便不得不接纳拉马克的获得性遗传理论,从而成为他在学术上的最大不幸。

1900年在欧洲,孟德尔(G.J. Mendel,1822-1884)的名字突然显赫于世。1865年,在捷克布尔诺发表豌豆杂交试验的奥古斯丁修道院的神父孟德尔,默默无闻了35年之后,突然成为"遗传学之祖",跃居于欧洲生物学的舞台上。出现这桩带有戏剧性的事件当归功于欧洲的三位学者,他们是荷兰遗传学家、植物学家德弗里斯(Hugo De Vries,1848-1935)、德国遗传学家科伦斯(C.E. Correns,1864-1932或1933)和奥地利遗传学家丘马克(E. von S. Tschermak,1872-1961)。他们三人在同一年发现了孟德尔创立的遗传法则,科学史家常常称此事件为"戏剧性的再发现"。其实,在这"戏剧性"的背后隐藏着科学发展的必然性。关于孟德尔遗传理论再发现的细节是颇为曲折复杂的,请参见日本学者中泽信午著、庚镇城译的《孟德尔的生涯及业绩》第16章——"孟德尔法则的问世"。

按一般人的想象,遗传法则被发现了,达尔文学说中的缺陷很快就会得以补救,从而可使达尔文的进化学说高歌猛进。其实不然,好事多磨,正果的修成并非一帆风顺,历史的发展总是曲折前行的。前面说到的荷兰遗传学家德弗里斯则为达尔文学说与孟德尔遗传法则的结合设置了第一道"障碍"。当然,这并非德弗里斯有意为之。在前文第一章辛普森和木村资生两人论进化学在达尔文之后的发展历史的文章中,都提到了德弗里斯。德弗里斯是荷兰人,其前半生为植物生理学家,后半生为遗传学家。他长年研究拉马克月见草(*Oenothera Lamarchiana* Ser)*。1866年德弗里斯在距阿姆斯特丹不远的一个名为希尔弗瑟姆(Hilversum)的村庄附近的一块马铃薯的荒地里发现了一片月见草。月见草原产北美洲,为观赏植物,$2n=14$。最早输入到英国,而后传播到欧洲各地。德弗里斯在荒地里发现的那群月见草亦系由庭院栽培而转化为野生的。他在此荒地中发了两株形态表现异样者,德弗里斯认为其变异程度达到了独立的基本种(elementary species)水平,于是命名为:*Oenothera laevifolia* 和 *Oenothera brevistylis*。德弗里斯为了更好地进行观察,从1886年起将9株拉马克月见草移到他自己家的庭院里进行栽种,每代均进行自花授粉,至1899年第8代为止,累计收获了54 343株。其中在形态上表现明显异常的有834株,可划分为7种类型。德弗里斯认为这7种形态上异常的类型,均达到了可区分为种的水平,并分别加以命名:*Oe. gigas, Oe. albida, Oe. oblonga, Oe. rubrinervis, Oe. nanella, Oe. lata, Oe. scintillans*。再加上原来的两个"种",就有9个。还陆续发现若干个"种"。德弗里斯基于在拉马克月见草所发现的突然出现"新种"的情况,于是提出了"突变论"(Die Mutationstheorie, 1901)。"突变论"认为生物之进化并非如达尔文所说的那样,是由连续的微小的变异不断积累而导致分歧所致。德弗里斯主张物种的进化是由突然的、不连续的、不定方向的巨大变异一蹴而就的。"突变论"也承认有许多突变是缺失适应能力的,而被自然选择所淘汰。但有的突变则具有适应能力,一下子就可成为新种。其间没有连续的渐变过程,也没有经受自然选择长期累积的作用,自然选择不过是起个"筛子"的作用。德弗里斯在其所著《突变论》(*The Mutation Theory*, 1901-1903)中更为明确地阐述了他的"突变"(mutation)主张,否定达尔文的渐变的、自然选择的理论。这个理论在20世纪初叶成为反对达尔文学说的一面耀眼的旗帜。许多生物学家相信德弗里斯的见解而反对达尔文的进化理论。

后来经过德国植物学家、遗传学家鲍尔(E. Baur, 1875-1933)等学者的研究,查明德弗里斯所举出的"新种"的例子,其实并非是新"种",而为基因突变、基因重组与染色体畸变等多种原因所致。鲍尔等人确定,*Oe. Laevifolia, Oe. brevistylis, Oe. rubrinervis* 在形态上的变化系由一个孟德尔基因突变所造成,与 *Oe. Lamarchiana* 可以杂交,并非是新种。*Oe. nanella* 是由基因重组所致,亦非新

---

* 笔者在1956年学习孟德尔、摩尔根遗传学时,就学到了德弗里斯拉马克月见草的故事。拉马克月见草的学名是 *Oenothera Lamarchiana* Ser.根据林耐分类学的二名法,种名的第一个字母是要小写的,而这里种名 *Lamarchiana* 的第一个字母却是大写的,另外,定名人为谁,这两个疑问曾长期存于我的心间。在向我学院植物分类学专家徐炳声教授请教之后,疑问得以化解。徐教授告诉我,在早期的植物分类命名中,凡种名源于人名的,其第一个字母用大写。后来植物命名法对此作了修改,种名的第一个字母一律用小写。但以往学名已经定了的,可沿用。拉马克月见草种的定名人为法国学者塞兰热(N.C. Seringe, 1776-1858)。于此,将徐教授对我的指教转告给或许也有像我当年抱有同样疑问的读者。笔者于此再次向徐教授致谢。

种。其余的所谓新"种",则皆由染色体畸变所致。 *Oe. albida*,*Oe. oblonga*,*Oe. lata*,*Oe. scintillans* 这4个"种",其实是三体植物,即染色体由 $2n+1$ 为15个所致。而 *Oe. gigass* 是四倍体,$2n=28$,这倒是一个新种。

德弗里斯根据拉马克月见草形态变异所提出的突变理论,经学者们对其所谓的"新种"一一仔细解析之后,确定并非为真实的种,于是德弗里斯的新种可不经自然选择而突然产生的说法便被学界所否定了。然而,他所使用的 mutation 一词却被遗传学界保留了下来沿用至今。当然不言而喻,德弗里斯当年使用的"突变"一词的含义与今天遗传学上使用的突变含义是有很大区别的,属于完全不同的概念。不少文献说,"mutation"一词为德氏所创造,其实也不然,经查古生物学史文献记载,mutation这一术语最早是由古生物学家提出来的。后面会提到。

丹麦植物学家、遗传学家约翰森(W.L. Johannsen,1857-1927)是在遗传学上颇有建树的学者。是他首先提出"基因"(德文 Gen)这个概念并加以定义(1909);也是他首先创立"基因型"(Genotypus)和表型(Phanotypus)这两个概念并提出应将两者区分开来的正确主张(1911)(今日,基因、基因型、表型这三个术语则用 gene、genotype、phenotype 表示)。对待进化问题,他是极力支持德弗里斯的突变论和反对达尔文关于新种是由缓慢的自然选择过程产生的观点。约翰森在1909年提出了"纯系选择无效"的理论,也有与选择理论针锋相对之意。可是,达尔文的自然选择的对象并非是纯系,而是针对充满遗传多样性的生物个体,自然选择是大有作为的。因而,约翰森的纯系选择无效说对于达尔文的理论并无杀伤力。

§3.4 生物统计学派与孟德尔学派的论争

20世纪初,在英国还发生过一场激烈的论战。一派是由英国生物统计学家皮尔森(K. Pearson,1857-1936)和韦尔登(W.F.R. Weldon,1860-1906)领导的生物统计学派,他们积极支持达尔文的渐变学说。皮尔森是统计学上的巨人,统计学上经常使用的标准偏差、卡平方、扭曲变异(distorted variation)等方法都是由皮尔森创立的。他的科学哲学著作《科学的文法》(*The Grammar of Science*,1892)是一本很有影响力的书籍。他试图用数学的方式说明达尔文的自然选择原理。1899年再版的这本书,其第11章是专门以数学方式讨论进化问题的。但是,《科学的文法》的哲学观念却是唯心主义的,属于马赫主义的同志。列宁在《唯物论和经验批判论》中对该书的唯心观点做过批评。皮尔森是我国著名统计学家、人类学家、复旦大学已故教授吴定良先生的老师。

再谈生物统计学派的另一个领导人韦尔登。韦尔登和英国著名遗传学家贝特森都在同一时期在剑桥大学受教育,两人还曾是亲密的朋友,可是后来两人反目。据贝特森的信件表明,他们是从1890年开始不睦的,到1895年不睦公开化。起因是关于瓜叶菊属(*Cineraria*)中栽培种类的起源问题,意见不同而发生争论,并且在学术争论中出现了感情用事的互相攻击。

另一派则由上面提到的贝特森所领导的"孟德尔派"*则坚决反对达尔文的渐变学说,支持"突变论"。论战的结果是贝特森的孟德尔派暂时获胜。贝特森派认为,遗传的变异是不连续的,如花的颜色:红花,白花;豆粒的形状:圆的,皱的;茎的长度:高的,低的等等。这些"质"的性状在贝特森所著的《研究变异的材料》(1894)一书中举出了许多的例子,认为是由孟德尔因子控制的,其杂交结果是可以用孟德尔法则加以说明的。而对于生物的连续的、微小的"量"的变异,以贝特森为首的许多的遗传学家当时都认为,它们是不遗传的,因而也就不可能成为生物进化的原料。即使自然选择在一代或几代中把这些连续的、微小的量的变异保留了下来,由于它们是不遗传的,最终对于进化过程而言依然是白搭的,没有意义的。可是,"孟德尔派"的上述观念不久便受到挑战。瑞典遗传学家奈尔逊-埃尔(H. Nilsson-Ehle, 1908)在研究小麦籽粒颜色(红色和白色)在其杂交第一代和第二代中所表现的变化情况看,连续的、微小的、在"量"程度上的变化,也同样是受孟德尔因子控制的,量性状的遗传也是服从于孟德尔遗传法则的。奈尔逊-埃尔和叶斯特(East, 1910)相继发现生物的数量性状,例如植物穗的长短,果实、种子体积的大小及重量的大小,动物的卵、肉、乳的产量变化,人的身材高低,皮肤颜色的变化,智力的聪慧程度等,其遗传都是受多个遗传因子控制的,为日后消弭达尔文学说与孟德尔法则之间的"矛盾"并为两者的结合,提供了遗传学基础。

从1880年代起到1920年代末,反对达尔文学说的各种派别从不同的角度对自然选择学说进行了激烈的攻击,真可谓之狼烟四起,遮天蔽日,把达尔文学说逼入到幽暗的谷底。英国著名的生物学家、进化学家兼人类学家J.赫胥黎**(J. Huxley, 1887–1975)用 "The eclipse of Darwinism"(1942)这个词组来形容达尔文主义在19世纪80年代至20世纪20年代那段时期的艰难境况。eclipse一词含:日食,遮天蔽日,黯然失色等意思。日本生物学家渡边政隆将"The eclipse of Darwinism"译为"达尔文主义的黄昏"。许多日本学者都沿用此词。可是,笔者觉得把 "The eclipse of Darwinism" 译为"达尔文主义的低谷时期",似乎更合适些。

---

* 在遗传学发展的初期阶段即形式遗传学阶段,当时的遗传学家认为遗传因子只规范生物的质的不连续的性状,而呈连续状态的量的性状是不受遗传因子制约的,是不遗传的。这里所说的由贝特森所领导的"孟德尔派"与今日我们所熟知的孟德尔-摩尔根遗传学派的内涵是不同的。

** 是19世纪英国著名生物学家、达尔文的挚友、因勇敢保卫达尔文进化学说而被称为"达尔文的猛犬"(bulldog)的T.H.赫胥黎的嫡孙。

第4章　进化的综合理论

否定之否定的规律不仅表现在自然界和历史的发展过程中,也反映在科学发展的进程中。达尔文学说也经历过否定之否定的过程。1859年达尔文的《物种起源》一书出版,达尔文的进化理论摧毁了特创论与物种不变论,自然选择理论隆盛一时。1880年代后如前所述,达尔文学说遭遇到一系列的攻击,而被逼入低谷。1920年代后期,自然选择理论又在新的学术平台上得到承认与发展,经历了否定之否定的过程。进化的综合理论(synthesis theory of evolution)的形成标志着达尔文学说跃升到新的阶段。

§4.1　进化的综合理论的主要特点

进化的综合理论学派开始形成于20世纪20年代后期,1940年代以后到1960年代末其发展达到顶峰。这个学派主要是由欧美不同学科领域的研究者们形成的以研究进化问题为宗旨的学术网络(network),在进化学的发展史上占有重要的地位。

进化的综合理论或称现代综合的进化理论(The Modern Synthesis of Evolution),不仅是达尔文的以自然选择为核心的进化理论与数理群体遗传学结合,还与孟德尔、摩尔根遗传学,当时主要是细胞遗传学相结合,而且还倚重于分类学和古生物学、生物地理学等科学部门的发展成果,用不同学术领域的研究成果来阐明、论证达尔文学说中的各项正确的原理,故谓之"综合"。同时参与这个综合理论的各个学术领域的代表人物都一致地坚决反对拉马克的用进废退和获得性遗传的理论。

群体遗传学是以费希尔、霍尔丹、赖特为代表,野生果蝇群体实验遗传学或称进化遗传学是以杜布赞斯基为代表,分类学(或自然志学)是以鸟类分类学家迈尔为代表,美国植物学家斯特宾斯(G.L. Stebbins, 1906-2000)也算分类学一支的成员,古生物学是以研究马的化石系统进化而闻名的古生物学家辛普森为代表。这个学派的学者们用突变、自然选择、性选择、基因漂变、基因流动、生殖隔离与种分化、生态学和大陆板块移动等知识综合地来探讨解释生物进化的机制,故而称之为进化的综合理论。

进化的综合理论虽然始于1920年代后期，但是其"现代综合"（the modern synthesis）这个名称却是后来获得的。这个名称源自英国鸟类行为学家、遗传学家、人类学家、进化学家J.赫胥黎在1942年发表的《进化，现代综合》（*Evolution, the Modern Synthesis*）这本名著的副标题：the Modern Synthesis。

进化的现代综合理论在进化学史上是一个重要的阶段，但是必须指出，其内部即使处于核心地位的不同学科如遗传学、分类学、古生物学等学科之间的代表人物，在对待一些问题上的见解，也并非是完全一致的。例如，遗传学者认为最早发轫的理论群体遗传学和实验群体遗传学即进化遗传学是这个综合理论体系的核心。遗传学者探讨进化问题是从群体内基因频度改变的角度出发的；而系统分类学阵营则认为，基于生物学物种概念（biological species concept）（E. Mayr, 1942）探讨隔离特别是生殖隔离与种分化、个体群（population）的宏观的、总体的发展动向，才应该是综合理论的根本使命。这就是说，在进化的综合理论体系内部，不同学者对待一些问题的见解并非是铁板一块的，而是有分歧与争执的。至于当时游离在综合体系之外的发生学者、形态学者和参与到综合理论体系内的学者之间对待进化问题所发生的分歧，则就更不用说了。

现代综合理论又称为"新达尔文主义"（neo-Darwinism）。为什么又称为"新达尔文主义"？是因为现代进化综合理论的学者们相信自然选择是生物进化的根本动力，相信达尔文倡导的物种渐变理论、物种分歧理论、性选择理论等在基本原理上都是正确的。现代综合理论的宗旨就在于使陷于"低谷"阶段的达尔文学说再度复兴并进一步发扬光大。因此，进化综合理论的学者对待经典的达尔文学说采取了哲学上所说的"扬弃"态度，即在保存并发扬达尔文主义中的正确的东西，同时也摒弃了如获得性遗传那样的糟粕。

如果用现代流行的科学哲学家库恩（T. Kuhn, 1922–1996）提出的"paradigm"这个概念（我国学界译为"范式"。作"理论框架"解，似乎更通俗易懂）来说明这个问题的话，就是进化的现代综合理论者对于生物进化的原料、动力、方式、结果等问题的认识继承了达尔文自然选择的见解，属于相同的理论框架（paradigm），但是在各个具体问题上又有新的发展，超出了达尔文原来的认识水平，故称之为"新达尔文主义"。

§4.2　进化的综合理论有两个发源地

一个发源地在欧美，由英国学者费希尔、霍尔丹和美国学者赖特所代表的数理群体遗传学。

另一个发源地在俄罗斯，以切特维利柯夫（С.С. Четвериков, 1880–1959）为领导的莫斯科进化遗传学派，也称实验群体遗传学派。切特维利柯夫1926年发表的"从现代遗传学观点论进化过程中的某些方面"的著作是最早将达尔文的自然选择学说与孟德尔、摩尔根遗传学结合起来的经典之作。

这个学派在俄罗斯大约发展了有10年的光景，取得很大成就。可是在1930

① 费希尔
（R.A. Fisher, 1890-1962）

② 霍尔丹
（J.B.S. Haldane, 1892-1964）

③ 赖特（S. Wright, 1889-1988）

④ 切特维利柯夫
（C.C. Четвериков, 1880-1959）

⑤ 杜布赞斯基
（T. Dobzhasky, 1900-1975）

年代中期之后，被在斯大林支持下的李森科派给摧毁了。切特维利柯夫的进化遗传学观念、研究成就、培养出的几位优秀学者以及莫斯科学派被摧毁的过程等，因篇幅的关系这里从略。有兴趣的读者可参见拙作《李森科时代前俄罗斯遗传学者的成就》（上海科技教育出版社，2014）。

§4.3　数理群体遗传学（或称群体遗传学）

　　群体遗传学（population genetics）是孟德尔发现的遗传法则和统计学的方法相结合而产生的一门学问。从其诞生时起，理论研究明显地先行于实验研究，这在生物学中是一个很特殊的领域。1900 年孟德尔遗传法则再发现不久，1908 年，英国数学家哈代（G.H. Hardy）和德国医生温伯格（W. Weinberg）便分别独立地确立了哈代-温伯格定律（Hardy-Weinberg Law）。这个定律假定在一个没有突变、环境的各种条件稳定没有选择（包括性选择）、没有迁徙、没有瓶颈效应等干扰因素的无限大的孟德尔式群体中，即群体里的所有个体皆可任意交配的情况下，基因频率与表型频率会一代代地保持平衡即不变的状态。学习过遗传学、统计学的读者对这个内容大概都是了解的。但是，在真实的自然界中是不存在这种处于假想状态的群体的。所以，木村资生在本书第1章中所介绍的"从拉马克到中立理论"一文中对这个定律做出了评价。

群体遗传学从其起步后的20多年中取得了很大成绩，乃是由英国的费希尔与霍尔丹和美国的赖特三人的卓越研究所实现的。他们对基因频率变化的各种情况进行了考察，把达尔文的自然选择理论与孟德尔遗传法则结合了起来，构建起数理群体遗传学。木村资生在"从拉马克到中立理论"一文中对费希尔、霍尔丹、赖特三人的研究的主要贡献以及他们之间的意见分歧都做了清晰的解说。这也是笔者选用木村资生这篇文章的理由之一。霍尔丹是最早提出用数理方法说明自然选择模型的学者（1924）。但是，其模型的完备性不如后来费希尔在1930年发表的《自然选择的遗传学理论》（*Genetical Theory of Natural Selection*）一书中阐述得那样清晰完备。费希尔的《自然选择的遗传学理论》奠定了将自然选择数量化的理论群体遗传学的基础。费希尔研究了由个体数目非常多的近于无限大的群体中基因频率的变化情况；也研究了突变基因数量少时的概率过程。他赞成达尔文的性选择理论，并在数理方面做了基础性的贡献。统计学方面的F检定、直接概率法、最尤法等，都是由费希尔确立的，构成了现代统计学的重要基础。

群体遗传学主将之一的霍尔丹是英国遗传学家、统计学家、生理家J.S.霍尔丹之子。深受其父亲的影响，霍尔丹自幼便喜欢生物学，并有数学才能。他就读于牛津大学数学系，第一次世界大战时，他从军并负过伤。战后从事研究工作。1923年，年仅31岁的他就出版了《戴达罗斯》（*Daedalus*，古希腊神话中的人物，是建筑师、雕刻家，据说在Crete建造了迷宫）一书，虽然是一本不足百页的小册子，但是由于是从生物学立场对人类未来进行讨论的先驱性读物，在社会上的影响很大，一跃成名，一年之中就出了5版，售出15 000册。从1924年起他发表了一系列尝试用数学方法说明自然选择与人工选择的模型，题为"自然选择与人工选择的数学理论"。第1篇报告是1924年发表的，第10篇报告是1934年发表的，前后历时10年。木村资生认为霍尔丹的第1篇报告最重要，使用决定论模型（determinative model）讨论了群体的遗传结构随着岁月流逝会产生怎样的变化。例如，1个显性基因与其等位基因相比，其适应度仅具有0.001的优势，该基因在群体中的频度从0.001%增加到1%时，经霍尔丹计算，需6 920代，从1%到50%，需4 819代。霍尔丹还计算了桦尺蛾（*Biston betularia*，又译桦尺蠖）工业暗化的问题，得出在工业地区，浅色蛾的生存率是暗色蛾生存率的2/3左右的推论。这种推论在当时是很大胆的，曾遭到一些学者的怀疑。可是30年后，英国生态学派的凯特威尔（H.B.D. Kettlewell）研究却证明霍尔丹当年的推论是正确的。霍尔丹的《进化的原因》（*The Causes of Evolution*）（1932）一书也是群体遗传学的经典之作。其后，他在群体遗传学领域做了许多贡献，如利用人的数据测算突变的发生率；首先提出"遗传负担"（genetic load）这一遗传学上的重要概念。所谓"遗传负担"是指群体中每个个体所携带的致死的或降低生活力的有害的基因平均数。在玉米的个别品种中，有近40%的个体因叶绿素缺损突变而枯死。实验证明在果蝇的自然群体中50%～75%的染色体上存在着1个以上的有害基因。霍尔丹还提出近缘淘汰的想法等。他还发现一种现象，在物种间或品种间杂交产生的第1代杂种中，有时会出现雌性或雄性某一方的个体完全缺失或者所生的数目极少或者不孕的情形。经他研究确定是由其性染色体的异质性所导致。在雄异质结合型的哺乳类动物中，杂种的雄性个体有呈现上述弱势情况；而在雌异质结合型的鸟类及鳞翅类昆虫中，有的杂种雌性个体表现出生活能力低下，这种现象称为"霍尔丹法则"（Haldane's law 或 Haldane's rule）。霍尔丹在生化学（酶化学反应理论）、人类遗传学及生理学方面也做出了很多贡献。关于生命起源的问题，他提出了与俄罗斯学者奥巴林（A.I. Oparin，1894-1980）相似的见解。1957年他发表了题为"自然选择的费用"的论文，木村资生说，该论文为他在1968年提出分子进化的中立理论提供了重要的理论依据。霍尔丹先后在牛津大学、剑桥大学和伦敦大学任过职，1956年他64岁时移居印度，先在加尔各答，后在布巴内斯瓦尔继续从事遗传与生物统计学的研究，1961年加入印度国籍，1964年因病逝世。霍尔丹直到死前都在积极地从事研究和发表论文。他抱怨医生对他的病情采取保密的态度，他说，否则他会更好地规划他的工作。他对于死亡的态度是坦然的，他写道："我是大自然的一部分，像从电光到山脉那样的自然物一样，度过了一定时光，不久大概即将消失。这个预见并不使我苦恼，因为我虽然即将就木，但我的工作大概有些将会永存。"

赖特是美国遗传学家，与费希尔、霍尔丹一起建立了群体遗传学，师从著名遗传学家哈佛大学教授卡斯尔（W.E. Castle，1867-1962）。提到了卡斯尔附带说一个遗传学史上的事件。摩尔根利用黑腹果蝇（*D. melanogaster*）研究遗传学，开辟出一片新天地，建立起基因染色体理论，并因此获得了1933年的诺贝尔医学生理学奖。可是摩尔根所以能"幸运"地用果蝇这种昆虫作为研究材料，卡斯尔是有功劳的。卡斯尔曾饲养过这种果蝇5年，以期获得突变型，但徒劳无果。卡斯尔向卢茨（Lutz）推了这种昆虫，卢茨又向摩尔根推荐了这种昆虫。摩尔根却有幸在1910年从这种果蝇身上获得了第一个突变型——白眼突变型，此后陆续发现了许多突变型，从而得以逐渐形成了基因染色体理论。

赖特先在美国农业部工作了数年，而后在芝加哥大学执教30余年，退休后到威斯康星大学任职。赖特认为个体数量有限的小群体，如被隔离的小群体，进行生殖产生配子或接合子时，哪个基因被选取（取样），与该基因的适应值的大小并无关系，偶然性因素影响很大，可由随机（偶然性）取样误差（sampling error）得以保留或消失。即便没有自然选择，小群体的基因组成也会因这种随机取样的误差而发生变动。群体的遗传组成发生上述的变动谓之随机的遗传漂变（random genetic drift）或称遗传漂变（genetic drift）或称赖特效应（Wright's effect）。赖特对遗传漂变问题做了深入研究，提出了"群体有效大小"概念。遗传漂变理论是群体遗传学的重要组成部分。

遗传漂变的理论可以解释许多生物学现象。如我们人类在并不遥远的年代之前，也多是营小群体生活的。在由于地理隔离、迁徙、宗教、民族及社会性等诸多原因所形成的小群体中，随机的遗传漂变起到了重要的作用。如印第安人是美洲的原住居民。印第安人属黄色人种即蒙古人种（Mongoloid），原来生活在亚洲的东北部。据历史学家考证，印第安人大约是在3万年前渡过白令海峡进入美洲大陆的，并以每年平均1千米左右的速度逐渐向美洲南部迁徙。在美洲印第安人中O型血型的频度很高，有的小部落O型血型的频度几近100%。而在一般的黄种人中O型基因频度则相当低。美洲印第安人O型基因频度这样高是自然选择造成的，还是遗传漂变所致，现在并无定论。不过，多数学者趋向认为是由遗传漂变所致。最早迁徙到美洲去的少数印第安人（现代印第安人祖先）大概是O型血型，由他们繁衍出来的群体，血型O型基因频度自然就高，即所谓奠基者的效应（founder effect）。再例如，在北美的印第安人中有Blackfort族群和Blood Indian族群。在这两个族群中，A型血型的频度特别高，高达80%；而在生活于美国科罗拉多州、犹他州、新墨西哥州的Ute族（也是印第安人），其A型频度却只占2%。差异的这种明显对比，可能是因为都是小群体，遗传漂变起了大作用。在美国宾夕法尼亚州富兰克林生活的Dunkers人其祖先是来自德国的施洗礼信徒，由于宗教关系形成一个小的与外部隔离的社会（群体）。经考察，Dunkers人的ABO血型各型的基因频度与其发祥地德国的母群体的ABO血型各型的基因频度已出现了很大的差异，其解释就是由于随机的遗传漂变所致。关于Dunkers人的MN血型、Rh血型也进行了调查（Glass，1959）。葛拉斯将56岁以上的划为老年组，28～55岁的人划为中年组，1～27岁划为年少组进行了调查。结果表明，m，n基因值，从老人组到年少组发生逐渐的但明显的差异。而Rh型（至少有6个亚型），中年组则较老年组与年少组有明显的差异。基因频度产生这样明显的差异可以认为是遗传漂变的作用。

附带说一个问题。锡伯族是我国少数民族中历史悠久的古老民族，其故土在今东北吉林省境内。清政府为了抵御俄国人对我国西部的侵略，1764年抽调了东北锡伯族军团的3 275名官兵作为嫡系部队奔赴新疆保护边陲。在从东北到新疆的遥远的拉家带口的征途中，历经艰险，死伤过半，余下的部队最终驻扎在新疆伊犁河南岸的察布查尔。1954年2月15日成立了察布查尔锡伯自治县。现在察布查尔地方锡伯族的人口约3万多人（十多年前的数据），是从东北启程到新疆来的军团的后裔。察布查尔锡伯族人迄今仍能用满（洲）族的语言和文字进行交流。政府为了保护少数民族的语言与文字，在小学校仍保留着锡伯语的教学。由于路途遥远和历时久远，如今察布查尔的锡伯族人已和散布在东北地方的锡伯族母群体［多已汉化，把满（洲）族的语言和文字忘却了］断绝了联系。由于遗传漂变的作用，察布查尔锡伯族群体和生活在东北地区的锡伯族群体的一些基因的频度（比如一些致病基因）可能已出现了明显的差异，尚待研究。

对于生物的进化，赖特主张用自然选择与遗传漂变两个动力相结合来加以说明。费希尔、福特曾激烈反对赖特的遗传漂变理论。他们认为，对于进化而言，自然选择的力量绝对压倒遗传漂变的力量。费希尔认为，对于自然选择来说，中立性变异也是不能存在的。

赖特在1931年发表的《孟德尔群体的进化》（*Evolution in Mendelian Population*）

也是构建群体遗传学的经典著作。赖特的父母亲是表兄妹关系，或许因为这一点，赖特对于近亲婚配问题也非常注重。他定义出近交系数并为计算近交系数而开发出 path 解析，此方法不仅遗传学上使用，如今经济学也在使用。赖特在晚年用了 10 年的时间，写了以 "进化与种群遗传学（Evolution and the Genetics of Population）" 为题的 4 卷书籍：Vol.1. "遗传学与计量学基础（Genetics and Biometric Foundations）"（1968）；Vol.2. "基因频率理论（The Theory of Gene Frequencies）"（1969）；Vol.3. "实验结果和进化还原论（Experimental Results and Evolutionary Deductions）"（1977）；Vol.4. "自然种群里和自然种群间的变异性（Variability within and among Natural Populations）"（1978）。这套书可以说是他近一生研究成果的汇总。他在 Vol.3 中讨论了他在 1932 年提出的 "平衡推移说"（shifting balance theory）。这个学说的要点如下：物种一般总是由许多个分群体（称之为 deme）所构成。在分群体中，特别在较小分群体中，基因的频率会因遗传漂变而发生大的改变。其次，理所当然，自然选择会在分群体内的个体之间起选择作用，具有适应度高基因型的个体被保存，其基因频率将增加，而适应度低的基因型个体将被淘汰，分群体的遗传组成也会发生迅速的改变。自然选择在不同的分群体之间也起着类似的作用，适应度最高的分群体会得以继续发展，时间可长可短，其遗传组成就与从前群体的遗传组成出现差异，从而可进化为新的群体（如新种等）。赖特的这个学说曾长期被热捧过。但到了 1980 年代，美籍日本分子进化学者根井正利（M. Nei）依据分子进化的数据则认为赖特的 "平衡推移说" 是不能被支持的（1987）。1982 年 93 岁高龄的赖特在《进化》（Evolution）杂志上发表了一篇文章。该文章讨论了霍尔丹、费希尔和他本人在对待基因型与表型的对应关系问题上所持有的三种不同的见解。他说，霍尔丹认为表型（适应度）与基因型的对应关系是 "1 对 1" 的关系，如 "工业暗化"、血友病，就是由 1 个基因突变所致。费希尔认为两者的对应关系是 "多对 1" 的关系，即一种表型常常是由多个基因作用所导致。费希尔对于基因之间相互作用包括基因上位显性（epistasis）问题是一向感兴趣的。赖特则主张 "多对多" 的关系。这是因为基因具有多效性（pleiotropy）。其实，三种对应关系（图 4-1）都是存在的，其中 "多对 1" 的关系、"多对多" 的关系可能更为普遍。比如，人的身高，据最新的研究表明，至少有 180 个以上的基因参与身高的形成。

　　遗传漂变是木村资生提出的分子进化中立理论的重要基础。木村资生在其 "从拉马克到中立学说" 一文中，对赖特的赞赏之词溢于言表。可是，赖特却并不认同木村资生的分子进化的中立理论。赖特终生坚持自然选择与遗传漂变是进化的主要动力的立场。

　　有些著名的生物学家对群体遗传学的价值持有并不充分肯定的态度，认为生物本身是活生生的东西，生存繁衍的环境又是千变万化的，用数理统计方法不管多么精密，也不可能把所有变动参数都包罗无遗，所以它所提供的进化图式难能与实际完全相符。摩尔根便是这样的观点的持有者，他肯定费希尔、赖特、霍尔丹的数学贡献，但是，他至死都坚持进化的问题应该通过实验来进行探讨。

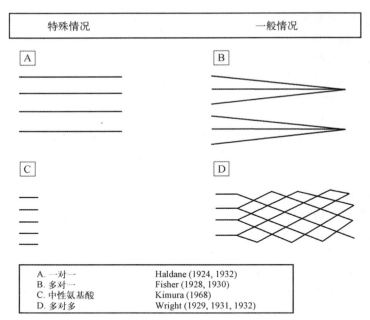

图4-1 基因型（左）和表型（右）的关系

§4.4 进化遗传学

达尔文对遗传变异规律的不了解是其进化理论的最大短板，从而使他不得不逐渐吸收拉马克的获得性遗传理论。到了20世纪20年代末，孟德尔、摩尔根遗传学取得了长足的进步，对遗传规律和变异类型有了深入的了解，达到了能够与达尔文进化理论相结合并摒弃拉马克错误理论的地步。补充短板、纠正错误是科学发展的必然趋势。

最初将现代遗传学与达尔文进化理论结合起来的是俄罗斯遗传学家切特维利柯夫和他所领导的莫斯科进化遗传学派。这个学派在短短几年中取得了很大的进展。不幸的是，1930年代中叶之后，这个学派被苏联政府摧毁了。但是受到莫斯科进化遗传学派思想深刻影响的杜布赞斯基从1927年去到美国之后，将切特维利柯夫的一些重要想法和美国发展的现代遗传学知识、技术结合了起来，在美国建立起进化遗传学派。他把突变、染色体畸变（主要是倒位多态）的知识与技术运用到生存在北美的几个野生果蝇种特别是伪暗腹果蝇（*Drosophila pseudoobscura*）种群的研究中去，获得了卓越的成就。杜布赞斯基成为进化综合理论的公认的旗手，他在1937年发表的著作《遗传学与物种起源》（*Genetics and Origin of Species*）成为这个学派的经典性著作，其第二版（1940）获得了美国科学院的丹尼尔·吉罗·埃利奥特奖。他的"离开了进化的观点，任何生物学问题都将是毫无意义的"（Nothing in biology makes sense except in the light of evolution）这句名言已成为广大生物学研究者的座右铭。

关于切特维利柯夫的进化思想与其领导的莫斯科进化遗传学派的成长与衰落的过程,以及杜布赞斯基的研究成就等,由于篇幅的关系,在这里就省略了。有兴趣的读者请参见拙作《李森科时代前俄罗斯遗传学者的成就》。

4.4.1　突变类型的概念

遗传变异为生物进化提供材料。进化遗传学对遗传变异的了解是以细胞遗传学和分子遗传学的研究成果为基础的,远远超越了达尔文关于变异种类的"一定变异"、"不定变异"、"相关变异"等的认识水平。

细胞遗传学对遗传变异的认识分为:基因突变、基因重组、染色体畸变(包括基因或染色体小片段的重复、缺失、倒位、易位、染色体数目的非倍数增减和倍数性的增多)。分子遗传学对突变的认识则更为深入,落实到DNA碱基水平。按分子遗传学的定义,突变是DNA分子碱基序列的改变。突变的主要类型有:碱基的置换(substitution):一个碱基变为另一个碱基,有同义置换和非同义置换;插入(insertion):一个或几个碱基新加入进去;缺失(deletion):一个或几个碱基脱落;基因组重复(genome duplication):乃指基因全体或其部分多拷贝出一份或几份。

4.4.2　基因突变

突变是遗传变异的供给源之一。一般认为,突变是基因偶然的、随机的、任意的改变。此种无条件的说法是不正确的。偶然性是必然性的表现与补充。某个基因所能够产生的突变种类与其频率并非是无条件、无限制的。理论上讲,突变是由该基因的分子结构、功能与其所处的环境条件决定的。当下我们对于基因突变发生机制的了解还是很不够的。当然,今后也不可能把一切条件都认识穷尽,真理总是相对的,发展的。

发生在微生物、动植物与人类身上的突变种类极多。基因的物质载体是核酸,碱基的置换、碱基的插入或缺失引起移码是突变的原因。突变在表型上的效果有的容易察觉,有的则不易觉察甚至觉察不到。表达效果严重的,如致死突变(lethal mutation)、半致死突变(semilethal mutation)、亚致死突变(sublethal mutation)。人类的先天性鱼鳞癣症(ichthyosis congenita)系显性致死基因所致,其双亲70%以上为表亲。黑内障性痴呆(amaurotic idiocy)系显性亚致死基因所致,其双亲有50%以上也是表亲关系。所以遗传学家再三强调,近亲结婚是大有风险的,应该尽量避免。但致死基因、半致死基因突变大多是隐性的,人的镰形细胞贫血(sickle-cell anemia)是遗传性疾病,系由一个孟德尔基因突变所引起的,当突变基因处于同质合子状态时,红细胞呈半月状,表现为重度贫血;处于异质合子状态时,一般不出现贫血症状。

在被遗传学家研究的非常清楚的黑腹果蝇(*D. melanogaster*)身上发现有上百个致死突变。如显性突变"二刚毛"(Dichaete)突变型、"切断"(Truncate)突变型等,当其基因型处于异质合子状态时,形态表现异常,生活力低下;基因型处于同质合子状态时则致死。引起表型发生形态、生理功能改变的突变则有太多的事例。如豌豆的红花变白花,种子饱满变为褶皱,果蝇的红眼变白眼,正常翅变痕迹翅等。突变分发生频度较低的自发突变,以及经射线或化学物质(诱变原)处理而产生的人工诱发突变。后者是经常用于微生物、作物育种的有效手段。

4.4.3　基因重组

减数分裂过程中,由于染色体或基因独立分配以及同源染色体之间发生交换而形成基因重组(recombination),于是子代中出现亲代所没有的基因组合。基因重组对于个体的作用不等于两个基因作用的相加、相减或相乘,往往是产生新的作用。前面讲过的拉马克月见草的例子,德弗里斯所认为的几个"新种"中,有的就是由于基因重组所致。分子生物学上的基因重组概念乃是指两个DNA分子伴随分子的切断与再结合而发生的基因替换反应。分子生物学上的基因重组有两种情况:自然界中发生的如病毒基因组与动植物细胞染色体的遗传重组和人为的利用DNA重组技术而获得的基因重组。

4.4.4　染色体畸变

染色体畸变(aberration)包含两大类变化:染色体数目的改变和染色体结构的改变。染色体数目的改变又可分染色体数目倍数性改变如多倍性变化(polyploidy)和染色体数目异倍性改变(heteroploidy),如三体或单体等。染色体结构的改变包括重复(duplication)、缺失(deletion, deficiency)、倒位(inversion)和易位(translocation)。

染色体多倍性变化及多倍体(polyploidy)这个术语是德国著名植物学家、遗传学家温克勒尔(H. Winkler, 1877-1945)在1916年首先提出来的。指染色体组的完全整数倍增加时称正倍数性。二倍性以2n代表,一般生物体的体细胞染色体数为2n,人的2n=46,一粒小麦(*Triticum monococcum*)2n=14。三倍体以3n代表。石蒜(*Lyeoris rediata*)2n=20,在我国有三倍体的石蒜,3n=30。四倍体以4n为代表,类推之。配子的染色体是半数体为一倍性以n代表。造成多倍体的原因在于染色体分裂了,而细胞未分裂。或染色体分裂了,细胞也分裂了,但纺锤体未组织起来,染色体都跑到一极。总之是由于生殖细胞减数分裂出现异常所致。

多倍体又分同源多倍体(autopolyploid)和异源多倍体(allopolyploid)。同源多倍体由同一基因组加倍而形成的多倍体,如同源四倍体。异源多倍体是不同物种的基因组结合而成的多倍体,例如普通小麦(*Triticum sativum*)便是异源六倍体。

多倍体一般体形较大,这是因为染色体增多,细胞增大。显著影响生理过程的是可孕性降低,乃因减数分裂不正常所致。植物中多倍体种类较普遍,而动物中罕见。据俄罗斯植物学家研究,在寒冷的地带或高海拔地方多倍体种类较多,说明它们对高寒具有耐性。植物多倍体具有育种价值。人为地用高温、低温、秋水仙素处理均可使纺锤体组织不起来,从而获得多倍体植物。

异倍性(heteroploidy)是染色体不成套的改变,如多一条染色体或少一条染色体。如2*n*+1（三体，拉丁文 trisomic），2*n*-1（单体，拉丁文 monosomic）等。三体是由于减数分裂中某染色体不分离，形成*n*+1的配子造成的。布莱克斯里（A.F. Blakslee）研究曼陀罗（*Datura stramonium*，2*n*=24）发现有12种三体，即每类染色体均可加1，每种三体都有其独特的形态特征即表型不同，理由很简单，每条染色体上的基因不同。炸蜢（*Oxya. infumate*），2*n*=20。我国学者徐道觉、刘祖洞、项维研究过这个种从杭州到贵州的群体，发现既有三体（2*n*+1）类型，也有单体（2*n*-1）类型。

人类有一种先天性遗传疾病称先天愚型（Down's syndrome），据国外流行病学调查，大约700个孕妇中有1个孕妇产生这样的病孩。造成此疾病的主要原因是人的第21号染色体为三体。在人类中有XXY型的女人，也有XYY型的男人，均为三体。西方文献报告，XYY型男人的性格较凶悍，有容易犯罪倾向。

染色体结构的改变包含重复、缺失、倒位和易位。减数分裂时，交叉可发生在相对部位（基因）之间，也可发生在非相对部位之间，发生在非相对部位之间就造成重复与缺失。重复使基因数目增加，缺失使基因数目减少。重复或缺失因基因有增有减，从而产生不同的表型效应。缺失的同质合子一般致死。异质合子，因还保存原来的一部分基因，故有生存的可能性。

倒位（inversion）按细胞遗传学的定义是，1条染色体上发生两处断裂，断片翻转180°后，再于两个断口处与染色体连接，染色体长度未变，但断片中的基因顺序发生了颠倒。倒位不使基因连锁群改变，而使基因遗传学图改变，可能产生基因位置效应，明显的影响多是降低可孕性。有染色体桥与断片的，初级精母细胞或花粉母细胞死亡。倒位在动物中发生很多，摇蚊有80%的染色体存在倒位。倒位在果蝇自然群体中也发生很多，从果蝇唾腺染色体上可以检查出来。杜布赞斯基就利用栖息在北美洲的伪暗腹果蝇（*Drosophila pseudoobscura*）染色体上的倒位为材料，做了许多出色的进化学研究。有兴趣的读者可参见拙作《李森科时代前俄罗斯遗传学者的成就》的第8章。

易位（translocation）是指某对染色体中的一条或两条染色体的片段转接到其他染色体上的现象。对初级精母细胞或花粉母细胞第一次分裂进行显微镜观察，便可以区分减数分裂过程中是否发生了易位。未发生易位的成对染色体其长度是一致的，是同质接合子。发生了染色体易位的，却可观察到两种情形：一种情形是，某对染色体的两条染色体均断裂了相同长度的断片，一起易位到另一对的两条染色体上，结果是原来的一对染色体变短，被接上断片的另一对染色体则变长，发生这样易位的两对染色体的每对染色体的长度都是一样的，依旧是同质接合子。另一种易位的情形是，一对染色体中的一条染色体断裂开一个断片，该条染色体的长度自然变短。断开的片段接到另一对染色体中的一条染色体上，该条染色体自然变长，这样，两对染色体中的两条染色体都呈现一长一短，形成异质接合子。减数分裂偶线期时，染色体的相同部位是要配对的，相同位置的基因配对非常严密，发生了易位的异质接合子就会配成十字形交叉的性状。在果蝇唾腺染色体上可观察到此种情形。这属于细胞遗传学的基本知识。

　　易位往往产生表型作用，这是由于易位后，基因连锁群所含的基因数目发生了改变，有增有减，势必产生表型作用。另外，会有基因位置效应，这一点如倒位一样，基因的"邻居"关系发生了改变，自然会产生不同的表型作用。易位后，如果为异质接合，一般会造成部分不孕性。

　　曼陀罗（*Datura stramonium*，2*n*=24）是自然界中发生易位的经典的例子。布莱克斯里发现这种植物有许多易位品系，并且每个易位品系有一定的地理分布。有的易位品系分布在欧洲、北美洲。有一种易位类型的品系分布在中国。第三种易位类型的品系分布在南美洲的秘鲁、智利。布莱克斯里通过核型的比较研究发现，分布在欧洲、北美洲的易位品系与分布在中国的易位类型品系亲缘关系近；分布在欧洲、北美洲的易位品系与分布在秘鲁、智利的易位类型品系的亲缘关系也近；可是，分布在我国的易位类型品系与秘鲁、智利易位类型品系的关系则较远。原因不清楚，可能与地球板块移动有关。

　　染色体畸变包括重复、缺失、倒位和易位。重复、缺失在碱基突变的有关内容中会介绍。这里介绍倒位和易位在种分歧进化中的作用。进化的核心问题是物种分化，即由一个祖先种分化成两个物种，分化的关键在于生殖隔离的形成。也就是说，两个新的物种不再能交配或即使交配了其杂种不孕，两个新的物种不再能进行基因交流。造成生殖隔离的原因很多，倒位与易位便是其中的重要方式。栖息在美洲的野生果蝇 *Drosophila pseudoobscura* 和 *D. miranda* 是同胞种，即它们在形态上是很相像的，能交配，可是其杂种是不孕的。这说明两个种的生殖隔离是完全的。杜布赞斯基和谈家桢对这两个种的不孕杂种的唾液腺染色体进行了分析，发现 *D. pseudoobscura* 和 *D. miranda* 这两个种是由于多处倒位和一些易位以及不明原因造成的对应部位差异而不能配对等畸变导致的生殖隔离（图4-2）。

　　染色体若发生一个倒位或易位至少要发生两处或三处断裂。从这两个种的不孕杂种的唾液腺染色体的倒位、易位情况看，在它们发生生殖隔离的过程中，染色体至少发生过100处以上的断裂。从时间角度考虑，染色体发生过这么多处断裂，一定经历了漫长的岁月两个物种才达到完全的分化。

4.4.5　碱基置换

　　DNA分子由4种碱基腺嘌呤（adenine，A），胞嘧啶（cytosine，C），鸟嘌呤（guanine，G），胸腺嘧啶（thymine，T）所构成。碱基置换大致可分为两类：转换（transition）和颠换（transversion）。化学上相似的碱基之间如嘌呤与嘌呤之间，嘧啶与嘧啶之间的变化谓之转换。而嘌呤与嘧啶之间发生的置换谓之颠换。从化学角度推测，转换的概率要比颠换的概率来得高。4种碱基之间的置换可能发生12种情形，但这种置换的频率一般是很低的，所以颇难发现此种新生的突变（fresh mutation）。根据人类基因组中碱基置换的情形看：（1）转换的值高于颠换的值，说明转换较颠换容易发生。（2）转换中，G→A，C→T的百分比值较A→G，T→C的百分值为高，这是与哺乳动物基因组（含人类基因组）中的GC含

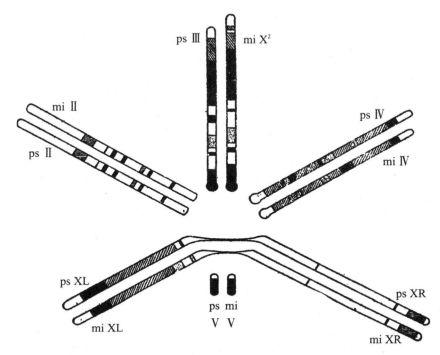

图4-2　*D. pseudoobscura* 和 *D. miranda* 的5条染色体上的基因排列对比（模式图）

染色体的白色部分表示两个物种的基因排列完全一样，斜平行线部分表示倒位，点部分表示易位，黑色部分表示原因不明（可能是两个物种分化过程中，该部分发生过多次倒位、易位，使之无法搞清关系了）造成的不同部位。图中，ps指 *D. pseudoobscura*，mi指 *D. miranda*。（参见：杜布赞斯基的《遗传学与物种起源》，第3版）

量高是对应的。（3）A→T，C→G颠换的百分比值与T→A，G→C颠换的百分比值大体相当。在人类的线粒体DNA（mtDNA）中，碱基置换的大部分是属于转换类型，而G→A的转换特别多。基因组中一个碱基的置换将形成单核苷酸多态性（single-nucleotide polymorphism，SNP）。

在碱基置换的变异中，对氨基酸序列不产生影响的，谓之同义置换（synonymous substitution）；对氨基酸序列产生影响的谓之非同义置换（nonsynonymous substitution）。例如，阿尔茨海默病（又称老年性痴呆，Alzheimer disease）的病因是由于为阿尔茨海默前体蛋白质（Alzheimer precursor protein）编码的 *APP* 基因出了毛病。*APP* 基因开头的33个碱基序列（含11个密码子）为：ATG/CTG/CCC/GGT/TTG/GCA/CTG/CTC/CTG/CTG/GCC……（注：此序列中的/表示区隔密码子，在实际碱基序列中是没有此/的）。根据这个基因的碱基序列会表达出的氨基酸序列为：Met Leu Pro Gly Leu Ala Leu Leu Leu Leu Ala……阿尔茨海默前体蛋白质。在这11个氨基酸序列中，包含6个亮氨酸（Leu）。决定它的密码子有4个CTG，1个TTG，1个CTC。这个事实说明，碱基发生了置换，可是所编码的氨基酸却没有变，都是亮氨酸，这样的情形就称为同义置换。

非同义置换的实例,如发生在人的血红蛋白基因中的突变。在黑人中有一种常见疾病——镰形细胞贫血症,系由一个孟德尔基因突变所引起的遗传病。这种遗传病是由血红蛋白(hemoglobin)的基因的密码子发生非同义置换 GAG→GTG 所致,使正常的血红蛋白 β 链上的第6位氨基酸——谷氨酸(Glu)被置换成缬氨酸(Val),而成为变异的血红蛋白 S(HbS)。HbS 较正常的血红蛋白(HbA)溶解度低,容易凝胶化。当该血红蛋白在红细胞内凝胶化后,红细胞就变成了镰刀状。镰刀状红细胞的变形能力降低,附着于血管内,阻碍血流,因而导致贫血。

自然选择是通过对表型的保留或淘汰间接影响基因型组成或频度的改变而实现进化的。同义置换因为不改变表型,故与进化无关。而非同义置换则因改变了表型,故与进化是有关的。J.H. 麦克唐纳(J.H. McDonald)和克雷特曼(M. Kreitman)于1991年使用了3种果蝇: *Drosophila melanogaster*, *D. simulans* 和 *D. yakuba* 为材料,以同义置换和非同义置换为对象研究了这个问题。同义置换又可称沉默突变(silent mutation)。这种碱基置换的变异不改变所编码的氨基酸,故不改变表型。例如,人喝了含有酒精(乙醇)的饮料会感到精神舒畅,可是,乙醇是有剧毒的物质,随着酒精浓度的增加,任何生物都会受到危害,甚至致死。注射前,用70%的酒精擦拭皮肤表面,谓之消毒,其目的就是要把注射处的细菌杀死。果蝇是以含酵母的培养基为食饵的,果蝇的培养基中是含酒精的,但果蝇不受其害,这是因为果蝇体内有乙醇脱氢酶(Adh)可把酒精分解掉(解毒)。但不同种类的果蝇对酒精的耐受性是不同的,这是因为乙醇脱氢酶的基因有许多变异。J.H. 麦克唐纳和克雷特曼欲了解该基因在不同物种果蝇之间的变化——分歧变异(divergence)的情况和在同种内多态变异即单核苷酸多态(SNP)的情况,他们使用了 *D. melanogaster* 的 12 个亚种(subspecies),*D. simulans* 的 6 个亚种和 *D. yakuba* 的 12 个亚种。3 个物种共计 30 个亚种。J.H. 麦克唐纳和克雷特曼对这 30 个亚种的 *Adh* 基因的碱基序列做了比对研究,结果发现 30 个亚种的 *adh* 基因共有 68 个变异。其中,种间分歧变异有 24 个;种内 SNP 变异有 44 个。在种间的分歧变异当中,非同义置换变异率占 29%,比种内 SNP 中的非同义置换变异率高出 6 倍之多。反言之,SNP 中的同义置换居多。此结果清楚地说明可使氨基酸(表型)发生变化的非同义置换变异多出现在不同物种之间,是导致物种分化(进化)的重要原因,受到了自然选择的固定。而在种内 SNP 中的同义置换则占多数,由于同义置换不改变氨基酸,表型不产生变化,所以不受自然选择的作用,因而同义置换的变异与进化无关。

4.4.6 插入与缺失

碱基的插入与缺失,有各种情形。一种情形是从 1 个碱基最多到 10 个碱基的插入或缺失。另一种情形是几个碱基组成一个单位发生重复(repeat),重复的数目有变化。这种情形称微卫星 DNA 多态(microsatellite DNA polymophism)。碱基的插入或缺失都会造成密码子移码(frame shift)。当多余的碱基插入到基因的碱基序列中去时,会使密码子移码。移码变异对生物体的影响是非常大的,常常不能形成原来编码的蛋白质。例如上述的*APP*基因，有1个多余的碱基A插入到第34的位置里，于是从开头起的第12个密码子就变成移码了。移码了的密码子用黑体字母表示：

ATG/CTG/CCC/GGT/TTG/GCA/CTG/CTC/CTG/CTG/GCC/**AGC/CTG/GAC/GGC/TCG/GGC/GCT/GGA/GGT/ACC/CAC/<u>TGA</u>/TGG/<u>TAA</u>/TGC/TGG**……

结果变成如下的氨基酸序列：

Met Leu Pro Gly Leu Ala Leu Leu Leu Leu Ala **Ser Leu Asn Gly Ser Gly Ala Gly Gly Thr His**……

第23位的密码子变成了TGA（终止密码子），氨基酸连接到这里便停止了。这样形成的氨基酸序列与原来的当然不同且缩短了，于是蛋白质也就随着丧失了原来的功能。

再谈缺失即碱基脱落的例子。1981年美国报告第1例艾滋病（Acquired Immune Deficieny Sydrome，全称是获得性免疫缺陷综合征，取4个英文词的字头便为AIDS）患者，这种疾病以非常迅猛的势头增加、扩散。到了2008年，世界卫生组织（WHO）推测全球的艾滋病患者已达到3 100万～3 600万人。7年之后的今天，患者的人数大概可逾4 000万人。全世界人口约68亿，平均下来，每170人中就有1个艾滋病患者。艾滋病的元凶是HIV病毒。HIV病毒是通过性关系、输血或使用被污染了的针头而进入血液的。该病毒侵入免疫细胞，将免疫细胞杀死，所以，受到HIV感染的人其免疫力变得极其低下，故而即便是毒性很小的微生物侵入到患者的肺、消化道、脑等器官后，都会使艾滋病患者产生肺炎、结核、癌等疾病而死亡。当然，由于医疗事业的进步，艾滋病也是可以治疗的。

有一个颇耐人寻味的现象，艾滋病患者在全球的分布并非是均匀的。靠近非洲大陆南端的诸国，艾滋病患者密度最高，每100个成人中患者竟高达2成到4成。而在欧洲白人中却有对HIV感染有抵抗力的人。科学家发现对HIV具有抵抗力的人是由于其*CCR5*基因有部分缺失的缘故。推测因为*CCR5*基因有部分缺失，不能表达出它所编码的CCR5蛋白质。CCR5蛋白质与CD4蛋白质紧挨着存在于免疫细胞的表面，HIV病毒就借助于这两个蛋白质的并存而侵入到免疫细胞内部去的，杀死免疫细胞。而*CCR5*基因部分碱基缺失的人，因不能表达出CCR5蛋白质，使HIV病毒缺了一个"抓手"，便不能入侵到免疫细胞内，也就不能破坏免疫细胞而损伤其免疫力。在欧洲白人中，*CCR5*基因部分缺失处于异质合子状态的人大约占10%，他（她）们难于染上艾滋病。而处于同质合子状态的人大约占1%，他（她）们是绝对不会受HIV感染的。由于碱基脱落即缺失所形成的这样基因型对于抵抗HIV是有效的，故而得到自然选择的保存。

人们会提出疑问：1981年才发现第1例艾滋病人，欧洲白人中怎么这么快就有了不少能抗HIV病毒的人呢？说是自然选择在30多年间起到了如此大的作用,有些说不过去的。嘎尔瓦尼(A.P. Galvani, 2005)等提出一个假说,认为造成 *CCR5* 基因的部分碱基缺失的选择因素是鼠疫和天花。欧洲从 14 世纪起,在其后的 700 年间,曾大流行过多次鼠疫(由鼠疫菌 *Yersinia pestis* 引起)和天花(由天花病毒 variola major virus 致病)。这两种传染病在当时的致死率是非常高的,大约 30% 的感染者死亡。天花频繁发生在 10 岁以下的儿童身上,致死率高达 70%。嘎尔瓦尼等认为,曾在欧洲大流行过的鼠疫、天花这两种传染病是造成 *CCR5* 基因部分碱基缺失的选择因素。这个假说是否正确还有待证明。

4.4.7　基因组重复

基因组重复(genome duplication)是指基因全体或其部分多拷贝出一份或几份。基因重复对于生物进化是极其重要的。

基因重复有 4 种类型。第一,串联重复(tandem duplication):染色体上同一基因的拷贝并排有两个。系由基因在减数分裂中发生不等交换(unequal crossing over)所致。交换通常是相同的碱基序列配对时发生,如果偶尔配对发生错位,就变成不等交换。不等交换的结果,特定的 DNA 领域在两条染色体中出现不对称的情形,该特定的 DNA 领域在一条染色体中有两份,而在另一条染色体上则缺如。如前者在群体中能继续繁衍的话,经过一定时期,最终就取代了具有一份特定 DNA 领域的染色体。具有两份或多个特定 DNA 领域(基因)重复的物种,往往只有其中的一份拷贝在行使基因的功能,而其余的拷贝则不行使基因功能,变为伪基因(pseudogene)。第二,是散在型的重复序列(interspersed repeat sequence),这种类型是由于转座子(transposon)或反转录转座子(retrotransposon)等可移动的遗传元件(movable genetic element)频繁进行基因转移(transposition)而形成的。在人类的基因组中,*Alu* 序列有大约 100 万份拷贝。*Alu* 序列就属于散在型的重复序列。不过,它是短的散在元件(short interspersed element)或又称为短的散在核元件(short interspersed nuclear element, SINE)。在人类的基因组中还有较长的散在核元件如 LINE(LINE 为 long interspersed nuclear element 的缩写)等。第三,是由 mRNA 反转录成的 cDNA,它插入到与原来位置不同的基因序列中去。经过剪接(splicing)去掉了内含子的成熟 mRNA 反转录成的 cDNA,则被称为"被处理过的伪基因"(processed pseudogene)。第四,是整个基因组的重复(genome duplication)。植物界中的多倍体化(polyploidization)物种便属于此种基因组重复的类型。而多倍体物种在动物界中则颇少见,在硬骨鱼类的一些系统中有多倍体物种。

最早主张基因重复在进化上具有重要意义的学者是美籍日本细胞学者大野乾(Ohno Susumu, 1928-2000)。他在 1970 年出版了 *Evolution by Gene Duplication* 一书,强调基因重复对生物进化具有重要意义,提出从脊椎动物的祖先向脊椎动物进化过程中基因组发生过两次重复的假说。他对于生命起源到人类进化的诸多问题都发表过议论或专著,颇有见地。笔者建议从事进化学教学与研究工作者读读大野的著作,会颇有收益和启发的。

4.4.8　基因作用的多效性

关于基因作用的问题，"一基因一酶说"（one gene-one enzyme theory）曾流行一时。比德尔（G.W. Beadle）和塔特姆（E.L. Tatum）在 1941 年通过对由 X 射线和紫外线照射脉孢菌（*Neurospora*）所产生的营养要求突变型的解析，发现基因制约着氨基酸或维生素的生物合成。在此类研究的基础上，比德尔提出各个基因分别制约不同的酶的学说（1945）。随着蛋白质化学、分子生物学的进步，发现蛋白质或酶是由若干个多肽链（亚基，subunit）所构成。于是"一基因一酶说"现下更为合理地演变为"一基因一多肽说"。于是，一个酶或蛋白质可能是由多个基因参与作用的。相反的情况也存在，即基因不只具有单效性，如豌豆的白花，果蝇的白眼系由一个孟德尔基因所制约。事实上，很多基因是有多效性或多向性性质的基因（pleiotropic gene），即一个基因参与两个或两个以上性状的形成。如黑腹果蝇的第 2 连锁群中的 67.0 位置上的痕迹翅突变型（vg）与其对应的野生型（wild type，vg+）作比较，可发现突变型与野生型之间有着许多的不同，如表 4-1。

表 4-1　突变型与野生型的差别

vg 突变型	野生型	vg 突变型	野生型
翅　小	正常	生存率低	正常
平衡棍小	正常	产卵率低	正常
体上刺毛直立	横卧	卵巢小	正常
雌雄储精器呈梯形	呈扁形	生长速度慢	正常
寿命短	正常		

说明一些突变基因是具有多效性的。可能还有其他的差别，我们还未觉察到。

安德森（Anderson）和奥贝（Ownbey）研究烟草（*Nicotiana*），发现一个品系，其形态学特点是：叶狭长，花萼管长，花柱较长，子房顶端较尖，花冠筒较长。经过仔细研究发现形态学上的这 5 个特点其实是由一个突变基因的作用所导致，该突变基因的作用是使细胞强烈延长。再进一步研究，发现该突变基因的多效性其实只是使抑制植物生长素（auxin）的力量减弱，所以细胞可强烈延长，于是出现上述连带的一些性状。在基因型与表型的关系中，既有多个基因参与一个蛋白质或酶的形成，也有一个基因影响多个性状的情形，是非常复杂的。对于有多效性的基因，其命名规则依据该基因的主要作用而定。

有些突变型看不出其对生存、进化有何意义，即看不出其适应价值。如异色瓢虫（*Hamonea axyridis* Pallas，现在其属名改为 *Leis*）有好些鞘翅色斑型：黄色鞘翅上有黑色斑点的类型，黑色鞘翅上有橘红色两窗型、四窗型等（在"小进化"一节中会介绍），看不出各种色斑型具有什么生物学意义即适应价值。但为什么会被自然选择保存下来？一种解释便是可能与基因的多效性有连带关系。

4.4.9　突变与生存率关系的相对性

突变一般多为致死的、半致死的或对生存不利的。但是,突变与生活力或生存率(viability)的关系是相对的,是有条件的。俄罗斯著名的进化遗传学家季莫费耶夫-列索夫斯基(Timofeeff-Ressovsky)用在莫斯科郊外与欧洲可采集到的一种果蝇(*Drosophila funebris*)的一些突变型和野生型为材料研究过这个问题。他把这种果蝇的诸突变型和野生型饲养在 15~16℃、24~26℃、28~30℃ 三种温度区间的条件下,并把野生型果蝇在三种温度下的生存率均定为 100%,季莫费耶夫-列索夫斯基发现突变型 eversal 在 24~26℃ 温度区间条件下,其生存率高于野生型,为 104%,差异性显著。说明突变型不是在一切情况下都是不利的。有的突变型在某种生活条件下比野生型的生活力还强。再比如,疟疾在非洲人群中是一种危害性很大的流行病,致死率很高。可是,具有血红蛋白基因突变(*HbS*)的人却能抵御疟疾的发作,因为镰形红细胞溶血快,能够抑制疟疾原虫的增殖。如此说来,造成镰形细胞贫血症的基因突变(*HbS*)对人既有害处,也有利点,视条件而定。*HbS* 突变基因对疟疾有抗性,故而受到自然选择的保护,于是 *HbS* 基因在非洲大陆人群中一直保有相当高的频度。

§4.5　遗传多样性

4.5.1　遗传多样性的概念

进化遗传学者认为,生物的一切遗传性状均由基因组决定的。个体间的遗传差别、亚种、种、属、科、目、纲、门、界等各种等级生物类群(taxon, taxa)的差异也都是由遗传差别造成的。遗传多样性是生物多样性的基础。一般说来,遗传多样性是指一个种群内的遗传差异的多样性。种群内的遗传变异越丰富,其多样性的幅度就越大。

遗传多样性幅度的大小是关乎一个群体生死攸关的大事。群体中有对环境变化或传染病抵抗能力强的个体,有抵抗能力中等的个体,也有抵抗能力弱的个体。例如,某种传染病侵袭一个群体,抵抗能力弱的个体可能致死,只有抵抗能力中等和强的个体可存活,该群体或种仍可继续存活、发展下去。可是,当群体的遗传多样性对环境变化或传染病的抵抗能力降低到一定限度以下时,那个群体便有灭绝的危险了。

4.5.2　爱尔兰大饥荒

发生在 19 世纪中期的爱尔兰的大饥荒是历史上最有名的不幸事件。爱尔兰的广大农民是以马铃薯为主食的,1845 年起马铃薯疫病在爱尔兰发生并蔓延起来,历时长达 7 年之久,给予马铃薯的生产以毁灭性的打击,导致爱尔兰发生大饥荒。在那次大饥荒中,饿死的与逃亡的人口约 200 万,占当时爱尔兰人口的 1/4。造成马铃薯这种疫情的病原体是一种霉,学名为 *Phytophthora infestans*。当时在爱尔兰全境栽培的马铃薯,其遗传型非常单一,近于克隆,缺乏多样性,对于由

*Phytophthora infestans*霉引起的疫情全然没有抵御能力,故而全部歉收。这是典型的因群体遗传多样性小而受到危害的例子。

在哺乳类、鸟类等动物群体中,当其个体数目少到一定限度时,近亲交配的概率势必增高。近亲交配的结果是,使原来潜藏在基因库(gene pool)中的致死基因或近于致死的有害基因变为同型合子的概率大大升高,于是子孙数锐减,从而导致该群体濒临灭绝。著名的生态学家E.O.威尔逊(E.O. Wilson)指出,当致死基因或严重有害的基因存在于基因库中时,哺乳类、鸟类等动物群体的个体数目少于50匹时,该群体在不远的将来就会灭绝。群体的个体数目在500匹以上的场合,该群体还暂且可以存续。一般说来,遗传多样性越高的物种其灭绝的概率越低。

4.5.3 群体的命运视基因库的情况而定

如果在小群体的基因库中没有致死基因或近于致死的有害基因存在的情况下,近亲交配倒也未必使遗传多样性小的群体衰败。例如,供研究用的实验动物,还有不少宠物大都是近亲繁殖的,不是在世界各地被饲养与繁衍着嘛。金仓鼠(golden hamster)是最好的例证之一。金仓鼠这个品系最早是从同胞的两头雄的与一头雌的行近亲交配繁衍出来的。在适宜的生存环境下,它们繁衍得很好。我们人类也有类似的情形。在南非以卡拉哈里沙漠为中心居住着的桑人(San,又称布须曼人Bushman)以狩猎动物与采集野生瓜果为生,他们以几个或十几个家族靠血缘关系形成排他性的小社会。他们通常是在同一个帐篷里过着原始的平等的生活。社会学家称这样的小群体为游牧团伙或部落(band或horde)。这种靠血缘结成的小部落,其遗传多样性当然是少的,可是经过长期自然选择之后,在现存部落的基因库中大概已没有了致死基因或近于致死的有害基因了,所以桑人生活得挺好,可继续生存与繁衍。

4.5.4 基因水平转移是增加遗传多样性的有效方式

几乎由相同基因型组成的群体即遗传多样性少的群体,通常是生活在一个狭小的适应的环境里的。就如桑人只生活在卡拉哈里沙漠一带,这是容易理解的。遗传多样性少的小群体一旦迁徙到新的环境里去就可能因不适应而遭遇灭顶之灾。可是事情也不尽然,有一种蛭形轮虫,学名为*Rotifer vulgaris*,从不可追溯的年代起就靠孤雌生殖延续其种群。这个例子或可说明遗传多样性对于种的延续而言似乎并非那样重要。可是近年来发现,这种轮虫能通过基因的水平转移(horizontal gene transfer)从其他植物、真菌、细菌等生物那里获得所需要的基因,因而才能延续其种群。很多细菌不进行有性生殖,也是靠基因水平转移的方式与其他细菌进行基因交换。进行无性生殖的群体,基因的水平转移是或多或少能增大其遗传多样性的一种有效的方式。

4.5.5 物种的历史长短与遗传多样性的大小有关

一般认为,行有性生殖的物种一般分布领域广阔,个体数目多,其遗传多样性也大。其实,遗传多样性与物种历史的长短也有关系。许多物种是通过同域性种形成方式由祖先物种分歧出来的。其他条件相同的话，越古老的物种由于变异蓄积得多，故其多样性也随之增大。拿我们人类与黑猩猩（chimpanzee）做比较，就可以看清这一点。我们人类已拥有近70亿的人口，分布在世界各地，想象中其遗传多样性该是很大的。但实际上，通过基因组的比对研究，人个体间DNA碱基序列上的差异，不过只0.1%的程度。黑猩猩的现存个体数大约只有20万～30万头，与人类的数目相比，人类占压倒性的优势。黑猩猩分布领域也很窄小，仅限于非洲中部、西部的热带雨林中。可是，黑猩猩的遗传多样性却高过人类的4倍。这种现象也许令人感到费解。其实，这与物种形成的历史长短有关。我们人类与黑猩猩是在大约700万年前分道扬镳的。在这漫长的岁月中，人类的系统发生过许多次分歧与灭绝，我们智人（Homo sapiens sapiens）是从起源于20万年前的一个古人类的小枝繁衍、壮大起来的。而根据黑猩猩的遗传多样性来判断，其起源是相当古老的。黑猩猩是一个属（Pan），下有两个种，一个是普通黑猩猩（Pan troglodytes），另一种为倭黑猩猩（Pan paniscus，传统上称为pygmy chimpanzee，"小黑猩猩"的意思），现在几乎所有的灵长类学者都称倭黑猩猩为bonobo，pygmy chimpanzee的称呼事实上被废弃了。普通黑猩猩有4个亚种：东非黑猩猩亚种（Pan troglodytes schweinfurthii，分布在从刚果民主共和国北部起到乌干达、坦桑尼亚）、中央非洲黑猩猩亚种（P.t. troglodytes，分布在喀麦隆、刚果共和国、中非共和国）、尼日利亚黑猩猩亚种（P.t. ellioti，分布在尼日利亚、喀麦隆北部）和西非黑猩猩亚种（P.t. verus 从塞内加尔到加纳）。西黑猩猩亚种栖息的领域距离其他三个亚种的分布领域稍远。依据DNA的分析，西黑猩猩亚种与其他三个亚种大约是在160万年前分歧的。日本学者对东黑猩猩亚种和西黑猩猩亚种的味觉受体的基因进行了比较研究，发现不管是哪个亚种，其个体间的遗传多样性都是很高的。说明历史越悠久的物种，其遗传多样性就越高。正如俄罗斯进化遗传学派的奠基者切特维利柯夫所指出的那样，物种像海绵一样，历史越久，蓄积的变异就越多。

　　起源比较新的物种其遗传多样性比较小，起源比较古老的物种其遗传多样性比较大，是理所当然的。可是也有异样的情形，即起源是古老的，可是在种的延续过程中，由于某种原因，其子孙的个体数锐减，而后再恢复起来的情况下，尽管种的起源是古老的，可是现存群体的遗传多样性却很小。典型的例子是猎豹（cheetah），它是世界上跑得最快的猫科动物，在1万年前，由迄今尚不明了的原因使其个体数激减，后来好容易又复兴起来，现下猎豹群体的遗传多样性就很小，这种现象在进化学上称为瓶颈效应（bottle neck effect）。所谓瓶颈效应是指群体的个体数目在短时期内急剧减少，残存的小群体（奠基者founder）迁徙到新的环境，如群体能够适应，可再度复兴与扩大，但是群体内的遗传多样性却显著降低，这是随机漂变或称赖特效应（Wright effect）发挥了作用。

　　综上所述，遗传多样性的大小，与种的现实的繁荣程度并没有平行的关系，而与种的历史长短及种的发展途中的经历有关。但遗传多样性越高的物种其灭绝的概率越低，则是一条铁律。

4.5.6　基因组分析技术的进步会发现许多异常多样性

随着分子生物学技术的迅速进步，人类对于生物遗传多样性的认识也迅速在加深与提升。21世纪初，构成人类基因组的碱基序列被完全解读清楚。迄今已有1 000种以上的生物的全基因组被解读完成。以脊椎动物、昆虫等为对象的成千上万个特定分类群或同种内的个体的全基因组正在被解析着。分子系统学家沃斯（C.R. Woese, 1977）将地球上的所有生物分成为3个超群（domain）：真正细菌超群（domain Bacteria）、古细菌超群（domain Archaea）和真核生物超群（domain Eucarya）。真正细菌和古细菌是单细胞生物，真核生物中的原生生物也是单细胞生物。单细胞生物与多细胞生物相比较，沃斯发现前者的形态特征虽然显得很贫乏，可是其遗传多样性却较后者丰富得多。在地球全部生物的遗传多样性中，动物、植物所具有的遗传多样性只不过占一小部分。近年来兴起的宏基因组分析（metagenome analysis 或 metagenomic analysis）和次代序列仪（next generation sequencer）可以对生物学特征还不十分明了的单细胞生物的遗传多样性进行分析。从生存于海中、土壤中、动物肠道内、火山口等异常环境中的多种生物得到样本，抽出其DNA基因进行PCR增扩，然后用宏基因组分析方法解析其多样性，结果发现许许多多从前不知晓的碱基序列。迄今我们所了解的生物多样性只不过是全球生物多样性的很小一部分罢了。宏基因组分析的意义还不仅限于发现新的种，它还可以在多种多样的生态环境中发现新的基因，控制独特代谢径路等的遗传多样性。拟南芥（*Arabidopsis thaliana*）是最早搞清基因组碱基序列的被子植物。关于被子植物基因组碱基序列，如今已蓄积了许多知识。特纳（Turner）等（2010）用次代序列仪从生长在不同土壤环境中的拟南芥的近缘种*Arabidopsis lyrata*的多数个体抽出混合DNA进行了解析，发现在种内个体间存在着许多遗传变异的碱基多型位点。随着分析技术的进步，对生物遗传多样性的认识将会不断加深。

4.5.7　保持作物和家畜的遗传多样性

保持作物和家畜的遗传多样性是摆在我们面前的重要任务。通过品种改良制出新的品种，其产量是高了，其品质是改善了，与这些性状有关的基因被固定了。但是，其遗传多样性多半是显著地减低了。一旦遭遇病虫害时，就会因缺失抵抗力而遭毁灭。前面讲的爱尔兰马铃薯品种就是很好的例证。为了能繁育出适应变换环境的新品种，应该保存好当下已被人们不看好的作物品种，保护好现存的野生种，是育种工作者的一项极其重要的事情。因为在它们的基因组中蕴藏着丰富的遗传多样性，可防灾于未然，一旦有需要，可用它们作为原始材料重新培育出新的有抵御恶劣环境条件或病虫害能力的作物或家畜品种。

第5章　生物多样性与分类学发展

　　生物多样性（biodiversity）这个词在今天的欧美国家几乎已变得家喻户晓，妇孺皆知了。可是在30年前，欧美人并不使用biodiversity这个词，而是使用与此词几乎相等意义的术语："生物学多样性"（biological diversity）。1970年代到80年代生态学者深刻认识到，由于人类的活动，全球性的生态环境遭遇到很大的破坏，许多物种濒临灭亡。1986年在美国召开了题为"处于危机中的多样性"的大型国际会议，据说出席人数达14 000多人。大会的主持者生态学家罗森（W.G. Rosen）把biological diversity（生物学多样性）这两个英文词缩成为一个词：biodiversity。他这样做的目的是在于唤起广大民众与政治家能够对生态环境不断恶化与不少物种濒临灭亡的严重事态加以重视并思考解决之策。有些欧美生物学家认为，英文术语的这一改变对于扩大宣传生物多样性的理念和加强保全生物多样性的意识产生了积极的效果，从而达到罗森期许的目的。对于我们中国人来说，"生物多样性"和"生物学多样性"在语感上似乎是没有什么差别的。

　　何谓生物多样性，迄今并没有一个让所有生物学家、生态学家都认可的公式型的定义。不过，学者们普遍接受这样的共识：生物多样性是一个概括性的用语，它涵盖生物在各个水平上的多样性。从个体群的多样性即遗传多样性，地理分布多样性，种、系统及更高级分类范畴的多样性，以至于达到生态系统多样性（ecosystem diversity）。而遗传多样性是生物多样性的基础。不管生物多样性在理论上如何定义，其实人类从诞生的时候起，在求生的过程中就开始逐步认识生物多样性了。所谓生物多样性，说白了，就是生物界表现出的林林总总、形形色色。今天科学家研究生物多态性这个问题，对于保障人类继续生存与发展确实有着密切而重大的关系。

　　1992年6月，由联合国环境规划署倡议，许多国家政府在巴西里约热内卢签署了《生物多样性公约》（Convention on Biological Diversity），1993年生效。我国于1992年参加了该公约，到2009年10月，全世界已有191个缔约国。

§5.1　人类对生物多样性的认识源远流长

　　地球被数以万计的山岳、河流，无数的岩石、矿物和形形色色的动物、植物所

覆盖。地球上的自然物怎
么这样富有多样性？它们
又是怎样产生的？是人类
自古以来的大疑问，但是要
想回答这个疑问则是至难
之事，许多民族就用上帝造
万物的神话将此疑问给搪
塞过去了。

图5-1　约12 000年前
阿尔塔密拉洞窟壁画中
的野牛

　　根据古人类学家的研
究，最古老的人类是在非洲
撒哈拉大沙漠南部的乍得
发现的萨赫勒人（*Saheranthropus chadensis*），其生存年代大约在距今700～600
万年前。萨赫勒人有怎样程度的智慧，古人类学家与考古学家没有给我们提供
任何资料。但依据其脑量（不超过300～350 ml）可以揣度他们是很愚昧的。
但是可以想象，当他们直面奇异多彩的大自然时，一定感到万分的惊愕与恐惧。
在严酷的环境中，为了生存，原始人从无数次死亡中会朦胧地一点点意识到在
大自然中该寻觅哪些食物充饥，该逃避哪些动物的危害。这类意识一定是非常
初步的，非常肤浅的，不过是在生物多样性中对生死攸关的少数物种的朦胧了
解。人类在几百万年漫长的进化途中，随着脑量的不断增大，智慧、文化程度的
逐渐提高，对生物多样性的认识，确切地说对物种的数量、特征尤其是其可用
性、危害性的认识，才逐渐有所进步。1879年在西班牙靠近北部海岸的地方发
现了约12 000年前的旧石器时代末期的阿尔塔密拉（Altamira）洞窟遗址，在该
遗址中保存着代表着西欧马得雷诺（La Madeleine）文化的壁画，在壁画中绘有
许多动物，图5-1是其中的野牛图，说明12 000年前的人类已经认识了与自身生
活相关的一些物种了。

§5.2　古希腊、古罗马及我国的古代学者对 物种多样性的认识

　　与漫长的史前时期相比，人类能够用文字对自然界的多样性（含生物多样性）
加以记述，乃是非常晚近的事情。
　　古希腊时代被誉为“万学之祖”的亚里士多德（Aristoteles，384-322，B.C.）
是用文字记述大自然多样性的第一人。他对于生物做了实证考察，解剖了50来
种动物，确定鲸是胎生的，明示了鲨鱼的胎盘构造，指出鸟的上肢与人手具有相
同性等。他留下了《动物志》《动物部分论》《动物发生论》等著作。在《动物志》
中，记载了大约540种动物，其中包括约120种鱼类，约160种昆虫，并依据有血与
无血的特征，把动物分成两大类，在每类下边又各分4类。亚里士多德已具有进
化思想的雏形，认为自然界的发展是连续的：无生物一点点发展为植物，再一点

点发展为动物。处于发展中间环节的植物对无生物而言,像是生物;而对动物而言,又像是无生物。亚里士多德还是目的论者,认为自然界的任何事物的发展都是为实现某种目的而进行的。

泰奥弗拉斯托斯(Theophrastos,370-285,B.C.)从哲学家的立场将植物作为探讨对象之一进行了研究。他基于自己的观察,对希腊为中心的野生植物和栽培植物的属性进行了识别。在其代表作《植物志》(*De historia plantarum*)中描述了约480种植物,被后人誉为"植物学之父"。但是他没有对它们做系统分类处理。

古罗马时代的博物学家、政治家老普林尼(G. Plinius Secundus,23-79)所著的全37卷的《博物志》(*Naturalis Historia*)是将当时既有知识集大成之作,包括天文学、地理学、人类学、动物学、植物学、矿物学、药学、医学、化学技术、农耕技术等2万个条目,引用了约2 000卷由326个希腊人、146个罗马人所撰写的著作。在该书第8—10卷的内容是动物,第11卷是昆虫,第12—19卷是植物,第20—27卷是药草,第28—32卷是动物性药材。在对动物的记述中,不仅有真实的动物,还包括空想的动物,如古埃及神话中的sphinx(有羽翼的狮身人面怪物)、pegasus(诗神 Muse 的飞马)、unicorn(独角兽)等。

我国的《山海经》,成书于公元前2—3世纪,出自诸多学者之手,是我国最早的百科全书式的书籍。全书18卷,包括《山经》5卷,《海经》13卷。内容繁多,含山川、道里、民族、物产、药物、民俗、神话、交通等,其中记载的动物约270种,植物约160种,是我国先民对大自然(含生物)多样性认识的概括。

§5.3 世界上第一个植物园、动物园、博物馆的诞生,有力地推动了人们对物种多样性的认识

在15—16世纪欧洲文艺复兴时期,以西班牙、葡萄牙两国为中心的航海事业取得了惊人的发展,开辟了印度航路和发现了美洲新大陆。在大航海的时代,航行者从欧洲域外带回来许许多多欧洲人从没见过的奇花异草、飞禽走兽以及各种矿物,使欧洲人大大地开阔了眼界,有力地激发了人们对自然物(含生物)的多样性的兴趣与认识。

16世纪前期,意大利佛罗伦萨的巨商美第奇(Medici)家族在收集动物的同时,还在自家修建了一个堪比植物园的大庭院。在美第奇家族资助下,帕多瓦(Padova)大学在1540年,比萨(Pisa)大学在1547年,在它们的校园里修建起植物园。这是世界上最早的两座植物园,帕多瓦大学的植物园则是世界上第一座植物园。不言而喻,作为新鲜事物的植物园的建立必然有力地促进了学校师生和广大群众对植物多样性的兴趣与认识。附带说一下,这两所大学在当时都是欧洲的名校。著名天文学家伽利略(G. Galilei,1564-1642)1581年入比萨大学学习;日后因发现血液循环而誉满全球的英国人哈维(W. Harvey,1578-1657)在1600年曾到帕多瓦大学留学。

继美第奇家族之后,法国及西班牙的波旁(M. de Bourbon)皇族与德国的哈布斯堡(Habsburg)皇族,在他们的宫殿里设立饲养动物的园地。前者后来演变为凡尔赛动物园(Versailles Zoo)。

1752年在奥地利维也纳设立了美泉宫动物园(全称:Tiergarten Schonbrunn)。这是世界上第一个动物园,这个动物园是罗马帝国皇帝弗兰兹(Franz)一世(1708-1765;在位1745-1765)为其妻、奥地利女皇特莱莎(M. Theresia,1717-1780;在位1740-1780)修建的。据说特莱莎女皇每天早上都要在这个庭院中边眺望骆驼、斑马、大象等动物,边进早餐。1765年,约瑟夫二世将此园向一般民众开放。如今在此动物园的大门口还挂着"世界上最早的动物园"的招牌,并保留着建园当时饲养动物的房舍。据1978年《国际动物园年鉴》的数据,该园共有各种动物854种3 893点。

从第一个植物园、动物园建立之后,世界各地便星罗棋布般地建起了植物园、动物园。

博物馆(museum),museum这个词源于希腊神话中掌管音乐、美术、文艺等活动的9位女神Muse(缪斯)一词。公元前3世纪在埃及的亚历山大城建造了一座教育设施,名之为Museum。Museum这个词起初只具有教育的含义,后来把从事采集、收藏、展示、教育研究等活动的设施称为museum。世界近代的第一个博物馆乃是诞生于1753年的大英帝国博物馆。顺便说一下,museum一词为何译为博物馆?这是由日本启蒙思想家、学者、日本第一所大学——庆应义塾大学的创立者福泽谕吉(1835—1901,他的半身像被印在现下流通的日元1万元货币的票面上)在其著书《西洋事情》中,把museum译为"博物馆"的。我国学者从日文中引进此词,参见三联书店1983年出版的由实藤惠秀著,谭汝谦、林启彦译的《中国人留学日本史》一书中的"中国人承认来自日语的现代汉语词汇一览表"。

由于植物园、动物园和博物馆具有采集、收藏、饲养、公开展示、教育、调查研究、娱乐等多种功能,在激发、增进大众对自然物(含生物)多样性的兴趣、了解、知识与保护等方面起着无比生动且不可替代的作用。

§5.4　分类学是人类最早认识物种多样性的学问, 林耐的伟大贡献

5.4.1　植物学和动物学由于林耐而到达了一种近似的完成

欧洲人在度过了漫长的中世纪千年黑暗之后,迎来了文艺复兴时代。适应新兴资产阶级发展生产力的需要,近代自然科学在欧洲迅速而蓬勃地萌发起来了。那个时代自然科学的最首要的任务是要把过去长时期积累起的大量材料整理成体系。牛顿和林耐就是那个时代完成这样科学使命的代表人物。林耐是瑞典的博物学家,他的最重要贡献是竭尽毕生之精力将数以几千计的植物、动物种类规定了学名并通过设立等级加以体系化(虽然是人为的),为分

林耐(C. Linnaeus, 1707–1778)

类学的发展以及近代生物学的发展奠定了基础。"植物学和动物学由于林耐而到达了一种近似的完成",恩格斯如此高度地评价林耐在生物学史上的功绩是一点也不为过的。文艺复兴之后,天文学是自然科学的领头科学,分类学则是生物学的领头科学。可以说,没有分类学便没有近代生物学。而为分类学奠定基石的是林耐! 可以说,没有林耐的成就,就没有后来分类学的发展,分类学也就不可能在20世30年代成长为进化综合理论的轴心之一。

5.4.2 《自然体系》是林耐最重要的著作

林耐将生物体系化的理论发表在他1735年在荷兰莱登用拉丁文出版的《自然体系》(*Systema Naturae*)一书中。其第一版只有7页(有的文献说是8页)。其内容除植物外,还包括动物和矿物,故名之为"自然体系"。林耐将自然界分为三个界:矿物界、植物界和动物界。把自然界划分为三界的理由是:矿物和植物都能生长;动物除了生长,还有感觉。他独自进行研究的主要是植物界。林耐首先将植物界分成四个分类等级或范畴:由种(Species)开始,上面是属(Genus),再上面是目(Order)、纲(Class)。这是"林耐式等级分类体系"。在他的分类等级中没有设立科(Family),林耐就是用这四个等级将植物界体系化的。林耐说:"体系化是植物学中的阿里亚德妮(Ariadne)之线,没有它的话,植物学就会陷入混沌(chaos)。"*

《自然体系》反复再版。到1758年已出到第10版。由第1版的7页纸扩充为2 500页的巨著。这一版包含了更为重要的内容。他在这一版中,不仅对植物分类增加了更多内容,而且对动物进行了分类。他将动物界分成6个纲:蠕虫纲(是一大杂烩纲)、昆虫纲、鱼纲、两栖纲(将爬行动物放入此纲)、鸟纲和哺乳纲。林耐根据乳腺的有无,划分出哺乳纲,从而将形似鱼的鲸和海豚列入哺乳动物纲中。根据基督教教义,人类是上帝特殊创造的,人类的起源与动物是截然不同的,人类是由亚当与夏娃繁衍出来的芸芸众生。而林耐却勇敢地向基督教的这种偏见发起挑战,他将人类归入到动物界里,并且正确地认定人类与猿猴类为近亲,故将人类置于哺乳纲灵长目内,这在林耐生活的时代,委实是石破天惊的创举! 林耐并给现存人类起了一个沿用至今的学名——*Homo sapiens*(Linn.)。*Homo* 是人的属名,*sapiens* 是种名。在《自然体系》第10版中,林耐还把猩猩(orangutan)放

---

* 在古希腊神话中,阿里亚德妮是克利特国王密诺斯之女。英雄忒修斯在克利特岛的迷宫中打败了牛头人身的妖怪米诺托。可是迷宫的路径异常复杂曲折很难走出。阿里亚德妮给了英雄忒修斯引路之线,从而使忒修斯得以成功脱离了迷宫,后世就把提供解答难题之法喻之为"阿里亚德妮之线"。

在人属 *Home* 中,定其学名为 *Homo trogodytes**。林耐在《自然体系》的第10版中,还别出心裁地使用了占星术中的符号♀和♂,分别代表生物的雌性与雄性;用符号☿代表雌雄同体生物。林耐用这些符号标识雌雄性别,乃开生物学界之先河,沿袭至今。《自然体系》的第12版是1766年面世的。1771年林耐出版了他最后的著作——关于《自然体系》的第二次补充(*Mantissa sltera*)。

林耐一生还发表了许多著作。按出版年代顺序是:1736年出版《植物学基础》(*Fundamenta Botanica*)及《植物学文献》(*Bebliotheca Botanica*);1937年出版《拉普兰植物志》(*Flora Lapponica*),《植物志属》(*Genera Plantarum*),《植物志纲》(*Classes Plantarum*),《科里福特植物园的植物》(*Hortus Cliffortianus*)以及《植物学批判》(*Critica Botanica*);1745年出版《欧兰、高特兰旅行记》(*Olandska och Gothlandska Resa*),《瑞典植物志》(*Flora Suecica*);1746年出版《瑞典动物志》(*Fauna Suecica*);1748年出版《乌普萨拉植物园的植物》(*Hortus Upsalinensis*);1751年出版《植物哲学》(*Philosophia botanica*);1753年出版《植物种》(*Species plantarum*)。

5.4.3 林耐创立了二名法及人为分类体系

从1749年起,林耐开始使用自己创立的新方法即二名法(binomial nomenclature)给物种定学名。所谓"二名法"即在属名之后,辅以种名;属名、种名都要用拉丁文表示,且属名的第一个字母要大写。动植物的学名用意大利体即斜体字表示。1751年林耐在其《植物哲学》(*Philosophia botanica*)中说明了二名法命名物种的优越性。1753年在其《植物种》(*Species plantarum*)一书中,植物的命名一律使用了二名法。同时林耐以花器的结构[*fructificatio vegatabilium*(拉丁文)与英文fruit-body相当]作为分类之依据。他非常重视花的雄蕊与雌蕊,特别是前者。林耐指出,美丽的雄蕊不仅是花的装饰品,而且是花的雄性生殖器官。雌蕊乃是花的雌性生殖器官。雄蕊、雌蕊乃为花之本质。他并以雄蕊的数目、着生位置、与雌蕊结合的状态以及隐花性作为纲的分类依据。他把全植物界划分成24个纲,前23个纲是显花植物,第24纲是隐花植物。凡有一个雄蕊的植物,他称之为单一雄蕊植物纲(Monandria),具有两个雄蕊的,称之为双雄蕊植物纲(Diandria),以此类推(表5-1)。

表5-1 林耐性分类体系之纲的分类

I	Monandria(一雄蕊纲)	VI	Hexandria(六雄蕊纲)
II	Diandria(二雄蕊纲)	VII	Heptandria(七雄蕊纲)
III	Triandria(三雄蕊纲)	VIII	Octandria(八雄蕊纲)
IV	Tetrandria(四雄蕊纲)	IX	Enneandria(九雄蕊纲)
V	Pentandria(五雄蕊纲)	X	Dicandria(十雄蕊纲)

---

* 现在,猩猩仍属于灵长目,但其科、属均变了,猩猩属于猩猩科(在林耐的分类体系中是没有"科——Family"这个范畴的),*Pongo* 属(不属于 *Homo* 属了),其学名为 *Pongo pygmaeus*。

（续表）

XI	Dodecandria（十二雄蕊纲）	XVIII	Polyadelphia（多束雄蕊纲）
XII	Icosandria（二十雄蕊纲）	XIX	Syngenesia（集药雄蕊纲）
XIII	Polyandria（多雄蕊纲）	XX	Gynandria（雌雄合蕊纲）
XIV	Didynamia（二强雄蕊纲）	XXI	Monoecia（雌雄同株纲）
XV	Tetradynamia（四强雄蕊纲）	XXII	Dioecia（雌雄异株纲）
XVI	Monadelphia（单束雄蕊纲）	XXIII	Polygamia（雌雄杂性纲）
XVII	Diadelphia（二束雄蕊纲）	XXIV	Cryptogamia（隐花植物纲）

按雌蕊的数目划分的话，一个雌蕊的植物称为单雌蕊植物（Monogynia），两个雌蕊的植物称双雌蕊植物（Digynia），以此类推下去。除去雄蕊、雌蕊外，林耐把花的其他部分如花萼、花冠、果皮、种子、花序等作为区分纲下等级：目、属、种、变种的依据。林耐把苔藓植物、羊齿植物、菌类、海藻、变形菌等看不到花的植物归于"看不到结婚的一群"，即隐花植物纲（Cryptogamia）。林耐把没有明确特征的微生物归结为"混乱"（chaos）一类。这种分类方法显然是人为的，其片面性与弊端在当时就已暴露出来。但是话说回来，林耐的性分类体系虽然不能把所有植物包容在内，但还是把绝大多数的植物包括进有规则的体系里去了，而且在操作上有两个明显的方便处：第一，凡能数数的人就能使用这个分类方法对植物进行分类；第二，可以很容易地把新发现的植物种安放到该体系内的适当位置上。这种分类体系及其方便的优越性是不容贬低的。他的《植物种》的第二版在1762年面世，二名法进一步得到运用。

林耐产生将雄蕊的数目之变化作为分类的主要依据的想法，也是受时代的影响。法国学者笛卡尔（R. Descartes，1596–1650）不仅是著名哲学家，同时也是杰出的数学家和物理学家。笛卡尔认为数量变化是区分事物的重要依据之一。笛卡尔的此种观念曾是那个时代的一种流行思潮。恩格斯在《自然辩证法》中说："笛卡尔的变数是数学中的转折点。"林耐提出以性为基础的植物分类体系与二名法在欧洲诸国中得到了广泛的支持与应用。欧洲在18世纪后半叶依然处于大发现的时代中。从欧洲以外的很多地方特别是从新大陆源源不断地攫取到新的未知的植物种类，通过考察雄蕊的数目就可很容易地将其安放到分类体系中的适当位置上，同时使用二名法为物种命名也极其规范。故而，林耐在分类学上的建树是非常有价值和富有魅力的。

林耐在《自然体系》的第10版中也将二名法应用到动物的分类上。自林耐始，统一使用二名法和拉丁文描述动植物种类，从而彻底结束了从前物种名称因国度、民族、个人而异的混乱状况。林耐一生用二名法命名了约7 700多种植物，4 236种动物。林耐建立的分类范畴、体系以及用二名法命名物种的规则，为分类学及生物学其后的有序大发展奠定了基石，林耐被誉为"分类学之父"是当之无愧的。

5.4.4 林耐派遣其弟子奥斯贝克来中国采集

林耐在分类学上取得巨大成功之后，其学术欲望从欧洲扩展到全球，期望在陌生的土地上发现更多新的种类,充实和发展植物分类学。林耐派遣他的弟子们分赴世界各地去采集植物。派遣其弟子奥斯贝克(P. Osbeck, 1723-1805)到中国来采集植物。当时我国正值清朝乾隆盛世,想必会欢迎这位来自北欧的访问学者。笔者在教学中很想多了解些关于奥斯贝克来中国后的情形,曾请教过植物分类学专家徐炳声教授。徐教授指点我,在野牡丹科(Melastomaceae)中有一个由林耐定名的 *Osbeckia L.* 属,中文称为金锦香属。在该属内有 *Osbeckis chinensis* 种,并建议我查阅《中国植物志》第53卷第1分册,或可得到更多的信息。遗憾的是,我校图书馆和上海图书馆没有这一分册。林耐在给植物命名时有一个习惯,经常用他熟悉的人的名字作为属命名, *Osbeckia* 便是一例,黄雏菊属(*Rudbeckia*)则是用其前辈卢德拜科(O. Rudbeck)的名字命名的。

5.4.5　林耐的先驱们

天下没有无源之水,也没有无本之木。林耐在分类学上的伟大建树也是以许多前人的劳动作为铺垫的。林耐在《植物哲学》(1751)一书中回顾了在他之前的植物学研究,指出植物研究具有悠久的传统,可追溯到古希腊时代,如前面已提到的泰奥弗拉斯托斯。公元1世纪的迪奥斯克里德斯(Dioscorides,后来又有人写成Dioscurides),是希腊的医师兼植物学家,他著的《药物记》(*De material medica*)一直被奉为植物分类的圣典。其实,由于其权威性,反而严重地束缚了人们建立分类体系的探索。

中世纪时期,许多本草学者根据医药的需要对欧洲的植物及欧洲以外的地区的一些植物进行了识别与了解,逐渐累积起不少植物的知识。

文艺复兴的15—16世纪,在诸多本草学者中开始出现试图建立系统分类的探索。林耐认为意大利学者切萨皮诺(A. Cesalpino, 1519-1603)是分类体系的最初创始者。切萨皮诺主张以果实作为分类体系的依据(fructist,果实主义者)。英国博物学家雷(J. Ray, 1627-1705)因不服从查理士二世的统一令,辞去了剑桥大学的教职,与其挚友、动物学家维路格比(F. Willughby)到欧洲各地去旅行,扩大见闻。雷所建立的植物分类体系较之两千年来一直被奉为圣典的亚里士多德的体系要进步得多,接近于自然分类。他将植物区分为单子叶植物与双子叶植物。雷还提出了种概念,强调同一种的个体间是可以互相杂交的,与现代种概念颇为相近。雷还指出,以一个或少数的性状为主要依据进行分类的方法是不正确的,应该考虑多个性状并依据综合的类似性来进行分类。雷的这种主张被法国博物学者阿当松(M. Adanson, 1727-1806)在分类实践中继承与发展。林耐认为在其先辈中还有法国植物学家图内福尔(J.P. de Tournefort, 1656-1708)。图内福尔主张以花冠为依据建立分类体系(Corollist,花冠主义者)。林耐在书中还赞颂了本草时代末期的学者鲍欣(Bauhin)兄弟。哥哥尚鲍欣(J. Bauhin, 1541-1612)对当时所知道的植物一一做了详细描述,反映其成就的巨著《植物志》(*Historia Plantarum*)在其逝世后的1650—1651年出版,3卷,2 800页。弟弟卡斯帕尔鲍欣(C. Bauhin, 1560-1624)将其兄的《植物志》缩写成一个简缩本,当时被称为《植物学剧场本》(*Pinax theatric botanici*)(1623)。林耐在《植物种志》

（1753）中把《植物学剧场本》视为先驱性著作，从中取得许多参照。此外，林耐在《植物哲学》中还提到其他20余位前驱性学者。但是以性为依据的分类体系则是林耐创建的。

5.4.6　林耐的世界观与历史唯物主义评价

林耐一生的成就是伟大的，没有林耐便没有近代生物学的说法，一点都不为过。但是林耐大半生的思想观念是属于特创论与形而上学的。他认为生物种是由上帝创造的，并且认为物种一经被创造，就不会再发生改变。他曾写道："由造物主（Infinitum Ens）创造成的物种数目是始终不变的。"（《植物基础》，157，1736）。他还把自己看成是"亚当第二"，认为是受上帝的委托从事生物分类工作的（Goerke，1989）。诚然，认为上帝创造物种且经久不变的观点是属于唯心论、形而上学的范畴。但是，我们讨论任何事情时都不该脱离开该事情发生的时代与社会历史背景。瑞典从11世纪起便把基督教定为国教，其权威性直到19世纪末才有所松动。林耐是18世纪的人物，在那样的社会背景下，心存特创论、形而上学观念是很自然的事。过去许多书籍脱离开历史唯物主义观点对林耐的世界观进行过严厉的批判，是有失公道的。

在哲学史上，第一个自觉地、公开地同基督教决裂，对基督教进行批判的哲学家是19世纪德国的机械唯物主义者费尔巴哈（L.A. Feuerbach，1804-1872）。我们怎能要求18世纪的自然科学家在唯物主义哲学尚未闪亮登场的一个世纪之前就具有明确的唯物主义思想呢？另外在哲学上，黑格尔（G.W.F. Hegel，1770-1831）是最早提出辩证法思想的人（但应该指出，他的辩证法是隶属于唯心主义范畴的）。黑格尔的把宇宙视为一个运动、变化、发展的有机整体的辩证法思想，集中体现在其巨著《逻辑学》的三卷之中。这三卷是于1812年、1813年、1816年先后问世的，是在林耐《自然体系》出版后的半个世纪之后。马克思（1818—1883）、恩格斯（1820—1895）对机械唯物论和唯心主义辩证法进行批判改造之后所创立的辩证唯物主义哲学则更是后来的事情了。"辩证唯物主义"这个概念最早是在德国哲学家狄慈根（J. Dietzgen，1828-1888）的《一个社会主义者在哲学领域中的漫游》（1886）一书中首次出现的。我们怎能要求生活在18世纪的林耐早于哲学家百年之前就具有唯物主义辩证法的思想？林耐受其生活时代的社会意识的灌输与束缚，具有唯心主义、形而上学的思想是完全情有可原的。而且在18世纪自然发生论甚嚣尘上之时，主张物种由其相同的物种繁衍而生且经久不变的见解，对于促进当时的科学发展来说，是有益的，是有进步作用的。

更可贵的是，林耐在经过长期实践之后，终于认识到物种具有变异性。1758年《自然体系》出第10版时，林耐将上面的"由造物主创造成的物种数目是始终不变的"的话删去了，同时也把"没有新的物种（Nullae species novae）"的话删去了。更加了不起的是，林耐对人类的分类！林耐年岁愈大愈发认为物种是可变的。他在1762年出版的 *Amoenitates Academicae* 一书中写道："在我的头脑里充满疑虑已是很久了；我只能认为它是一个假设：就是每个属最初只有一个物种；后来由杂交的方法，分出新种来。这当然是未来的大工作；这当然还需要很多的实验，始能证明这样的假设，证明物种是时间的产儿。"除杂交外，林耐还认识到外界环境的变化亦与新种的产生有关系。与他生活时代的精神相对照，他的世界观在实践中所发生的改变委实是巨大的和很了不起的。

　　林耐是值得我们生物学工作者永远尊敬的先驱！

5.4.7　林耐的荣誉与晚年

　　《自然体系》第10版面世后，林耐的名声达到了鼎沸的程度，他成为瑞典新设的科学院的第一任院长，英国皇家协会和其他外国科学院争相授予他名誉院士的头衔，1761年瑞典政府授予林耐爵位。

　　1774年林耐中风，身体逐渐衰弱，失去自由行动的能力。因膀胱疾病，林耐于1778年1月与世长辞，享年70岁。其遗体被隆重地安葬在乌普萨拉城的天主教堂内。林耐故世后，他一生收藏的标本被英国买去，保存在伦敦林耐协会内。瑞典人民一直视林耐为自己国家的骄傲。1987年瑞典政府在发行的100克朗纸币上使用了林耐的肖像，该纸币至今仍在流通。

相关链接　　我国伟大学者李时珍

　　早在林耐200多年前，生活在我国明代的伟大学者李时珍（1518—1593）为解除人民的病痛，"尝百草"，采集众多的植物，1578年完成了巨著《本草纲目》的编写，长达52卷，含1 892种药用植物和8 160个处方，于1590年出版。《本草纲目》堪称我国前近代学者对生物学、医药学知识的伟大总结。

§5.5　人为分类向自然分类的过渡

　　18世纪后半叶，人们对动、植物的认知依然处于大幅度增长的时代。林耐所建立的分类等级、体系以及规定学名的二名法继续发挥着重要的作用。可是，随着生物新种类的不断增多，一些植物分类学家意识到，分类学不能只拘泥于林耐的以雄蕊数目这样一个标准或少数其他辅助性标准来对植物进行分类，而应该对多种属性进行观察、比较与综合，按照类似性（其实是亲缘关系的反映）的程度进行分类才是比较合理和近于自然界真实的。这种新的分类方法谓之自然分类法（natural classification）。自然分类学者认为，依据自然分类法所建立起来的分类体系才是最接近于"自然秩序"的，即最接近于生物在进化上的亲缘关系。其实，林耐也进行过自然分类，在其《植物哲学》一书中，挑选出68个自然分类群，但是他明确表示"不过是尝试"。林耐的认识远没有达到自然分类学者的认识高度。

在植物分类学史上，法国植物学家阿当松在1763年出版了作为说明自然分类新理论、新体系的著作《植物科》（*Familles naturelles des plantes*）。阿当松主张，植物的分类应该在考虑所有性状的基础上进行，这种观点被认为是自然分类的理论基石。阿当松还在分类等级中，在属之上设立了科（Family）这一等级。并在科的下面设立了 section 一级，相当于今日之亚科。他并且至少依据7种性状，将其认知的1 615个属归到58个科中去。他的自然分类主张在其生前并没有受到人们的重视与认可，而是过了近两个世纪之后，到了1960年代，他的理论及著作才受到重视，成为分类学家及科学史家重新研究的目标（Stafleu，1963，1966）。

法国植物学家底鸠休（A.L. de Jussieu，1748-1836）在科学史上被称作是自然分类体系的创始者。他在其主著《植物属志》（*Genera plantarum*）（1789）中，对人为分类体系进行了批评，并对建立自然分类体系的合理性做了论证。底鸠休认为，自然分类体系的使命是把被人为分类切断开的分类群重新按照自然本来的连续性加以安置定位。

科学史家认为这本书的出版标志植物学与分类体系学迎来了新时代，而该书又恰逢在法国发生大革命之年的1789年出版，故也被科学史家称为植物学或植物分类体系的"革命之作"。

现代植物分类学史家斯特温司（Stevens，1994）对底鸠休在其《植物属志》中所阐发的关于自然分类法的观点的理解是：自然分类法是要建立起能够把植物之间本来所具有的自然连续性（a natural sequence 或 a natural series）表现出来的分类体系。

底鸠休认为，物种是自然产生出来的，是分类的最基本单位。同一个种内的个体间具有其共同的特定的性状。一些种在种的特征之外具有若干相同的副次级性状（并不意味着不重要），就该把那些类似的种捆绑到一起，成为最小的捆（分类群），这便是属。在构成不同属的诸种之间若有一些共同的更加副次级的性状的话，便捆成科。以此类推。底鸠休的这种分类原则称为"副次性状原则"（the principle of subordination of characters）。他的分类是由种到属，进而到科，依次按着由下而上的顺序进行"捆绑"的，与林耐的分类体系恰好相反。林耐的分类体系则是按自上而下的顺序进行的，先定纲，纲之下再分目，目之下再分属。

底鸠休在《植物属志》所阐明的自然分类原则，在法国自19世纪初起就得到了底坎道尔（A.P. de Candolle，1778-1841）、拉马克和布朗（R. Brown，1773-1858）等分类学家的采用。而英国到1830年代还广泛使用林耐的分类法，后来通过布朗等人著作的介绍，英国分类学家才采用了底鸠休的分类体系，放弃了林耐的分类体系。

底坎道尔是瑞士植物学家，其先祖是法国的贵族。底坎道尔所著的《植物学原论》（*Theorie elementaire de la botanique*，1813）一书被译成德文与英文，对植物学发展产生了很大的影响。底坎道尔是底鸠休的自然分类法的继承者，他运用自然分类方法编写了许多植物志，其中记载了7 000多个新种，500多个新属。他的分类体系特别是高等植物分类体系成为英国植物学家、曾任林耐学会会长的本萨姆（G. Bentham，1800—1884）和英国植物学家、曾任英皇家植物园（Kew Gardens，又称邱园）园长、达尔文挚友虎克（J.D. Hooker，1817—1911）进行分类的依据。底坎道尔在1827年发表的《植物器官》（*Organographie vegetale*）成为植物器官学的基础。

§5.6　分类学向系统分类学的转变

　　达尔文在《物种起源》一书中所阐明的自然选择理论合理地正确地说明了生物进化的机制。从此，生物学发生了根本性变化。分类学家把达尔文的进化观念导入到分类学中来，也引起分类学发生革命性的变化。其主要的表现为分类学向系统分类学的转变。传统的分类学家长期以来是通过对许多物种的众多性状的辨识、比较，看到既有相同的特征也有不同的特征，并根据类似程度的大小从事分门别类。而系统分类学家则觉悟到分类学应以达尔文的进化学说为准绳，变为尽可能真实地反映出地球上生命演变的历程、反映出物种间的亲缘关系的分类学。19世纪中叶以后的系统分类学家逐渐明确认识到，属于相同分类范畴（taxon，复数taxa）又称分类群（taxonomic group）或分类单位（taxonomic unit）里的成员，例如属于同一科的属，属于同一属的种等，都是从共同祖先那里产生出来，不断分歧所致。生物在发生、形态、生理等性状上的共同点或相近点则是亲缘关系的反映。可是，现实中有些分类学家所构筑的分类系统并非与上述理念相一致，故而在分类学家与系统学家之间时有争论。正确的理解大概应该是：分类学家的工作应以进化论为准绳，尽可能反映出自然界中物种与物种间的真实关系，但是也不能认为传统分类学的方法要发生大转变。

　　值得期待的是，近年来以DNA分子碱基序列比对为依据的分子系统学正迅猛地向前发展，它将可能更加接近真实地反映出地球上生命演变的历程和生物间的亲缘关系。

§5.7　迈尔与斯特宾斯

　　在系统分类学家中，应该提到迈尔，他在将系统分类学与进化遗传学相结合而创立进化综合理论方面有着卓越的贡献。迈尔是德国出身的鸟类学家、进化学家。1928—1930年间他曾到东南亚进行调查旅行。迈尔对栖息在所罗门群岛中各小岛上的绣眼鸟属（*Zosterops*）的物种进行了研究，他发现不同岛上的物种发生分歧的情况，类似于达尔文燕雀在加拉帕戈斯群岛中的分歧。迈尔对多型种（polytypic species）的问题也非常关注并有深入的研究。迈尔报告中提到有许多漂浮在大洋表面的生物如带状水母（*Cestum*）、水水母（*Aurelia*）等，借着海流与波浪的力量，可被运送到很遥远的地方。太平洋产的带状水母和水水母与大

迈尔 (E.W. Mayr, 1904–2005)

西洋产的是颇为不同的。大西洋产的鲱（*Clupea harengus*）有洄游的习性,洄游的范围很广。迈尔发现在东北大西洋产的鲱群中已分化出13个变种,其椎骨的数目、洄游的路线和产卵的场所都有所不同了。分类学家在鉴别种的过程中,不时会遇到形态上非常相似,难以区分,生长、栖息在相同的场所,可是它们之间却不能杂交。这种情况,迈尔定义为同胞种（sibling species）。

迈尔对进化综合理论的最重要的贡献在于他提出物种的定义以及物种形成的几种方式,是下一章要介绍的内容。

现代综合理论代表人物中,迈尔是最后离世的权威学者。他一生从事过自然史、生物学史、分类学、进化学以及生物学哲学（philosophy of biology）的研究,著作颇丰。代表著作有:《系统学和物种起源》（*Systematics and the Origin of Species*）(1942),《动物种与进化》（*Animal Species and Evolution*）(1963),《面向生物学的新哲学》（*Toward a New Philosophy of Biology*）(1987),《一个长久的论争》（*One Long Agument*）(1991)。

他的观点常常与数理群体遗传学家对立,认为再复杂的数学公式和推算也不能充分反映出活生生的生物世界的变化。他也不赞同分子进化的中立理论。

迈尔是动物系统分类学家。对进化综合理论有贡献的植物系统分类学家则是斯特宾斯（G.L. Jr. Stebbins, 1906–2000）。斯特宾斯是美国植物分类学家、植物进化学家。1930年代,他同巴博库克（E.B. Babcock）、科劳森（J.C. Clausen）一起,是实验分类学派的核心人物,从事植物分类学中的遗传实验和移植实验。1940年代以后,斯特宾斯同迈尔、杜布赞斯基一起构建进化的现代综合理论学派。在综合理论学派中,多为动物学出身,而斯特宾斯则为植物学家。他从植物进化的立场探讨了种的概念和染色体组倍数性的问题。他在1950年发表的《植物的变异与进化》（*Variation and Evolution in Plants*）是基于自然选择理论阐明植物进化的一本经典性著作,我国有译本。

第6章　物种与物种形成

　　　但是，没有物种概念，整个科学便都没有了。科学的一切部门都需要物种概念作为基础：人体解剖学和比较解剖学、胚胎学、动物学、古生物学、植物学等等，如果没有物种概念，还成什么东西呢？

　　正如恩格斯上面所说的那样，物种是构成生物界的基本要素，如果没有物种概念，整个生物科学便无立足之地了。物种的分化或形成的问题是生物进化的核心。所以，达尔文的经典著作名之为《物种起源》(On the Origin of Species)，物种起源就是物种分化或形成(speciation)。

　　关于物种概念与物种分化问题，在生物学领域中，哪个部门的专家最有资格"出牌"即有话语权呢？数理群体遗传学家根本不接触具体物种。遗传学家则是以豌豆、月见草、果蝇、线虫、小鼠、拟南芥、大肠杆菌等等一些特定的物种作为研究遗传变异性的共同规律的材料，而非涉猎所有的物种以及其众多特征。生理学家、发生学家也不牵扯到所有物种问题。只有分类学家的研究对象囊括了地球上所有的动植物种类。正如分类学发展介绍的那样，人类从诞生的时候起，为了求生存，就开始与物种打交道，在生活与生产的实践中产生了分类学，并且在漫长的发展历史中积累了丰富的物种知识。因而，在确立物种定义和物种形成方式的问题上，动物系统分类学家、进化学家迈尔独领风骚，做出了卓越的贡献，就不难理解了，可以认为是客观必然性的反映。斯特宾斯的成就也是在这个方面。

§6.1　定义物种概念的困难

　　物种概念的问题(species problem)就是给种下正确定义的问题。

　　长期以来到底什么是物种，怎样给物种下正确的定义，生物学界一向无统一的意见。

　　达尔文的名著叫《物种起源》，说明在达尔文看来，物种与物种起源的问题是何等的重要。可是，什么是物种，达尔文并没有给予明确的回答。他觉得给物种下定义是非常困难的事情，所以他采取了回避的态度。在《物种起源》的第2章一开头，他写道："种(species)这个名词有许多定义，这里亦不拟讨论；因为没有一个定义,能使所有博物学者都满意,而每一个博物学者当谈到种的时候,都有模糊的认识。"接着他又写道:"变种(variety)一名词,亦是同样地难下定义。"达尔文在做了许多论述之后,总括性地写道:"据上所述,可见'物种'这名词,我认为完全是为了方便起见,任意地用来表示一群很相似的个体的,它在本质上和'变种'没有区别。'变种'这名词是用来表示差异较不显著和性状较不稳定的类型的。同样地,我们以'变种'和'个体差异'比较,也是为了方便起见而随意采用的。"

156年前达尔文说过的这些话,反映出给物种下准确的定义是何等困难的事情,在一定程度上也符合当今的情况。就是说,现代生物学家对于种的认识也没完全统一,仍有各种提法。俄罗斯著名进化学者扎瓦德斯基(К.М. Завадский)在1961年出版了名为《论物种的学说》的书,讨论了从古至今各国学者对于种的见解,可以说是关于物种见解的科学史。现在被学界较为普遍接受的,是由系统分类学家、进化综合理论的代表人物迈尔在1942年提出来的生物学种概念。但这并不是说,学界就没有异议了。据梅登、威尔金斯(Mayden,1997;J. Wilkins,2006)等的文献,到21世纪初,关于物种的定义仍有26种之多。如系统种概念(phylogenetic species concept),表型种概念(phonetic species concept),结合种概念(cohesion species concept),进化的种概念(evolutionary species concept),生态学种概念(ecological species concept)等。说明关于物种的概念迄今仍然没有统一。

§6.2   生物学种概念

生物学种概念是由迈尔在其名著《系统学和物种起源》中提出来的,其后又在《动物种与进化》一书中稍做补充。迈尔的生物学种概念是这样的:种是"自然界中属于相同种(群体)的个体,相互间可以交配并能产生出可孕的后代;而与别的种(群体)的成员则不能交配或即使能交配但不能产生出可孕的后代,即不同种间具有生殖隔离。"按照迈尔的这个种定义可做如下解读:第一,是指在自然界中即野外,而非指在实验室的条件下,属于同一个种(群体)的成员之间是有着实际的或潜在的交配及产生可孕后代的能力。第二,这个定义将重点放在交配的可能性上。比如我们人类,不论是黄种人、白种人、黑人均可通婚并产生出可孕的正常后代。这说明人类同属一个种。雌马与雄驴可交配,产生出骡子;雌驴与雄马也可交配,产生出驮骦。但是,不论是骡子还是驮骦却都是没有繁殖力的。这说明马与驴是属于不同的种。豹与狮子属于不同的种,可是,可人为地使之交配,产生出豹狮,但豹狮是没有繁殖力的,退一步说,即使在人工调理下,豹狮可孕,却也不符合迈尔的定义,因为不是在野外。在现下,迈尔的生物学种概念是最受到生物学家支持的。

迈尔的种概念否定了种的本质主义(essentialism)。本质主义源于古希腊哲学家柏拉图的形相(idea)论。形相论主张类似的事物(包含种)依据形相的同一性来分类。现代本质主义是由哲学家朴佩尔（K. Popper，1950）提出来的。种分类的本质主义者主张，每个物种都具有属于它的本质特征。不同的物种具有不同的本质特征。例如，A种，具有某种形态学的独有的A特征或在其基因组中有一段"A"DNA序列，于是，凡A种的个体就都有这样一个共同的形态学特征或一段"A"DNA序列。拿我们人类来说，语言能力就可看作是本质的特征。迈尔的种定义则否定了这种观点。迈尔强调种是由相互交配关系结合成的群体，即使有的个体缺乏A这个形态学特征或一段"A"DNA序列，但是只要能与其他个体交配并产生可孕后代便属于同一个种。

迈尔的生物学种概念的核心是指由能相互交配关系结合成的群体。而分类学的种概念则是把具有类似性状（如共同的某一个形态特征或一段DNA序列）的个体的集合体定义为种。分类学种概念在实质上是本质主义的，所以，迈尔的生物学种概念也是对分类学种概念的批判。

但是也必须说明，迈尔的种概念并不是万能的，仍有许多不足，远没有把种的问题解决得令所有生物学家满意。

§6.3 综合理论权威学者们论物种概念

总的说来，综合理论权威学者们是赞成迈尔的物种概念的。但是，由于他们所从事的专业不同，在对种的认识与表述上还是有所不同的。

J.赫胥黎（1940）主张种是占据一定场所的生物群体，构成该群体的成员之间有着可进行互相交配的关系或有着那样的可能性。具有这样"统一性"的群体，由于不能与别的群体交配而得以区别，而且这种（生殖上的）区别与形态上的差异是一致的。

杜布赞斯基主张种是由一种或几种生殖隔离机制之组合导致基因交换被限制或抑制的群体的集合体。也可以说种是孟德尔群体（即行有性生殖，个体间可互相交配的群体）中最有内容的实体。种并不是静止的单位，而是在进化、分化过程中的一个阶段。

辛普森是进化学物种概念的主张者。因为他是古生物学家，重视物种的历史性。辛普森主张物种是具有共同的进化历史且因受生殖限制基因不能交流的不连续的群体。辛普森在这个定义中，认为种是由有着从祖先到子孙这样遗传联系的个体群构成的单一"系统"，有别于其他系统；"维持着有别于其他类似系统的独自性，具有独自的进化趋向和历史命运的单一系统"。在他的种概念中还把时间变化因素包括进去了，即具有共同历史。辛普森的这个种定义得到维利（Wiley，1978）的支持。此进化学种的概念也可适用于行无性生殖的种；由于还包含了时间因素，故也可适用于古生物种。但是学界认为，依据辛普森的这个涵盖面广泛的种定义，设定辨认、鉴别、区分种的标准，则是非常困难的。

斯特宾斯主张种是与其他变异类型的群体在遗传性上发生了隔断的群体。也就是说，种是基于隔离机制抑制了与其他群体发生基因交换而形成的群体(1951)。

格兰特(V. Grant, 1963)主张种是变种的集合体。变种之间在形态上具有或多或少的连续性,并且变种之间可常常或偶尔可发生杂交。

上述学者的物种定义虽然各有侧重,但是总的说来都是支持迈尔所表述的种定义的,将判断物种的重要标准都置于可否交配以及杂种的可孕性上,即是否享有共同的基因库。迈尔与杜布赞斯基的种概念得到了生物学家特别是动物学家的广泛支持。但是,它并未能解决所有问题。

§6.4 对迈尔种定义的批评与质疑

迈尔的种定义只适合于同时存在的可进行有性生殖的生物,而不能适用于行无性生殖的生物以及存在于不同时间的只有化石遗存的古生物种类,就是说迈尔的种定义具有局限性。

即使承认迈尔的种定义符合于行有性生殖的生物的种的真实情况,可是实践起来还是有非常大的难度的。即便是对现存的行有性生殖的生物而言,对所有的种的个体都进行交配实验,检验是否具有交配能力以及可否产生可孕后代的能力,不言而喻,也绝非易事,实际上是办不到的。分类学家即使承认迈尔的生殖力原则在理论上是可接受的,可是操作起来却是非常的困难,故往往还是辅以传统的方法如依据某个或某些共同的形态学特征和地理分布特点等来进行分类。从20世纪初起,果蝇就成为遗传学上的重要模型动物,故而果蝇的分类学被研究得很透彻。许多果蝇的分类学家一向是以其形态特征为依据的,从20世纪六七十年代起,以果蝇为对象的分子生物学研究风起云涌,可是迄今为止,果蝇的分类并没有发生特别有悖于以往分类学研究的成果。说明在生殖隔离以外的其他特性在相当大的程度上也是反映着种的特征的。可是,遗传(生殖)的特征与形态的特征毕竟是有所不同的,分类学种与生殖隔离的强度未必是一致的。

根据形态特征判断出有无生殖隔离的情况是很稀少的。栖息在不同地域的自然群体,它们是不同的物种还是属于同一物种的地理变种,也是很难判断的。例如,悬铃木 Platanus occidentalis 和 P. orientalis 分别生长在美洲和欧洲,它们之间发生地理隔离至少有 2 000 万年以上,已出现了若干形态学的区别,所以被分类学家定为不同的种。可是对它们进行交配实验时,却仍能产生出可孕的杂种,说明它们还未产生生殖隔离(Stebbins, 1950)。螃蟹(Emerita analoga)分布在南北两半球,非常不连续,可是在两个群体之间却看不出差别(Ehrlich & Raven, 1969)。在植物方面,群体间的距离少许增大,传送花粉难度加大,交配的可能性便急剧下降或失去(Ehrlich & Raven, 1969)。但是,却不能肯定地说它们已发生了生殖隔离。

另外,自然界中还有生殖隔离处于不完全状态的物种,迈尔的定义对于它们也是不适用的。图6-1表示红花半边莲属(Mimulus)中的6个分类学种,它们在

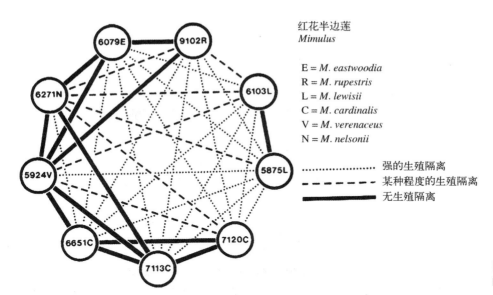

红花半边莲
Mimulus

E = *M. eastwoodia*
R = *M. rupestris*
L = *M. lewisii*
C = *M. cardinalis*
V = *M. verenaceus*
N = *M. nelsonii*

········· 强的生殖隔离
------ 某种程度的生殖隔离
▬▬▬ 无生殖隔离

图6-1 红花半边莲属
的6个分类学种

分类学上是完好的种：*M. eastwoodia*，*M. rupestris*，*M. lewisii*，*M. cardinalis*，*M. verenaceus*，*M. nelsonii*，可是它们之间的生殖隔离程度却是不同的。比如，9102R与6079E与5924V在分类学上属于完全不同的种，可是它们之间却没有生殖隔离，按照迈尔的种定义就该属于同一种。6103L，5875L是相同的分类学种，可是它们与9102R却呈现出不同的关系。6079E与9102R是完全可以交配的，按照迈尔的种定义，它们该属于同一种。从图6-1我们可以看到分类学种与生物学种之间呈现着非常复杂的关系（Vickery & Wullstein，1987）。

对迈尔种概念提出另一异议的是，在迈尔的种概念中可能把具有完全不同进化历史的群体系统包括到一个生物学种里面。生殖隔离在较短时期内进化的场合，可能出现下述情况：一个种内既有发生了生殖隔离的近缘系统（分歧时间较久），也可能有刚发生了地理隔离但却还未形成完全的生殖隔离的系统。例如，真宽水蚤（*Eurytemora affinis*，属节肢动物门甲壳纲鳃足亚纲桡足目）这个种有分布在北美洲、欧洲和日本等若干地域系统，它们在系统关系上的远近与生殖隔离之有无并不完全一致，如图6-2。

§6.5 生殖隔离的起源

依据生物学的种概念，种的分化关键在于不同群体间形成了生殖隔离。生殖隔离乃是种分化或形成的分水岭。生殖隔离又是怎样起源的呢？有几种经典性假说。穆勒（H.J. Muller，1942）主张生息在不同地域即发生了地理隔离的群体由于自然选择等因素的作用，使其遗传发生分化，生殖隔离乃是遗传分化的产物。费希尔（R.A. Fisher，1930）与杜布赞斯基（T. Dobzhansky，1940，1970）提出，生殖隔离是由于自然选择作用所致。他们的解释是：生息

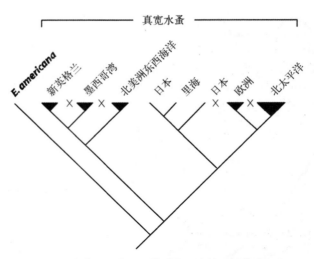

图6-2　真宽水蚤在不同地域的系统关系与生殖隔离

　　北太平洋群体与欧洲群体在系统学上是近缘的,可是在两者之间却发生了生殖隔离(×:表示群体间有了生殖隔离),基因不能交流,该视为不同的种。而日本群体与里海群体相距甚远,地理上发生隔离,可是两者没有发生生殖隔离,又该属于同一个种。*E. americana* 与 *E. affinis*种的新英格兰系统很早就分歧了,可是却没有发生生殖隔离。这样,*Eurytemora affinis* 这个种的不同地域群体之间存在着系统关系与生殖隔离有无并不一致的情形。就是说,把进化历史长短不一的系统都包括到一个种里来了(Freeman & Herron, 2007)。

　　于相同地域的两个种之间,生殖隔离是自然选择为了抑制产生出弱势杂种的浪费而形成出的一种机制。卡尔森(H.L. Carson,1970,1975)主张,在隔离开的群体内(如地理隔离),由于奠基者效应(founder effect)的关系,基因库的遗传组成发生了改革(genetic revolution),于是形成生殖隔离。奠基者效应是迈尔1963年提出来的。此外,卡尔森(1975,1986)、金城(K.Y. Kaneshiro,1983)、坦普尔顿(A.R. Templeton et al.,1979)等人则主张生殖隔离起源于性选择(sexual selection),生殖隔离是性选择被不断加强的结果,生殖隔离是性选择的产物。以上这几个假说并非是排他性的,可能适应于说明不同情况下生殖隔离的产生。

§6.6　生殖隔离机制的种类

　　生殖隔离的作用在于阻断不同群体间的基因交换。根据杜布赞斯基(1937)、迈尔(1942,1963)、斯特宾斯(1950)、赖利(H.P. Riley,1952)、格兰特(1963)等人的研究,生殖隔离分生殖前隔离或称前合子隔离(premating or prezygotic isolation)与生殖后隔离或称合子后隔离(postmating or postzygotic isolation)两类。

6.6.1　生殖前隔离

生殖前隔离即阻碍交配或杂种形成的隔离。有以下情形：

1. 生态的或栖息场所的不同（Ecological or habitat isolation）

很多植物种生长在不同的土壤条件中，导致发生生殖隔离。例如，美国加州产的鼠李科的一种灌木沙棘（*Ceanothus jepsonii*）只生长在潮湿的土壤中，其近缘种 *C. cuneatus* 和 *C. ramulosus* 对生存土壤的要求却并不那样严格，尽管它们与前者相邻生存，可是自然杂种非常稀少，说明发生了生殖隔离或在很大程度上发生了生殖隔离。可是行人工交配则可产生杂种。动物也有这样的情形。

2. 交配季节不同（Seasonal or temporal isolation）

季节性隔离亦属生态隔离，有可能进行交配的个体由于繁殖期的不同，而失去交配的机会。如松树 *Pinus radiate* 和 *P. muricata* 两个种都生长在美国加州，可是它们的花粉散落期不同，从而造成有效的隔离。两种蟾蜍 *Bufo americanus* 和近缘种 *B. fowleri* 前者栖息在森林，后者栖息在草原，它们的生态环境是不同的。另外，两者的发情期虽然都在初春，可是交配时间不同，前者交配的时间稍稍早些，因而发生生殖隔离。有一种蟋蟀（*Scapsiedus aspersus*）有夏季型与秋季型之分，两者生活史是不同的。夏季型在 5—7 月变为成虫，卵立刻孵化，幼虫过冬；而秋季型是在 8 月末到 10 月变为成虫，卵过冬。这样，夏季型与秋季型两者成虫的生殖期错开了，在自然界中就不可能交配。可是，把它们饲养在实验室里，调节环境条件，使之同时羽化，就完全可以交配并能产生具有孕性的杂种。

3. 性的或行为的隔离（Sexual or ethological isolation）

这种隔离在动物中常见，并且是非常重要的隔离机制。交配行为中，交配一方雌或雄对交配的另一方所发出的视觉、听觉、触觉、嗅觉等性刺激信号及其应答，具有严格的种特异性。仅就视觉的情形举例说明。如萤火虫，视觉的性刺激对于交配是否成功起着关键作用。视觉刺激包括颜色、形状、模样等。不同种的萤火虫，雄性发出的光，其颜色、发光的长度及间隔均不同。每个种有其特异性，对于雄虫应答的雌虫所发出的光也具有严格的种特异性，从而保证了只有同一个物种的萤火虫，其雌虫与雄虫才能交配。

行有性生殖的雌雄动物为留下后代，首先两者要相会，而后双方产生好感，最终达到交尾。在一些鸟类中，有着特殊的称之为"礼仪舞蹈"（ritual dance）的交配行为。即使在近缘种之间，其"礼仪舞蹈"也是有微妙区别的，因而起到生殖隔离的作用。果蝇在交配之前，雄蝇在雌蝇的周围转来转去，可理解为是讨雌性喜欢的"舞蹈"，并以翅膀扇动发出特殊的频率可谓之"求爱歌"（love song）给雌蝇以视觉、听觉的刺激，雄性的这种求爱动作谓之展示（display）。雌蝇依据雄蝇求爱的"舞蹈"动作及求爱歌的频率以决定是否与其交尾。此属于行为遗传学研究的领域，已积累了很多成果。如 *Drosophila melanogaster* 与 *D. similans* 是近缘物种，在形态上很难区分，可是 *Drosophila melanogaster* 雄蝇的求爱歌与 *D. similans* 雄蝇的求爱歌是不同的，所以两个种不能交配。蝉（知了）

和蟋蟀的雄虫所发出的求爱歌，在不同种间也是有着微妙差别的，从而达到生殖隔离的效果。

4. 机械的隔离（Mechanical isolation）

由于动物生殖器或植物花器之大小、形状、结构的不同所造成的生殖隔离。甲虫目步行虫亚族（Carabina）的成员，其雌雄性生殖器官的结构完全呈"锁与钥匙"（lock and key）的关系。不同的种，其雌雄生殖器结构不配套，所以不能交配（R. Ishikawa, 1973; Sota & Kubota, 1998）。蜗牛，其壳有左卷的和右卷之别。本来，左卷的雄的只能与左卷的雌的交配；右卷的雄的只能与右卷的雌的交配。这是因为左卷种的与右卷种的生殖口在彼此体轴的反对侧，不能立体交配，从而两者作为不同的种进化着。研究蜗牛的日本学者浅见等人（1994）在其实验室里只饲养右卷的种而没有左卷的种，可是他们从右卷的蜗牛中发现了左卷的突变类型，并使之逐渐形成为群体。蜗牛壳的右卷与左卷是由一个基因所造成的。蜗牛壳的这个例子是同域内种分化的好例证。

5. 媒介昆虫不同导致虫媒花的生殖隔离（Isolation by different pollinators）

近缘的有花植物，由于其媒介昆虫的不同，而不能进行受粉。生长在加州的萨尔维亚属的两种植物 *Salvia mellifaera* 和 *S. apiana* 是近缘物种，可是为它们传媒的昆虫不同，前者由包括蜜蜂在内的至少有12种小昆虫为之传递花粉，而后者则只有一种大的蜂为之传粉，所以两个种是不能交配的（Grant & Grant, 1964）。

6. 配子隔离（Gametic isolation）

多发生在行体外受精的生物身上，如生活在海水中的一些海产动物行体外受精，为了保证同种受精，雌雄配子所分泌出的引诱配子结合的化学物质是因种而异的。不同种其配子分泌出的引诱结合的物质是不吻合的，所以不能受精。

6.6.2 交配后隔离

交配后隔离或杂种形成后因杂种生存力降低或不孕性所导致的生殖隔离。包括以下情形：

1. 配子死亡：种间交配的场合，异种的精子在到达卵之前死亡。还有另外的情形，果蝇的一些种有阻碍异种精子与卵受精的反应机制。一些种在雌蝇交尾后，立刻发生受精反应（insemination reaction），在雌的子宫里形成一个硬块（reaction mass），其作用就在于防止别种的雄蝇再与之交尾了（N. Asada and O. Kitagawa, 1988）。

植物方面亦然。异种的花粉即使附着到柱头上，由于花粉管不能形成或花粉管成长缓慢而不能受精。

2. 合子死亡：种间交配后，即使受精成功形成了合子，但常常因为胚发育不规则而中途死亡。山羊和绵羊是可以杂交与受精的，但杂种胚在发育初期便死亡。也有完全相反的情形，马（*Equus caballus*）、驴（*Asinus asinus*）均属马科，但不同属。雌马和雄驴不仅可以杂交与受精，还可产生杂种——骡子。骡子显示出很强的生命力即杂种优势。这种杂种优势自古以来就为人类生产所用。但是骡子是没有生殖能力的,原因是减数分裂通常是不能正常进行。

3. 杂种生活力减退:不论动物还是植物,不同的物种即使可产生出杂种,但杂种个体的生活力,总的说来,均表现出不同程度的减弱。雌驴与雄马交配也可产生杂种——驮騠,但驮騠瘦小,无力气,无使用价值,故不为人所用。驮騠也因减数分裂不能正常进行而无生育能力。

4. 杂种不孕:杂种不孕的程度从不完全到完全,表现多种多样。不孕的原因或者由于减数分裂时染色体不能配对,或者由于在异种由来的基因间作用不协调。芜菁和卷心菜可产生杂种,但是杂种不具有同源染色体,不能形成花粉和子房,故杂种不孕。果蝇 *Drosophila Pseudoobscura* 和 *D. persimilis* 两个种可杂交形成杂种,但杂种的雌蝇具有生殖功能,雄蝇却不能正常进行减数分裂,不能形成精子,故不能繁衍后代。

6.6.3 特殊环境条件下,异种间的生殖隔离可以消除

在野外,由于气候等自然条件发生了异常变化,本来已形成了生殖隔离的两个种,可能发生杂交的情况。例如,同在北美洲西部草原上生息的郊狼(coyote)和狼本来是两个物种,通常情况下,两者是不交配的。而且它们相遇时,郊狼常常被狼咬死。可是,随着森林不断被砍伐,农田面积不断扩大,在生态环境发生如此变化后,郊狼的数目剧增,而狼的数目剧减。离群的雄的幼狼在找不到同种的雌狼时,就与雌郊狼交配,产生杂种。遗传学家在狼的基因库中发现有郊狼基因的存在。又如在肯尼亚、坦桑尼亚、乌干达三国交界处有非洲最大的淡水湖——维多利亚湖,在该湖中栖息着不同种的河麻雀。这种水鸟的体色因种而异,雌雄交配是靠区分体色进行的。可是,当湖水浑浊分辨不清对方的体色时,异种的河麻雀也可发生交尾。

§6.7 物种数目与物种分化的关系

生物学界普遍的认识,认为现在地球上生存着300万~500万个种,不包括古生物种。对于大型的生物而言,种的数目已相当了解。例如,世界上哺乳类动物的总数大约是4 500种,不管研究如何深入,大概也不会超过5 000种。可是,对于昆虫与细菌的种数而言,则难以估计了。不同研究者给出的数据偏差很大。说真的,世上没有人能准确地知道地球上究竟有多少物种存在。

不过,有一点学界是有共识的,那就是如果没有种的分化,祖先种就永远是一个种,而不会有两个种。物种分化又可称种分化或(物)种形成(speciation),两者是一个意思。种分化过程就是一个群体由于基因交流阻断而形成两个生殖上隔离的并获得不同生态与形态特点的群体的过程。在漫长的生物进化过程中,不知发生过多少回这样的分化,于是才形成生物的多样性。种分化是形成生物多样性的基本原因。

§6.8 物种分化的样式

6.8.1 物种分化的总样式

物种分化有总的样式和具体样式。关于种分化的总样式,德国进化综合理论的著名学者任许(B.Rensch)主张有两种样式(pattern):一是向上的进化(anagenesis),二是分歧进化(cladogenesis)。ana是"上"或"前进"的意思;而clado是"枝"的意思。向上进化是指一个种进化成另一个新种,A种演变成A′种,数目并未增加。而分歧进化则是指由一个祖先种分成两个甚至更多的种。在生物进化过程中,种分化过程存在着这样两种样式是可以想象与符合逻辑的。此外,J.赫胥黎在上述两种样式外又提出第三种样式:静止样式(stasigenesis)或称停滞样式,如一些称之为"活化石"的生物,植物如银杏,动物如鲨。"活化石"生物的表型历经几千万年甚至几亿年几乎都无改变,便属于这种进化样式。

6.8.2 物种分化的古典样式:异域性种分化

物种分化的古典样式认为种分化经过以下三个阶段。

第一,一个群体由于地理隔离而分成两个子群体。

第二,由于地理隔离分成的两个子群体在不同的生态条件下逐渐产生与生态、形态和生殖性状有关的遗传分化。

第三,两个子群体再次相遇(secondary contact)时,出现生殖隔离,变成了两个独立的种。

这个模型强调地理隔离为种分化的首要条件,可称之为异域物种形成或地理种形成(allopatric speciation or geographic speciation)。

最早主张地理隔离是物种分化的最主要因素的学者是德国动物学家、旅行家瓦格纳(M.F. Wagner, 1813-1887)。他基于对各地动物相的考察,发现各地动物相的不同是与地理障碍(如历次古大陆的分离,土地隆起或凹陷形成山脉、河流等)密切相关的,于是在其所著的《达尔文主义理论与生物的迁徙》(*Die Darwinsche Theorie und das Migrationsgesetz der Organismen*)(1868)一书中提出了地理隔离是种分化的最大要因的理论。但是,地理隔离只是起到物理性限制基因流动的作用,而不能直接导致种的分化。种分化的最终完成还是要靠遗传分化达到生殖隔离的程度。

地理隔离把一个群体分割成两个子群体,可能有两种分割情况。一种情况是,被分割的两个子群体大小差不多,即属于哑铃状模型(dumbell model)(Mayr, 1942),其遗传构成从亲群体那里继承下来,与亲群体几乎是相同的。可是两个子群体如果遭遇的生存环境不同,随着时间的推移,两个子群体在对各自环境的适应过程中,其遗传组成会发生改变,直至相互不能进行基因交流,产生生殖隔离。在这样种分化过程中,自然选择起着重要的作用,自然选择是种分化的原动力。另一种情况是,少数个体从亲群体中分出来形成子群体(具有很强的瓶颈效果),这种情况属于跳跃模型(jump model)。由1个或少数雌性个体形成的子群体,奠基者的效应即随机的遗传漂变起着主导作用,而非是自然选择。跳跃模型最早是由迈尔提出,后来得到卡尔森和坦普尔顿的修正与扩展。

哺乳类动物的进化与大规模地理隔离有关。根据近年来分子系统学与分子钟的研究表明,非洲大陆上的兽类如象、土豚、蹄兔等是在非洲大陆与其他大陆分开后,于非洲大陆上独自完成其进化的。同样,犰狳等贫齿类动物是在南美洲大陆,而鼠、狗等哺乳动物是在欧亚大陆上进化起来的。分布在非洲大陆、南美洲大陆、欧亚大陆上的哺乳动物的3个系统分歧的时间与各大陆与其他大陆分离的时间是一致的(Nishihara et al., 2009)。

1 500万年前,非洲从西到东生长着茂密的森林。其中生活着各式各样的灵长类,当时,猿类的种类比猴的种类多。1 200万年前从红海沿着东非经过今天的埃塞俄比亚、肯尼亚、坦桑尼亚等地一线裂开,形成南北向、长而弯曲的大裂谷(great rift valley)。埃塞俄比亚、肯尼亚等地隆起形成高地。这不仅改变了地貌,而且对气候产生了很大影响,使东面的地域成为少雨的地区,本来连续的森林地带发生变化,形成片林、疏林、灌木和无林草原的复杂环境。

大裂谷的形成隔断了动物群的东西交流,是再厉害不过的地理隔离。法国人类学家科彭斯(Y. Coppens)认为,大裂谷的形成对于1 200万年前人和猿的分道扬镳起了关键性作用。他认为由于大裂谷的形成,人和猿的共同祖先群体被分成东西两个部分,西部群体的后裔适应于湿润的树丛环境,最终演变成现代类人猿;而东部群体的后裔适应开阔的草原生活,最终演变成人类。

加拉帕戈斯群岛的达尔文燕雀(Darwin's finches,分类学上隶属于雀科Fringilla,下有4个属,共14个种)的种分化是异域种分化的范例。加拉帕戈斯群岛的岛屿一般都很小,且相互间距离不远,可是栖息在各个岛上的达尔文燕雀均是独立的种,它们有着各自的明显特异性,特别表现在与食性有关的喙的大小与形状上。达尔文观察到它们的"所有的特征、习性、姿态、鸣啭声"又都与南美洲产的物种很相似,于是达尔文推想,如今各岛上的燕雀种最早可能均来自南美洲大陆的某个祖先种,分布到各个岛上后(地理隔离),由于生态环境特别是食物类型的不同,在自然选择或遗传漂变(当初飞到各个岛上的燕雀也许只有少数的几只)的作用下,经历长期的适应过程而出现了种的分化。

属于同一个种的许多分群体若它们的位置连成链条状,位于链条两端的分群体由于长期生活在不同的生态环境下,在遗传上很可能发生分化,一旦由于某种原因位于中间位置的分群体消失,处于两端在遗传上发生了分化的群体就可能出现生殖隔离而变为两个独立的种。异域种形成模型得到许多研究者的支持。

6.8.3 同域性种分化

在祖先种分布的范围内,产生出生殖上发生了隔离的两个分群体即为两个新种。这种种分化模型谓之同域性种分化(sympatric speciation)。植物界中广泛存在着由于染色体加倍,二倍体植物变成四倍体植物,二倍体植物和四倍体植物杂交,形成三倍体杂种,它在形成配子时,由于染色体不能均等地分配,孕性显著降低或形不成杂种。这里没有地理隔离,也不伴随遗传分化,就出现了生殖后隔离。这种同域性种分化模式在高等植物的进化中，是最为有效的手段。在显花植物中，大约有1/3的种是通过多倍性（polyploidy）方式形成的。两亲本染色体缺乏相同性的场合，杂种个体的染色体在减数分裂时，不能正常配对、分离，形不成正常的配子，从而导致不孕。可是因某种原因具有全染色体的配子相结合，染色体加倍后，相同染色体有了两条，就可进行正常的减数分裂，于是变得可孕了。这样的异源四倍体植物谓之异源复二倍体（amphidiploid）。这种形成方式当然属于同域性种分化。这里举一个世界闻名的人工形成异源复二倍体的例子。萝卜（*Raphanus sativus*，2n=18）、甘蓝（*Brassica oleracea*，2n=18）均属于十字花科植物，但不同属。萝卜与甘蓝杂交一般是不孕的，因为萝卜的9条单价染色体和甘蓝的9条单价染色体是非同源染色体，杂种减数分裂时，染色体不配对，不能形成正常的配子，所以不孕。1920年代俄罗斯植物遗传学家卡尔别钦科（G.D.Kapechenko）研究这个问题，在众多的杂交中，他发现有时也会出现下列情形：18条非同源染色体（萝卜9条，甘蓝9条）在减数分裂过程中，没有分到细胞的两极去，而是进入到同一个配子的细胞核中去。当两个这样具有异源双倍性染色体的雌雄配子相结合后，就形成了可结实的、染色体数量稳定的四倍体或称为异源复二倍体的杂种。这种杂种体细胞具有4个染色体组，其中两个染色体组来自萝卜，另两个染色体组来自甘蓝，是世界上首例属间的新种——"萝卜-甘蓝"（*Raphanobrassica*），即人工四倍体——异源复二倍体（图6-3）。卡尔别钦科的这项研究在遗传学界曾轰动一时。在自然界中也会发生类似于上述情形的远缘多倍体植物的。

在动物种中，通过异源复二倍体形成新种的例子几乎是没有的。在北美洲有一种实蝇*Phagoletis pomonella*，其成虫在果实上产卵，孵化的幼虫吃该果实成长。这种实蝇原来的宿主是山楂树，可是到了1864年，苹果树被引进到那里，后来出现了以苹果为食的实蝇个体。再后来又出现以梨、樱花为利用对象的实蝇个体。利用山楂的群体和利用苹果的群体由于食物资源的不同，决定了各自的进化方向，久而久之出现了遗传分化，基因停止交流，形成了交配前隔离。

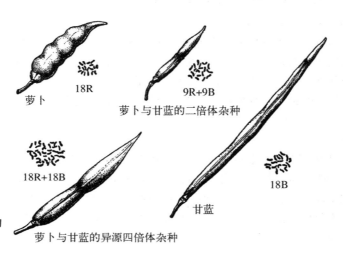

萝卜　　18R　　　　　　9R+9B

萝卜与甘蓝的二倍体杂种

18R+18B

18B

甘蓝

图6-3　萝卜-甘蓝的异源四倍体杂种　　　　萝卜与甘蓝的异源四倍体杂种

6.8.4 邻域性种分化

移动能力低的物种即使没有大规模的地理隔离,群体间也可能产生遗传分化。如陆地上生活的贝类,常有连续分布的一些小群体,由于移动能力(vagility)极度低下,小群体之间很少有迁徙、接触,即便是几米宽的道路都可能成为隔离它们的地理屏障。受遗传漂变或自然选择的作用,久而久之,各小群体的遗传组成独自向不同方向变化,最终形成生殖隔离。蜗牛(*Cepaea*)物种的分化便属于这种样式(A.J. Cain, J.D. Currey, 1963)。邻域性种分化(parapatric speciation)样式与异域种分化样式并无本质的不同。异域性种分化主要起因于外部条件,而邻域性种分化主要起因于自身条件。

海洋动物中也有邻域性种分化的情形。动物在行交配前,一般雄性动物要向雌性动物发出视觉的(光波)或嗅觉的(化学物质)或听觉的(求爱歌)或触觉的(接吻)等信号,引起雌性个体的兴奋,以至于达到交尾。不同的种,其性刺激信号是不同的,感觉器官的反应也是不同的。栖息在海洋中不同深度的相邻群体,如由于光透明度(仅就这一个因素论)的变化,性刺激信号与视觉感官的反应就会发生差异,就会阻碍相邻群体的个体交配,当遗传分化到一定程度时就导致种分化。这种种分化样式系由感觉器官适应造成的种分化(speciation by sensory drive),可谓是性选择的一种类型。近年来,关于邻域群体因所处环境条件不同,使性选择要求出现差异,最终导致种分化的研究颇为热络。

6.8.5 原域性种分化

原域性种分化(stasipatric speciation)样式是怀特(M.J.D. White)等在20世纪60年代到80年代期间对栖息在澳大利亚南部的无翅蚱蜢属(*Vandiemenella*)的若干种的染色体核型变化与种分化关系的研究中提出来的。无翅蚱蜢属有11个群体,分布在相同地域内,可是它们之间已有了生殖隔离,其原因是在染色体结构上发生了改变即畸变。11个群体中,两个群体被定名为:*V. viatica* 和 *V. pichirichi*,其余的9个群体还未定种名,称为不同的染色体族(chromosomal races)。其实,这种种分化样式与同域性种分化样式并无本质区别。

第7章 古生物学发展与辛普森的重大贡献

古生物学对于进化论是非常重要的,因为化石可为进化论提供最直接的有力证据。但是,古生物学家从特创论立场转变到进化的立场以至成为进化综合理论的重要组成部分,却经历了漫长而曲折的道路。古生物学对于进化论来说,固然是非常的重要,可是在古生物学的发展史中,却长期有不少的古生物学家对进化论包括达尔文的学说是那般的敌对,对达尔文学说进行过猛烈的攻击。用我国西汉时期"成也萧何,败也萧何"的典故,比喻两个世纪以来古生物学与进化论的相悖、相助的关系似也形象。

古生物(paleoorganism)是过去在地球上生存过的生物的统称,有的具有硬组织的生物残留下化石,但也有许多古生物却并没有遗留下化石。遗留下化石的古生物只不过是地球上生息过的生物的很少一部分。迄今已知古动物化石为18万种,根据古生物学家的估计,生息过的动物种数是化石种数的10~40倍。

古生物学(paleontology)最早是作为博物学(自然史科学)的一部门发展起来的,是以研究生活在不同地质时代的生物为对象的学问。在博物学的黎明时期,研究生物与研究地质的学问是一体的。古生物学先是作为地质学的一个组成部分。在一个多世纪前,随着学问的细化,古生物学才变为一门独立的以地层中的化石(过去生物的遗骸或留下的痕迹、动物的粪便、堆积物等)为研究对象的学问,并在后来进一步分化为古脊椎动物学、古无脊椎动物学、古植物学、古微生物学、古生态学等多个学科。

了解古生物学过去走过的漫长而曲折的道路,了解辛普森是怎样挣脱古生物学中的传统观念的束缚,用自然选择的理论说明古生物学积累的事实,以至于使古生物学成为进化综合理论的中坚力量,这对于从事进化学研究与教学人员的必要性是不言而喻。

§7.1 对古生物的认识过程

7.1.1 前古希腊时期及古希腊时期

人类从何时起开始把目光投射到化石上,已无从考证了。可是在公元2500—1500年前埃及人修建的金字塔中已含有无数的货币石(nummulite,标准化石之一,属有孔目,产于第三纪地层,直径2～6 cm),说明古埃及人已经注意并利用了化石。公元前5世纪,在古希腊哲学家中,色诺芬尼(Xenophanes,公元前6世纪),桑索斯(Xanthos,公元前6世纪后半叶Logographoi学派的一员),希罗多德(Herodotos,公元前484-430)等人已认识到化石是过去生存过的生物的遗骸。

7.1.2　中世纪时期

欧洲进入中世纪之后,人类的自由思想受到宗教的压制,学问停滞甚至后退。对于化石及其成因的理解还不如古希腊时代的学者。中世纪时期,化石被说成是由存在于地中的神秘的造型力量[德国基歇尔(A. Kircher)如此主张]的产物或说是由传说中的人物或生物变的化身。

7.1.3　文艺复兴时期

欧洲文艺复兴之后,具有天才洞察力的既是艺术家也是科学家的达·芬奇(Leonardo da Vinci,1452-1519)是最早对化石提出明白见解的人。他在其笔记本中写道,化石是由过去的生物遗骸埋在地下演变而成的。他还写道,自然界不是不变的,海洋可以变成陆地,于是在山上发现过去生活在海中的生物化石便好理解了。他的此种超越时代的自然观记录在他于1508年前后写成的笔记里。遗憾的是,他的这个笔记未曾公布,所以没有产生多大的社会影响。

文艺复兴后期,瑞士动植物学家、医生格斯纳(C. von Gessner,1516-1565)从1551年开始出版其《动物志》(5卷),1565年出版了《论发掘物》(*De Rerum Fossillium*)一书,这后一本书可看作是古生物学的开山之作。当时,fossil一词并不是专指化石,而是泛指一切从地中发掘出来之物。格斯纳对发掘物做了明细的记载,写明哪些似乎是由生物来源的,搞不清是否为生物来源的也不少。在还未完成此项事业时,他便去世了。还应该提到格斯纳的其他三项功绩。其一,他对化石做了图示。在亚里士多德、普利尼阿司等古希腊时代的学者那里,对生物只有描述而没有图示,留给人们的印象当然不如有图示的清晰、深刻。文艺复兴后期产生了木版刻技术,在格斯纳稍前,已有人对于动植物的描述伴有图示。而对化石做图示的,格斯纳乃是史上的第一人。有了图示对于学术信息交流与互相借鉴、讨论、批评提供了方便,为自然史(natural history)即博物学的发展起了很大的推动作用。其二,格斯纳在史上首先对发掘物进行了整理、归类与保存,为此目的,他建立起了储存标本的橱柜(cabinet)。这对于16世纪在欧洲逐渐兴起的对标本收集、保管和展示活动起了很大的推动作用,成为博物馆的雏形。其三,在欧洲,由于地层的时代及堆积物的不同,化石群在不同地域间有很大的不同。格斯纳经常与欧洲各地的学者用拉丁语通信交流研究上的心得与想法以及交换化石标本,这样做不仅增进和扩大了知识,而且把各地孤独的研究者串联了起来。对于古生物学研究体系的建立以及后来学会的形成做了重要铺垫。

7.1.4　17世纪到18世纪初

欧洲文艺复兴以后,化石是生物起源的见解终于渗透人心,成为学界的共识。但是,当时科学依然被强大的宗教思想所束缚。在17世纪的博物学者中,有两位博物学者的成就值得注目。一位是出生在丹麦、活跃在意大利的斯泰诺(N. Steno,1638-1686)。斯泰诺通过对意大利托斯卡纳的地质构造的考察确立了地层层序律(law of superposition of strata,1669)和结晶面角一定的法则,在地质学、矿物学上赢得很高的评价。在古生物领域,他认可化石的生物起源的理论,并通过实际比较,指明舌石是巨大鲨鱼的牙齿。斯泰诺在治学方法上与文艺复兴时代的学者有所不同,他很少依赖古典教义,而是基于自己的调查、观察,积极进行思考、讨论,导出结论来。虽说斯泰诺有着求是的精神,但最终还是未摆脱宗教观念的影响。例如,在陆地上能找到海生生物的化石,他认为是由于大洪水特别是圣经中讲到的诺亚大洪水造成的。在17世纪到18世纪初,值得提起的另一位学者是英国人雷。在分类学发展中曾提到过他的成就。对待化石,雷持有相当慎重的态度,他认为化石既有生物起源的,也有无生物起源的。如鹦鹉螺化石,由于在现存的生物中看不到有与其类似的类型,于是,雷便认为鹦鹉螺化石是属于无生物起源的。这是因为在当时,不仅限于雷,学界普遍没有生物灭绝的概念,认为生物是由神创造的,因而生物都是不灭的,相信与所有化石生物相同的生物类型一定还生存在地球的某个地方,不过未找到它们罢了。

关于高山上发现海洋生物化石的问题,那时诺亚洪水的说法依然保持着强势,可也有人提出是大地震使海底隆起成山的主张。这种主张是颇为进步的。另外,当时学界普遍认为地球的历史不过只有几千年,根本想不到会有多少亿年。因而对化石的古老性也认识不足。

7.1.5　布丰对化石的见解

布丰(G.L.L. de Buffon,1707-1788)是法国博物学家、启蒙思想家。布丰年轻时留学英国,学习数学、物理学、植物学。回到法国后,把牛顿的书翻译成法文,竭力宣传牛顿的成就,并试图以牛顿的法则来说明生物界,但因生命现象过于复杂而未能成功。他是一位思想非常活跃的学者,具有进化的萌芽观念,主张"自然总是在不停地流转"。他被人们认为是与达尔文的祖父E.达尔文(E. Darwin,1731-1802)一样,属于进化论的先驱。在他长期担任法国皇家植物园园长期间,从全世界收集了许多标本。他关心动植物的特征与地理分布的关系,提出"不同的地域生存着不同的生物种类",这被称为"布丰法则"。关于化石,布丰发表过一些见解。他通过对化石和岩石的研究,提出迥异于当时人们认为地球只有几千年历史的见解,认为在人类诞生之前地球已有7.5万年的历史,需重新构筑地球史。他还认为在地质时代的长河中化石亦非是同一个时代的产物。当时的大多数学者在圣经与自然之间尽量取调和的态度,而布丰却敢于和神学的主张对立,旗帜鲜明地表示,为了科学的目的应该无视圣经。他从1749年起,在多邦通(L.J.M. Daubenton)的协助下出版了博物志(*Histoire Naturelle Generale et Particuliere*),在欧洲产生广泛而深刻的影响。

§7.2　研究化石的学问与进化论同时登场，两者一开始就激烈冲突

7.2.1　法国国立自然史博物馆的三位学者

18世纪末到19世纪中期，欧洲诸国对于世界各大陆的知识依然处于急剧增长的时期。1789年法国发生了大革命，大革命期间（1789—1794），革命政府将从前的皇家植物园、动物园、博物馆等整合起来在巴黎成立了国立自然史博物馆。这个博物馆人才济济，贮存的标本也极为丰富，在当时的欧洲乃至世界均无出其右。博物馆里有三位学者应该提及，他们是拉马克、圣提雷尔（E. St. Halaire，1772-1844）和居维叶。在积淀了丰富的博物学知识基础上，在19世纪初，进化论和研究化石的学问（其实就是古生物学，可是，"古生物学"这个名称是1834年才正式成立的）几乎同时走上学术舞台。拉马克在生物学史上是第一个提出试图用自然的原因解释生物进化的人（《动物哲学》，1809）。关于其进化理论的内容、评价以及对于后世的深远影响，前面已略有介绍。这里谈他对古生物学的贡献。他在担任博物馆无脊椎动物学教授期间，给许多动物化石特别是无脊椎动物化石进行了大量描述工作与命名。

要谈的第二位学者是圣提雷尔。他从事脊椎动物的研究，尤其擅长于哺乳类与鸟类的研究。他也是进化论者，认为进化是个体的"遗传质对于环境变化直接产生适应性改变"的累积结果。在他的进化观念中，缺少像拉马克学说那样的严密而完整的理论体系，也没有认识到进化是群体变化的行为，所以圣提雷尔的进化观念是很不成熟的。但是圣提雷尔在研究脊椎动物解剖的过程中却发现了在不同动物的某些器官之间，如人的手，猫的前爪，鸟类的翼，鱼的胸鳍，在发生上具有相同的关系，谓之"相同"（analogy）原则。后来，英国的比较解剖学家、古生物学家欧文（R. Owen，1804-1892）对它做了修正。欧文把在发生上具有相同关系的器官命名为同源性器官（homology）；把在发生上不同而功能相似的器官，如鸟类的翼与昆虫的翅膀，人的眼球与章鱼的眼球，命名为同功性器官（analogy）。

关于动物体设计方案（body plan）问题，圣提雷尔认为"所有的动物具有相同的基本设计方案，所有的器官均由基本型修饰所生"主张在动物的基本体制之间在根本上存在着同一性和连续性，即所有的动物源于一种设计方案。圣提雷尔试图用统一性去认识理解生物界，提出类型的统一性（unity of type）观念。这是有进步意义的，但是，这是一种先验论的论点。在当时的科学水平下，人们只能认识生物的表型，而从诸多动物的表型中是无法找出统一性的。不待言，圣提雷尔在为此先验论观点做广泛铺陈时必然产生出不少的谬误。圣提雷尔在1793年曾随拿破仑一世远征埃及，他从古代埃及的坟墓中拿回不少木乃伊化了的动物尸体，成为后来居维叶与他、与拉马克争论的问题之一。

第三位学者是居维叶。他在年轻的时候就才学出众，25岁那年被圣提雷尔看中，将其招进国立自然史博物馆，后来两人由于意见相左而成为势不两立

的论敌。居维叶对于比较解剖学和古生物学两门学科的建立与发展都做出了重大贡献，尤其在对于脊椎动物的骨骼和牙齿的研究方面具有深厚的知识，但他在观念上却是非常保守和顽固的，认为所有的种都是由上帝创造的，而且一旦被创造就不会发生改变。他认为上帝创造之物是完成的，尽善尽美的，特别是脊椎动物的各个部分之间，形态与功能之间，都是相关联的，协调统一的，正是依据这样的原则，他能将出土的零散的骨头进行组装复原。他复原了曾经在地球上生存过的较现存的任何动物都大得多的大型动物，如猛犸象、巨角鹿、南美洲的大树懒等的骨架，震惊社会。遗憾的是，透过这样的事实，他却并没有悟出生物进化的道理，然而在生物学史上是他首先用实例指出，地球史中发生过多次生物灭绝（extinction）。他还和布隆尼亚（A. Brongniart, 1770-1847）考察了巴黎盆地的第三纪层序（地层重叠的顺序）和蕴藏其中的化石（1808），从中发现了既有含淡水动物化石的地层，也有含海洋动物化石的地层，它们反复重叠，说明该地域曾经几度为陆，又几度为海。这一发现否定了布丰和韦纳尔（A.G. Werner）主张海面一直下降的陈旧见解。从此，居维叶和布隆尼亚依据化石的材料建立起了生物层相学（biostratigraphy）。生物层相的发现本来可作为生物进化的有力说明，可是居维叶的观点却是保守的，反进化论的。他提出了激变的理论（theory of catastrophe, 1812）。激变理论认为，种是完成的，稳定不变的，当然也就不会有进化。生物相的时间性改变的原因是大量灭绝和从别的大陆幸免于难的生物迁徙过来，填补了空缺，重新繁荣起来。拉马克主张生物进化，但不承认有灭绝，主张生物是不断地自然发生，向上进化的。这样，居维叶的激变论和拉马克的进化论从一开始就针锋相对，势不两立。圣提雷尔从古埃及拿回的动物木乃伊标本，经研究发现与现存的动物几乎没有任何的不同，这也成为居维叶攻击圣提雷尔特别是拉马克进化论，和坚持物种不变论的重要"根据"。其实，古埃及的标本只有几千年的历史，这样短的时间差，看不出变化乃在情理之中的。可是，当时没有准确测定化石或遗骸古老程度的方法，辩论就变得对居维叶有利。居维叶对拉马克的攻击使用了各种手段，可谓无所不用其极。居维叶取得了暂时的胜利，受到拿破仑的信赖。居维叶将其研究成果写成两本大著《化石四足兽的研究》（1812）及《地球表层的变革》（1825）。

　　关于动物的身体设计方案问题，圣提雷尔主张所有的动物是从一个基本类型出发的。而居维叶则站在反对进化的静止立场，主张动物的身体设计方案有4个型或4大分类群（embranchements），是上帝分别创造的，它们之间是没有联系的，是互相不能转移的。这4个型是：① 脊椎动物类型，与现在的脊椎动物几乎相同；② 关节动物类型，相当于现在的环形动物（沙蚕、蛭等）与节肢动物（昆虫、虾、蟹等）之和；③ 放射动物类型，相当于现在的腔肠动物（海蜇、海葵等）与棘皮动物（海星、海胆、海参等）之和；④ 软体动物类型，类似现在的软体动物（章鱼、乌贼）中的若干种群。居维叶的这4个型的概念与现在分类学上的门相类似，不过，现在的分类学家已把动物界分成30多个门了，而且认为门与门之间是有联系的。应该说，居维叶的这4个型在认识动物方面较之圣提雷尔的大一统的观点是一种进步。圣提雷尔在运用其先验论的同一基本型讨论鱼类与头足类（章鱼、乌贼）之间的关系时，居维叶与之发生了激烈的争论，直至居维叶逝世。在争论中，居维叶是占据上风的。

居维叶由于在与拉马克、圣提雷尔的学术争论中占了上风，名声大噪，他的著作也得到欧洲诸国学界的赞许。英国传统的有神论者詹姆逊（R. Jamson）在1813年将居维叶的激变论的论著翻译成英文，并在译文中加上了很长的注释，说居维叶的激变中的最后一次激变就是圣经中的诺亚洪水事件。詹姆逊告诉英国大众圣经中讲的事件得到了法国科学家的验证。这里要为居维叶说句公道话，居维叶在概念上是特创论者，可是他又是实证主义者，他的激变论是基于对地层、化石的观察研究提出来的，并非为迎合圣经的说教而捏造出来的。英译文注释中的说法是詹姆逊依据自己的想法强加到居维叶头上的。

7.2.2　古生物学和地质学迎来发展的隆盛期

18世纪末到19世纪中期，地质学和古生物学迎来了它们发展的隆盛期。有的文献称此时期是地质学和古生物学发展的"黄金时期"。其标志之一，是地质学家和古生物学家相继理清了欧洲各地许多地层的特征、时间顺序与各地层中的化石。

英国有位从事运河、农田建设的土木测量师W.史密斯（W. Smith，1769–1839），发现地层在广泛的地域中，存在着按一定顺序重叠的现象，并且了解到在不同的地层中含有一些固定种类的化石。于是他领悟到用具有特征性的化石可以识别与确定地层，并对侏罗纪地层进行了细分。他在1815年出版了由不同颜色表示不同地层的南英格兰的最初的地质图。这与法国的居维叶、布隆尼亚所建立的生物层序学几乎是同时期的，标志着生物层序学的确立和应用古生物学的开端。用化石确定地层和划分时代的作业迅速从英国扩展到欧洲大陆，并从侏罗纪扩展到其他地质时代的地层。侏罗纪是组成中生代的三个地层中的中间一层，因在法国与瑞士国境有侏罗山脉而得名，定名者为法国地质古生物学者布隆尼亚（1829）。欧洲除去位于其中南部的阿尔卑斯山脉外，其中西部的地壳变动很少，地质构造比较单纯，是保存化石的非常好的条件。法国地质古生物学家布罗基（G.B. Brocchi，1772–1826）与布隆尼亚两人搞清了意大利和法国境内新生代地层的区分和化石层序。

关于古生代的标准层序主要是由英国地质学家塞奇威克（A. Sedgwick，1785–1873）和默奇森（R.I. Murchison，1792–1871）两人完成的，他们运用特征性化石将寒武纪、志留纪和泥盆纪地层识别、鉴定出来。虽然他们两人在从事这项工作中不断地发生争论。德国地质学家阿尔贝特（F. von Alberti）鉴别出三叠纪并加以命名，在法国，比利时地质学家奥马利达洛瓦（Omallus d'Halloy）鉴别出白垩纪，1822年命名。

古生代（Palaeozoic era）、中生代（Mesozoic era）、新生代（Cenozoic era）这三个名称都是由英国古生物学家菲利普斯（J. Philips）在1841年所命名。

地质年代表(表7-1)

显 生 宙

新 生 代

年龄(Ma)	纪	世	期	距今年龄(Ma)
0	第四纪	全新世		
		更新世	卡拉布里雅期	0.78
			杰拉期	1.80
				2.58
		上新世	皮亚琴察期	3.60
5			赞克勒期	5.33
			墨西拿期	7.25
	新近纪	中新世	托尔托纳期	
10				11.63
			塞拉瓦莱期	13.82
15			兰盖期	15.97
			波尔多期	
20				20.4
			阿基坦期	
				23.0
25		渐新世	夏特期	
				28.1
30			吕珀尔期	
				33.9
35	古近纪	始新世	普利亚本期	
				37.8
40			巴顿期	
				41.2
45			卢泰特期	
				47.8
50			伊普里斯期	
55				56.0
		古新世	坦尼特期	59.2
60			塞兰特期	61.6
			丹麦期	
65				66.0

中 生 代

年龄(Ma)	纪	世	期	距今年龄(Ma)
70		晚白垩世	马斯特里赫特期	72.1
80			坎潘期	
				83.6
			圣通期	86.3
			康尼亚克期	89.8
90	白垩纪		土伦期	93.9
			塞诺曼期	
100				100.5
110		早白垩世	阿尔布期	113.0
120			阿普特期	
				125.0
130			巴雷姆期	129.4
			欧特里夫期	132.9
140			瓦兰今期	139.8
			贝里阿斯期	145.0
150		晚侏罗世	提塘期	152.1
			钦莫利期	157.3
160	侏罗纪		牛津期	163.5
		中侏罗世	卡洛夫期	166.1
			巴通期	168.3
170			巴柔期	170.3
			阿林期	174.1
180		早侏罗世	托阿尔期	182.7
190			普林斯巴期	190.8
			辛涅缪尔期	199.3
200			赫塘期	201.3
210		晚三叠世	瑞替期	208.5
220	三叠纪		诺利期	
				227
230			卡尼期	237
240		中三叠世	拉丁期	242
			安尼期	247.2
250		早三叠世	奥伦尼克期	251.2
			印度期	252.2

古 生 代

年龄(Ma)	纪	世	期	距今年龄(Ma)
		乐平世	长兴期	254.1
			吴家坪期	259.8
	二叠纪	瓜德鲁普世	卡匹敦期	265.1
275			沃德期	268.8
			罗德期	272.3
		乌拉尔世	空谷期	283.5
300			亚丁斯克期	290.1
			萨克马尔期	295.5
			阿瑟尔期	298.9
	石炭纪	宾夕法尼亚亚纪	上 格舍尔期	303.7
			卡西莫夫期	307.0
			中 莫斯科期	315.2
325			下 巴什基尔期	323.2
		密西西比亚纪	上 谢尔普霍夫期	330.9
350			中 维宪期	346.7
			下 杜内期	358.9
375		晚泥盆世	法门期	372.2
	泥盆纪		弗拉期	382.7
		中泥盆世	吉维特期	387.7
400			艾菲尔期	393.3
		早泥盆世	埃姆斯期	407.6
			布拉格期	410.8
			洛赫考夫期	419.2
425	志留纪	普里道利世		423.0
		罗德洛世	卢德福特期	425.6
			高斯特期	427.4
		温洛克世	侯墨期	430.5
			申伍德期	433.4
		兰多维列世	特列奇期	438.5
			埃隆期	440.8
			鲁丹期	443.8
			赫南特期	445.2
450	奥陶纪	晚奥陶世	凯迪期	453.0
			桑比期	458.4
		中奥陶世	达瑞威尔期	467.3
			大坪期	470.0
475		早奥陶世	弗洛期	477.7
			特马豆克期	485.4
		芙蓉世	第十期	489.5
			江山期	494.0
500			排碧期	497.0
		第三世	古丈期	500.5
			鼓山期	504.5
	寒武纪		第五期	509.0
		第二世	第四期	514.0
			第三期	521.0
525		纽芬兰世	第二期	529.0
			幸运期	541.0

前寒武纪

年龄(Ma)	宙	代	纪	距今年龄(Ma)
600	元古宙	新元古代	埃迪卡拉纪	635
700			成冰纪	720
800			拉伸纪	1000
900				
1000				
1100		中元古代	狭带纪	1200
1200			延展纪	1400
1300				
1400			盖层纪	1600
1500				
1600		古元古代	固结纪	1800
1700				
1800			造山纪	2050
1900				
2000			层侵纪	2300
2100				
2200			成铁纪	2500
2300				
2400				
2500	太古宙	新太古代		2800
2600				
2700				
2800				
2900		中太古代		3200
3000				
3100				
3200		古太古代		3600
3300				
3400				
3500				
3600		始太古代		4000
3700				
3800				
3900				
4000	冥古宙			
4100				
4200				
4300				
4400				
4500				~4600

这样，到了19世纪40年代，地质学家、古生物学家大体上完成了按时间顺序整理、区分寒武纪以后地层的层序体系，搞清了很多可确定各个地质时代的特征性化石。

隆盛期的另一标志是对化石进行记载并予以命名的活动在英国、德国、法国、俄国、波希米亚等地风起云般地盛行起来。许多有关不同时间不同地域的地质学论文和含有精美石版印刷图的单行本相继问世。在诸多装饰精美著作的作者中，有不少并非是专业学者而是上流社会的富豪，他们从事收藏、命名化石的活动主要是当成一种豪华的时尚与雅趣。可是，当初由他们命名的不少化石种名迄今却仍在沿用着。

关于植物化石的记载，法国巴黎国立自然史博物馆的古生物（植物）学教授布隆尼亚（A.T. Brongniart，1801–1876）做出了非常大的贡献，被称为古植物学的开山之祖，遗留下许多著作。

1834年，法国动物学者、解剖学者布兰维尔（H.M.D. de Blainville，1777–1850）和德国解剖学者、古生物学者瓦尔德海姆（G.F. von Waldheim，1771–1853）命名研究化石的学问为"古生物学"（Paleontologie），这标志着研究化石的学问终于成长为一个具有明确研究目标与内容的名副其实的学术领域。

§7.3　在达尔文进化论启迪下一些古生物学家朝着正确方向前进

达尔文的《物种起源》发表以后，随着进化思想的扩展，人们对化石的认识也逐渐发生改观。很多古生物学家认识到化石是生物进化途中的产物，研究化石可以为进化提供最直接的最有力的证据。于是，以往着重于兴趣和追求命名的奢望与欲求逐渐淡化，而从科学角度去认识化石的倾向则明显抬头。

在《物种起源》发表前，德国动物学家、古生物学家布龙（H.G. Bronn，1800–1862）在关于地层与化石关系的研究方面做出了重要贡献。他在其《地质史》（*Lethaea geognostica*）两卷著作（1836—1838）中，汇总了以往发现的化石动物的知识，并且表现出进化思想，指出随着地质时代的推移，化石动物群也慢慢发生变化的事实以及时代越新的化石动物与现存的动物就越发相似的事实。他明确反对法国动物学家、古生物学家、层序学者德奥尔比尼（Alcide D. d'Orbigny，1802–1857）所提出的生物曾被上帝创造过27次的特创论观点。达尔文的《物种起源》一问世，布龙就将其译成德文。但是，他对自然选择学说却持有保留的态度。

在英国，达尔文的亲密战友赫胥黎以进化的观点将当时欧洲所知道的化石哺乳动物，按着时代顺序进行了排列，研究了欧洲从古兽马属（*Palaeotherium*）经过安琪马属（*Anchitherium*）、三趾马属（*Hipparion*）到马属（*Equus*）的进化系列（1872）。

俄国进化古生物学的奠基人科瓦列夫斯基（W.O. Kowalevsky，1842–1883）

是达尔文的进化理论坚定的拥护者。从1867年到1874年间,曾数次到达温村拜访达尔文。科瓦列夫斯基把进化论的观点贯穿到奇蹄类与偶蹄类的古生物学研究中。在对马的研究中,他主张从始祖马到现代马所经历的一系列演变,不论是身材从矮小到硕大,还是两侧趾骨的逐渐缩小和中趾骨的明显增大,都是与所处的环境条件密切相关的,都是适应的结果。他强烈反对古生物学界中的特创论观点。他的"论石炭兽(*Anthracotherium*)和化石有蹄类的自然分类法"(1876)著作得到了达尔文的称赞。达尔文在其《人类的由来及性选择》一书中还引述了科瓦列夫斯基提供给他的关于雷鸟为争夺雌性而残酷相斗血染雪原的性选择的情节。达尔文的伟大著作《动物和植物在家养下的变异》是由科瓦列夫斯基翻译成俄文的,并且比该书在英国出版(1868)还早一年在俄国出版的(1867),这是因为在英国出版之前,达尔文就把印刷初稿寄给了科瓦列夫斯基。辛普森在其《马》(*Horses*,1951)一书中高度评价了科瓦列夫斯基关于曾在欧洲大陆生存过的化石马的研究成果。

19世纪到20世纪初,美国关于古无脊椎动物的研究方面,主要还处于对一些地域的无脊椎动物化石的记载性工作,比不上当时欧洲的研究水平。可是在古脊椎动物研究方面,由于美国中西部的开发,挖掘出大量恐龙及大型哺乳动物的化石,于是研究取得惊人的成绩,一下子成为世界的领先水平。古生物学家马什(O.C. Marsh,1831-1899)对恐龙类、有齿鸟类化石的研究成绩卓著。还收集到大量的马化石资料,搞清了马的头骨、趾骨、齿等的形态变化,并在1879年阐明了马的进化系统,是非常有价值的工作。辛普森在其《马》(*Horses*)一书中多次提到马什的工作,推崇他为研究马进化系列最详尽之人(参见马科成员及进化系列的相关链接)。辛普森在《马》中还讲了一个故事。1876年赫胥黎曾到美国去做学术讲演旅行,到了纽黑文市(New Haven)耶鲁大学马什的工作处,本想做他和科瓦列夫斯基有关欧洲马进化研究的讲演,可是当赫胥黎看到马什所藏有的马的标本是那么多和研究成果那样丰富的时候,赫胥黎不得不对其讲稿进行临时的补充与修改。

§7.4 特创论古生物学家猛烈攻击达尔文学说

世上的事情总是一分为二的。达尔文的《物种起源》问世以后,一些先进的古生物学家以进化理论为准绳推动科学朝着正确的方向前进。可是,也有一些保守的持特创论观点的古生物学家,如赫赫有名的权威学者欧文和阿加西支(J.L.R. Agassij,1807-1873)则对达尔文学说进行了最猛烈的攻击。

欧文是将圣提雷尔确立的"相同"概念深化分成"同源"与"同功"两个概念的英国的古生物学家。他是大英博物馆自然史博物馆的首任馆长。达尔文从贝格尔舰带回来的化石哺乳动物就是欧文予以鉴定的。他对世界各地的化石哺乳动物及恐龙类做过分类学研究,其中包括1861年在德国巴伐利亚索伦霍芬(Solenhofen)地方晚侏罗纪的石灰岩中发现的始祖鸟,其学名*Archaeopteryx*

| 相关链接 | 马科成员 |

马科（Family Equidae）下面有3亚科21属。21属中仅马属（*Equus*）有现存类型，其他20属皆为化石类型。

1. 始祖马亚科（Subfamily Hyracotheriinae）包含3属：

始祖马属（*Hyracotherium*）一般称为 *eohippus*，生存在北美洲与欧洲的始新世初期

山马属（*Orohippus*）生存在北美洲始新世中期

后马属（*Epihippus*）生存在北美洲始新世后期

2. 安琪马亚科（Anchitheriinae）包含7属：

渐新马属（*Mesohippus*）生存在北美洲渐新世早期和中期

中新马属（*Miohippus*）生存在北美洲渐新世的中期及后期

副马属（*Parahippus*）生存在北美洲中新世的初期到后期

古马属（*Archaeohippus*）生存在北美洲中新世的初期到后期

安琪马属（*Anchitherium*）生存在北美洲中新世的早期到中期、欧洲和亚洲的中新世的中期到后期

次马属（*Hypohippus*）生存在北美洲中新世的初期到上新世的初期、亚洲上新世的初期

巨马属（*Megahippus*）生存在北美洲上新世初期

3. 马亚科（Equinae）包含11属：

草原古马属（*Merychippus*）生存在北美洲中新世中期到后期

三趾马属（*Hipparion*）生存在北美洲、欧洲、亚洲和非洲的上新世的早期到后期

柱齿三趾马属（*Stylohipparion*）生存在非洲上新世和更新世

新三趾马属（*Neohipparion*）生存在北美洲上新世初期到后期

矮三趾马属（*Nannippus*）生存在北美洲上新世初期到后期

丽马属（*Calippus*）生存在北美洲上新世初期

上新马属（*Pliohippus*）生存在北美洲上新世初期到中期

南美马属（*Hippidion*）生存在南美洲更新世

南美土著马属（*Onohippidium*）生存在南美洲更新世

拟三趾马属（*Parahipparion*）生存在南美洲更新世

马属（*Equus*）生存在欧洲、亚洲和非洲上新世后期或更新世到近代；北美洲上新世后期和更新世；南美洲更新世；现存于全世界的畜马隶属于马属。

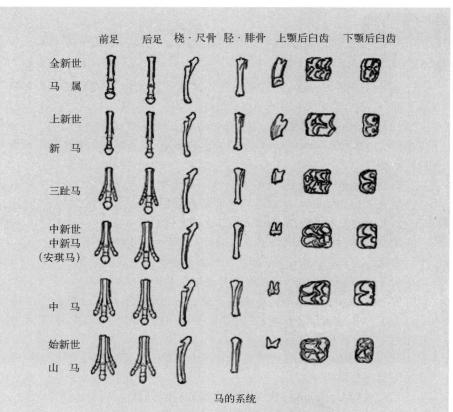

前足　后足　桡·尺骨　胫·腓骨　上颚后白齿　下颚后白齿

全新世
马属

上新世
新马

三趾马

中新世
中新马
（安琪马）

中马

始新世
山马

马的系统

图7-1　1879年马什发表的马科动物的进化系统图
图左侧表示地质年代和化石马的名称。上边从左至右,依次为:前足、后足、桡骨·尺骨、胫骨·腓骨、上颚后白齿、下颚后白齿。

*lithographica*就是欧文给定的,沿用至今。欧文对禽龙(*Iguanodon*)和新西兰恐鸟(*Dinornis*)的研究也颇负盛名。恐龙(dinosaur)一词,也是欧文起的名字。他对古生物学的贡献是巨大的,被人们称为"英国的居维叶"。可是他对达尔文的进化理论却一直持反对的态度,并进行猛烈的攻击。

阿加西支是瑞士出身的鱼类学者,1831年去法国,在居维叶指导下从事研究,深受居维叶激变论的影响。之后回到瑞士纽夏特(Neuchatel)大学任教,出版《化石鱼类的研究》5卷。并从1836年开始研究冰河活动与堆积物之间的关系,发现北欧过去有过被冰河覆盖的冰河时代,出版《冰河研究》2卷(1840)。1848年赴美,从事博物学、自然史的教学和海洋动物学的研究,著述颇丰。他也是激烈反对达尔文的进化理论的,认为物种是上帝创造的。认为进化论的思想对公众是有害的。在科学史上,阿加西支是最后一个坚持"特创论"立场的古生物学家。就是说,在他之后,在古生物界就没有人再公然主张"特创论"的观点了。但是,距离古生物学家普遍地认可和接受达尔文的进化理论,并以达尔文的理论指导研究工作,那还要经历相当漫长而曲折的道路。

§7.5　描述古生物学为后来进化论的发展积累了丰富的资料

19世纪末至20世纪前半叶是描述古生物学急剧发展的时期,为以后进化论的发展积累了大量有用的材料。记载古生物学当时有两个中心,一个中心在德国、奥地利,另一个中心在英国。德国、奥地利中心的古生物学家们承认生物进化的思想,并基于进化思想对古生物开展记载性工作,如希尔根多弗(F. Hilgendorf, 1838-1904)对南德意志的陨石湖斯太亥姆镇(Steiheim)的堆积物所进行的研究,纽玛尔(M. Neumayr, 1845-1890)对匈牙利盆地淡水贝类进行的研究,万根(W.H. Waagen, 1841-1900)对菊石类(Ammonites)化石进行的研究,均试图根据有较好连续性表现的古化石的形态材料,把原本的进化系列恢复起来。可是由于当时收集到的材料毕竟是很不充足的,所以他们并没有复原出几个信赖度高的进化系统。当然,古生物学家的这种实证性探讨进化过程的研究是非常有价值的,这个方向迄今仍在继续发展着。附带说一点,今日遗传学普遍使用的突变(mutation)一词,其实最早是由万根在表示化石动物的时间性变化时启用的,而非始于德弗里斯的创造。

英国是记载古生物学的另一个中心。这里的学者们在观念上是偏向于保守的,不主张特创论观点,但也没有进化观念。他们主要是埋头于对化石动物做记载与分类的工作,工作成果是异常显著的,成立了古生物图解学会(Palaeontographical Society),出版了许多很有价值的单行本,对古生物学发展起了很大的作用。

德国学者齐特(K. von Zittel, 1839-1904)是记载古生物学派的集大成性的人物。他把数量庞大的化石材料集中到了慕尼黑,慕尼黑成为古生物研究的中心。1876—1893年间,他把既存的全部化石材料(只限于大的化石,当时对微化石还未开始正式研究)做成了分类体系,并记述了各分类群的特征。1895年其总结性大作《古生物纲要》(*Grudzuge der Palaeontologie*)面世,几度重版,被译成英文,成为全世界古生物学研究者的座右铭之作。但是对于进化过程与进化机制问题,齐特却没有论及。

§7.6　新拉马克主义和定向进化理论兴起

在记载古生物学发展的相同时期,新拉马克主义和定向进化理论兴起。美国古生物学家海特(A. Hyatt, 1838-1902)在头足类化石分类学的研究上卓有成就,他发现古生物化石的变化常常表现出明显的连续性,且与当时生存环境变化对生物的影响相协调,于是他就认为生物的变异完全是受环境影响所致,并可世代遗传。他认为拉马克所倡导的学说是完全合理的,这可谓之新拉马克主义的先声。

美国著名的古生物学家和动物学家柯普曾短期在费城郊外哈弗福德学院(Haverford College)任动物学教授,其后任宾夕法尼亚大学古生物学教授。他的一生主要是伴随美国西部大开发,以其自家拥有的丰厚遗产从事古脊椎动物化石的发掘和研究工作,倾尽其一生的心血。他对从鱼类到哺乳类动物的各分类群的化石都进行了很多的研究,特别在鱼类化石、二叠纪爬行类化石及第三纪哺乳类化石的研究方面成就卓著。在恐龙发掘方面由于和马什的激烈竞争,故其研究成果相对较少。柯普从1864年到1900年间发表的学术论著,从仅仅1页纸的短小报告到上千页的巨著,多达1 200多篇、册。1896年出版了其名著《生物进化的原动力》(*The primary factors of organic evolution*)并在此书中提出了新拉马克主义(neo-Lamarckism)。柯普把周围环境变化对生物的直接影响,划分为两类:理化的变异与动作的变异。前者主要指食物、温度、水分、盐分、光线等环境因素对生物产生直接影响而使之发生的变异。他认为这种变异在植物上的体现要比在动物上明显。动作变异则与动物器官的用与不用有密切关联。柯普在这种变异方面做了大量研究。如他在动物骨骼的研究中发现,兽类化石脚骨上的关节的形态、结构、功能与其当时的生存状态、器官动作的经久性与否有着密切的相关。他还发现爬行类动物、哺乳类动物的脊椎骨的形态、结构与连接方式,也因其活动方式的差别而异。关于哺乳类动物牙齿进化方式的研究,柯普和奥斯本(H.F. Osborn, 1857–1935)提出三结节说(今日已失去学术价值)。柯普的研究成果是非常丰富的,可是在理论上,他是坚定的拉马克主义者,认为他的研究成果只能用拉马克的理论才可以合理地说明,而不赞同达尔文的自然选择理论。在下面讲到定向进化时,我们还会提到柯普的大名。

那时候,不少古人类学家也加入到新拉马克主义的队伍里来。他们认为,起初猿猴在树上四足步行,经历用两前肢攀援树枝移动身体的阶段,再从树上下到地上来,最终双腿直立行走,从而演变为人。这个从猿猴转变为人的过程,一些古人类学家认为从出土化石的顺序及化石的形态结构的变化来看,上述想法是值得相信不疑的,而且重要的是认为,从猿到人的这个演变过程是与环境变化,主要是气候的寒冷化、身体大型化以及习性改变使躯体器官逐渐发生相应改变所致,即将进化的动因归结于环境的直接影响和器官的用与不用。新拉马克主义者认为,这样的变化过程用突变(达尔文称之为不定变异)和自然选择的解释是不能让人信服的。

法国新拉马克主义的代表人物当特克(Le Dantec)是生物学家,且精于数理。理论上热烈拥护拉马克的观点,积极支持柯普的论调,否认达尔文的不定变异(偶然性)在进化中的重要性。他的文字精准而流畅,从而他的文章在大众中产生很大的影响。

以柯普为首的一些古生物学家还依据大量动物化石在进化过程中呈现出的若干带有普遍性的现象,升格为"法则",并提出一些"法则"。列举如下:"非特殊化法则"(Law of non-specialized descent),意思是,新的物种总是从形态上最没有特殊化的祖先物种那里起源的,这是因为非特殊化的种群具有容易适应环境变化的可能性,从而有继续得以生存和发展的可能性。而特殊化了的类型适应环境变化的能力则减弱,从而具有容易灭绝的倾向。"身体大型化法则"(Law of increase in size)是指这种现象:属于相同系统中的生物,形体大的物种多半总是在进化过程中的迟后阶段出现。如在马的进化与大象的进化过程中都可看到这种情形,它们的早期祖先种的体型是小的,伴随进化过程其体型逐渐变大,德帕瑞特(C. Deperet)也发现了此现象。"相同法则"(Law of homology)意思是所有生物的身体皆由相互对应的器官(部分)所组成,换言之,各个器官之间存在着相关、协调、平衡的关系。生物之间的差别只不过在于不同的某个器官或部分发达了,其余的部分随之发生相应的协调性变化。"相同的"即相关、协调、平衡的意思。当然不同种类的动物其"相同"的复杂程度不同。"相同法则"与达尔文叙述的相关变异类似,不过柯普是从古生物化石的比较中发现这个现象的。"连续法则"(Law of succession)的意思是,根据某一个性状的增减来考察物种的话,可以看到排列成系列即连续的现象。换用其他性状作标准进行考察的话,也会呈现出相同的连续性倾向。例如,从脚趾的数量角度考察马的进化,三趾马是处于四趾马与单趾马的中间地位;以其他性状来考察的话,三趾马也是处于四趾马与单趾马的中间地位。上述这些"法则"在过去文献中统称为"柯普法则"(Cope's Law 1880)。

比利时古生物学家多罗(L. Dollo,1857–1931)提出生物进化的不可逆法则(Law of irreversibility)又称"多罗法则"(Dollo's law)。这个法则主张生物在进化的过程中,物种具有的某一特性或性状一旦失去之后,该特性或性状就不会再重新恢复为该种所有个体所具有。可是在遗传学中有一种突变叫作逆转突变(reverse mutation或back mutation),是可使突变型的表现型逆转回野生型的二次突变,这种突变可产生返祖现象。

20世纪前期,德帕瑞特(1907)整理出古生物进化有"16个法则",彼得罗尼耶维奇(B. Petronievics)(1921)提出"24法则",曾在古生物学界流行一时。后来的学者经过反复验证,指出它们不过是一些经验性现象,而且缺乏足够的普遍性,称之为法则是不够格的。

如何解释古生物研究中发现的上述现象包括所谓的"法则"呢? 德国的古生物学家艾默在1895年提出了定向进化的理论(Orthogenesis theory),认为生物在漫长的地史年代中形态变化表现出一定的方向性,是因为生物体内潜藏着一种神秘的可驱使生物向一定方向发展的力量。显然,这种观点是生机论在古生物学中的翻版,是一种唯心主义观点。可是,19世纪末到20世纪中期前,新拉马克主义和定向进化论的观点却盛行在古生物学领域,得到许多古生物学家的支持。像巨角鹿(*Mesgaceros*,生存在更新世欧亚草原、森林中)巨大的角,剑齿虎(*Smilodon*,在冰河时代灭绝)的巨大犬齿,侏罗纪牡蛎类的卷嘴蛎属(*Gryphaea*)那样过度螺旋化的现象,当时不少学者认为,用自然选择理论是解释不通的,而只能采取定向进化的理论。

进入20世纪之后,英国的霍姆斯(A. Holmes,1895–1960)等人利用放射性同位素确立了划时代的测定方法,终于能对化石的年龄测量出准确的数据。

美国古生物学家奥斯本在关于化石长鼻类研究方面成绩斐然。他还在1917年提出了进化学上一个非常重要的概念——适应辐射(adaptive radiation)概念。这个概念可说明许多进化现象,如化石哺乳动物中的巨雷兽属(Titanotherium)的体型在某个时期在较短时期内在各种不同的环境里会发生适应性的分化。再如澳大利亚的有袋类动物则是适应辐射表现得很明显的类群。可是关于进化的理论问题,奥斯本却是个定向进化主义者。

19世纪末到20世纪中期前,盛行在古生物学中的新拉马克主义和定向进化理论是把达尔文学说逼入低谷的重要力量。

§7.7　辛普森使古生物学成为进化综合理论的中坚力量

7.7.1　辛普森其人

辛普森是美国古生物学家,综合理论的代表人物,他崇尚达尔文学说,并接受了现代遗传学观念,与古生物学领域中的传统保守势力作斗争,扭转乾坤,使古生物学成为进化综合理论的中坚力量。辛普森出生于芝加哥,大学开始在科罗拉多大学读,中途转学到耶鲁大学,1923年大学毕业。毕业后继续在耶鲁大学做研究生,从事中生代哺乳动物的研究。1926年获博士学位。毕业后曾去伦敦短期进修。1927年起担任美国自然史博物馆古脊椎动物部门的主任。后来历任过哥伦比亚大学、哈佛大学、亚利桑那大学的教授,一直从事古哺乳动物的研究,特别对马科动物的进化做了深入的研究。他在古人类学方面也颇有建树,整顿了当时设立许多属、种的混乱状态。辛普森不满足于记载古生物学的方向(虽然它取得很大的成就),对流行于古生物学领域中的新拉马克主义和定向进化说持有批判态度。他崇尚达尔文的自然选择学说,并和杜布赞斯基及迈尔有密切的交往,完全接受现代进化遗传学的理论,承认生殖隔离是物种分化的关键。关于辛普森崇尚达尔文学说,有这样的逸闻,辛普森在亚利桑那大学任教期间,他把2月12日(达尔文的生日)称之为Darwin's Day,每逢2月12日那天,他总是邀请同事、研究生到他家里举行派对(party)以表达对达尔文的纪念。辛普森使用许多化石材料重新认真地审视有关马科的进化,发现新拉马克主义和定向进化理论是不符合实际的,而化石记录恰好证明了达尔文的理论是正确的。他在1944年出版了《进化的速度与样式》(Tempo and Mode in Evolution)一书,这是他站在综合

辛普森(G.G. Simpson, 1902–1986)

理论的立场使古生物学所获得的材料成为论证进化综合理论合理性的开端。其后他又发表了许多著作，《分类原则和哺乳动物的分类》《进化的意义》《进化的主要特色》《马》等。辛普森用古脊椎动物的材料阐明与充实了进化的综合理论。他对于进化论的发展功不可没，被认为是20世纪最有影响的古生物学家，故而本书一开头采用了他的文章讲述达尔文之后进化论的发展。但是，辛普森对于分子进化的中立理论却始终是持反对、批判的态度，认为只有"自然选择才是遗传信息的作曲者"。

7.7.2　辛普森通过马科动物研究，批判新拉马克主义和定向进化理论

如上所述，由于前后诸多学者的努力，关于马科动物的头盖骨与脑、牙齿以及肢、足等的演变的研究已积累了相当丰富的知识了。辛普森对马科进化的研究又前进一大步，造诣极深。他在《马》一书中指出，"我们关于马的进化知识已经十分充分了"，"马的进化似乎给我们带来了重要进化过程的优秀的典型的图像"，"能给予我们具有广泛价值的教导"。故而他常用马化石材料批判定向进化理论和新拉马克主义，阐明达尔文学说的正确性。为便于读者了解马化石种的名称及其生存的地质年代与地域，故在前面设立了相关的链接。过去一些古生物学家认为马科动物的进化是定向进化的典型例子，是定向进化说的最好证明。可是，辛普森却采取截然相反的态度，他指出上述的说法是严重错误的，不论是对马化石的体型、头盖骨、脑、牙齿、肢足（即腿脚）及趾数的减少等的研究，都恰好说明马科的进化不是定向的，而是发展趋势（trends）与随机变化复杂地交织在一起进行的。篇幅的关系，仅将辛普森对于马的体型增大及由4趾到3趾到单趾的进化观点介绍给读者。

1. 马的体型的多歧变化

现代马的体型比始祖马（*Hyracotherium* 或 *Eohippus*）确实是大得多。过去一些古生物学者提出定向进化理论，主张体型一旦开始增大，便会一直持续下去，直至灭绝。"柯普法则"之一便是大型化法则。但是辛普森在仔细研究了马科动物的化石材料之后，明确指出在马科动物的发展历史中，有过很多例外。很长的时期，马的体型并不增大；在一些分支系统中，也有体型大的向体型小的方向进行逆转性变化。始祖马属（*Eohippus*）出现在始新世（Eocene）的初期。根据对始新世马化石材料的研究，并看不出有大型化的倾向。始新世后期的马较之始祖马，在体型大小上，平均而言倒是变小了。在始新世初期，始祖马属的成员在体型上已呈现出分歧的辐射状态。小型的种即使完全成长了，其肩高也达不到25.4厘米，而大型的种则有50.8厘米之高。体重在不同种之间也相差很大，重者竟是轻者的8倍。在中新世（Miocene）及上新世（Pliocene），马的一些系统如"大型化法则"，体型呈现大型化趋势，可是至少有三个系统相反，体型具有小型化的特征。它们是古马属（*Archaeohippus*）、矮三趾马属（*Nannippus*）和丽马属（*Calippus*）。另外，与此同时也有的属其体型大小并没有显著变化。也有的系统发展出完全不同的像今日现代马（*Equus*）那样大型的种类。就体型大小论，马科的成员呈现出复杂的多样性景象，并非按直线的

定向的路线不断增大的。

2. 马的肢及足的多歧变化

关于马的肢及足即腿脚的进化情形,也同样不是按定向理论设想的那样发展的。生存在始新世(Eocene)初期的始祖马,体型小,有轻捷迅跑的腿脚,在相当柔韧足的里面生有肉趾,前肢有4趾,后肢有3趾。可是到了渐新世(Oligocene)开始的时候,前肢也突然变成了3趾。此时,中趾在三趾中的重要性增大,但体重却仍落在肉趾上。4趾突变为3趾的原因,虽然古生物学家和遗传学家都还说不清楚,辛普森承认,"我们的知识在这里存在空隙"。但是,新拉马克主义的与环境变化相对应的说法却并没有证据。到了中新世,马科动物存在两个以上的系统(line),各系统内的物种其腿脚有着互不相同的多种类型。辛普森指出,定向进化主义者罔顾非常复杂的实情,只选对其理论有利的标本说事。然而定向主义者欺瞒不了了解真情的人们。中新世的一个系统(安琪马与类似的化石马)明显保留着类似于渐新世马的腿脚类型,但是其结实度则较前增加了,大概像貘甚至犀的趾那样结实。而中新世的另一个系统,由草原古马延续下来的一类型,其第3趾发展成为弹跳的结构,两侧的趾保留着,但在该动物休息时,它们已触及不到地面了,这时两侧趾大概在弹跳结构中起着缓冲器的作用。到了上新世(Pliocene),大多数的马种在本质上保留着草原古马的足的结构,但显示出多样的与身体大小无关的随机变异。上新世的一个经由上新马而来的系统,保留着草原古马足的弹跳机构,而起着缓冲作用的两侧趾则急速地消失了,与此同时产生了富有弹力并逐渐变得单纯而强健的真正韧带,担负起支持作用。这一支发展成为现代马。现代马的体型和奔走速度都增加到极限,体型与速度之间达到平衡状态,其中某一方单独增大的话,会产生矛盾,而不利于生存。以上极其简单地介绍了辛普森关于马科动物从始点的小型始祖马(Eohippus)到终点的大型现代马(Equus)进化过程,说明并非是直进的,其间经历了非常复杂多变的过程,发生过多次分歧,许多支在中途灭绝成为盲枝。图7-2也不过是非常概略地反映马科动物进化的一波三折的复杂过程。

辛普森指出,马科的体型及腿脚的进化,在不同的分支中遵循着不同的倾向,是极其复杂的。趾数的减少如从3趾减到单趾,在马科动物的整个进化历史中只有一个系统发生这么一回变化,绝非定向进化过程所致。辛普森肯定地说,定向进化理论所说的只按着一个一定的方向被诱导不断持续变化的情形,在马科的整个发展史中是一例也没有的。但是辛普森也告诉我们,进化也非全系偶然所定。纵观古脊椎动物的演变和马科动物的演变,进化既不存在严格的一定的方向即定向的发展,但也并非全系随机活动所致。进化是由趋向(trends)与随机(random)变异这样两种格局复杂地交织在一起发挥着作用。辛普森认为,趋向是与环境条件变化及定向选择密切相关的。

3. 进化模式

辛普森在对古脊椎动物的研究中,发现多种进化模式。趋向是其中一种常见的进化模式,这与一定的环境条件特别气候条件的变化密切相关的。辛普森指出,动物按一个固定方向进化的事实是不存在的,定向进化主义者主张在生物体内有着一种使生物向一定方向发展的神秘力量的想法是错误的。定向进化理论

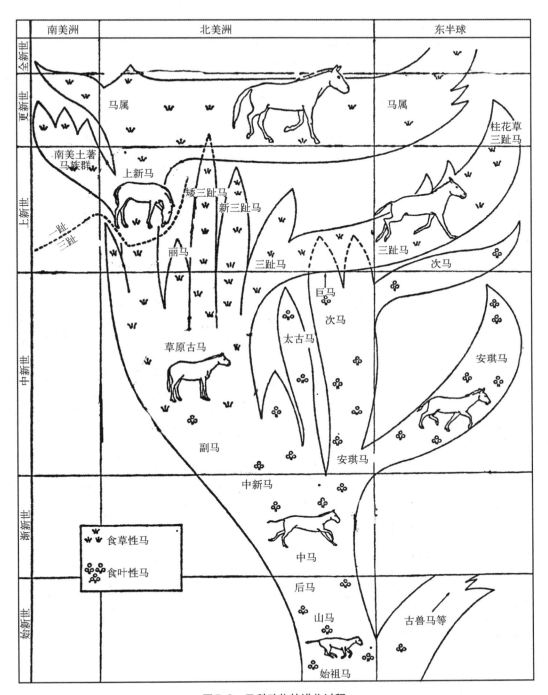

图 7-2 马科动物的进化过程

注意：只有马属（*Equus*）中有现存的类型（马、驴、斑马等种）。

是唯心主义生机论在古生物学中的反映。辛普森在其诸多著作中,是以环境定向选择的理论来加以解释的。环境的变化如果长期具有一定方向性的话,就会对生物产生一定方向性的选择。马的进化,大象的进化,可用定向选择的理论来加以说明,而非支持定向进化的理论。

辛普森指出,还有其他一些进化模式,如性状转换(transformation)模式,在马科动物的进化中,由肉趾足转变为有弹跳力的足,由适合吃树叶的齿变为适合吃草的齿,均属性状转换的进化模式。此外,还有特殊化(specialization)、分歧(divergenece)、适应辐射(adaptive radiation)、平行(parallelism)和收敛(convergence)等进化模式。图7-3表示马科动物及近缘动物科的适应辐射的一种模式。

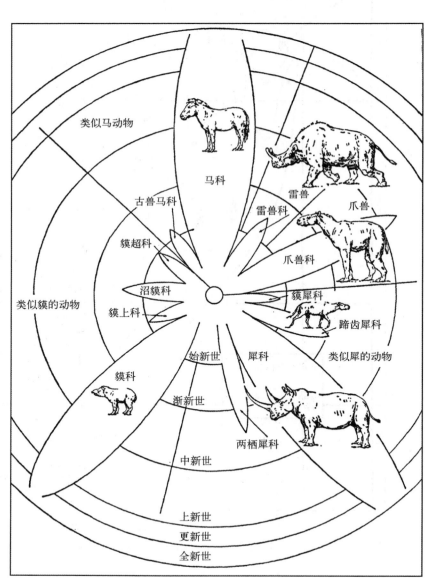

图7-3 马科动物及近缘动物科的适应辐射的一种模式

中心表示图中各科动物的共同祖先。分歧后,从中心向外扩展。不少分支在发展途中灭绝。得以存活的各类动物占据各自的适应环境,形成适应各自环境条件的特征。

马科:Equidae;雷兽科:Brontotheriidae;雷兽:Titanotheres;爪兽科:Chalicotheridae;爪兽:Chalicotheres;貘犀科:Hyrachyidae;蹄齿犀科:Hyracodontidae;犀科:Rhinocerotidae;类似犀的动物:Rhinoceros-Like;两栖犀科:Amynodontidae;貘科:Tapiridae;类似貘的动物:Tapir-Like;貘上科:Lophiodontidae;沼貘科:Helaletidae;貘超科:Isectolophidae;类似马动物:Horse-Like;古兽马科:Palaeo-theridae。

4. 进化速度

关于进化的速度问题,辛普森也做过深入的研究。辛普森指出,笼统地提问生物进化速度为何,是无法回答的,也是毫无意义的。他用许多化石材料指出,不同的生物类群显现出不同的进化速度。即使是同一类群的生物,在不同的地质时期,其变化的速度也会是不同的。同一类群的不同的构造(器官)在变化速度上也会表现出明显的不同。辛普森告诉我们,讨论分歧的速度和构造的变化速度这两项才是重要的。如从始祖马(*Eohippus*)进化到近代马(*Equus*),不算还在生存的近代马,有关联的属是8个,如果认为这8个属是"前进性"变化的,从始新世初期到现在经历了约5 000万年,平均一个属的进化速度是约625万年。其实,各属的进化速度是不一致的。不过,625万年这个值与第三纪中其他有蹄类的进化速度大体上是相同的。也有与此进化速度完全不同的类群,如负鼠(*Opossum*),其现存形态与白垩纪时的形态颇为类似,说明在7 000万年间没有显著的变化,负鼠的进化速度比马的进化速度肯定是慢的。高等动物群即化石记录晚出现的较之低等动物群的进化速度要大。比如现存的爬行类与哺乳类都是从古老爬行类祖先那里进化出来的,可是哺乳类出现以后比爬行类的进化速度要大得多。在结构方面,不同的器官的进化速度也是不同的。从马科动物的化石记录可清楚看到这一点,如在上新世生存有3个属:次马属(*Hypohippus*),三趾马属(*Hiparion*)和上新马属(*Pliohippus*)。它们与其生存在中新世初期的祖先相比较,次马的肢和齿,几乎均无变化,说明它们在中新世后期均变化缓慢;三趾马的肢几乎无改变,可是齿变大,说明在中新世后期肢的进化速度缓慢,齿的进化速度快;而上新马,则不论其肢其齿,均发生了显著的变化,说明其肢其齿在中新世后期都进化得很快。再如马脑的进化,最快的时期似乎在始新世的后期,可是在该时间段,马的骨骼和齿的进化却并不那么快。根据对灵长类化石资料的比较,向人发展的系统和向指猴(aye-aye)发展的系统,在始新世之后的某个时期,在脑的进化上,前者脑的进化速度比后者要快;而在齿的进化上,向指猴发展的系统却比向人发展的系统要快。即使是单一系统在不同的时期,进化速度也会表现出显著的不同。如负鼠在白垩纪后期之后,其形态几乎没有变化,进化速度接近于零。可是在白垩纪后期之前的某一时期,负鼠的祖先却有很快的进化速度。

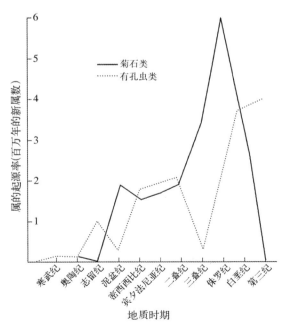

图7-4　菊石类和有孔虫类进化速度的比较

各纪间间隔不与年数成比例。各期曲线的高度与左方纵轴上的数字相对应,表明各时期内百万年所产生的新属数。

这样的例证很多。再如"活化石"鲎（horseshoe crab），属于软体动物门剑尾纲的剑尾目，其祖先在古生代曾有过急速的变化，在当时生存动物中具有最进步的形态。可是到了距今2亿年前，鲎的形态结构就不发生任何改变了，进化速度等于了零，故有活化石之称。

在进化速度的研究中，古生物学家常用的一种研究方法，即属起源率（a rate of origination of genera）的方法。就是在相同的地质时期内，对一个生物类群或两个及两个以上的生物类群比较有多少个属（其实也可以用其他分类范畴为单位）发生，以此来衡量进化速度的快慢。在辛普森的著作中，列举了若干例子。篇幅的关系，这里只选菊石类（Ammonite）和有孔虫类（Foraminifera）的进化速度的比较来说明（图7-4）。

这里要着重说明：辛普森所研究的进化速度是以化石为材料求得的，当然是表型的进化速度。而分子进化速度则与表型进化速度有很大的差异，关于分子进化速度问题，在分子进化一章将介绍。

第8章　自然选择

理论框架（paradigm，或译"范例"）在当今科学哲学中是一个很重要的概念。所谓理论框架就是指某个时期某个科学领域中占支配地位的思考或主义。

从理论框架上论，进化综合理论和经典的达尔文的进化理论是一脉相承的，关于进化机制的见解，都把自然选择看作是进化的动力。所以，进化综合理论又称为新达尔文主义。

另外，它们都是着眼于表型进化的，这是受当时的科学发展水平的限制。

自然选择理论是达尔文主义的核心内容。进化综合理论的学者不仅继承了这个理论，而且有新的发展。

§8.1　适应度

自然选择理论在达尔文的进化学说中占据着核心的位置，是达尔文进化学说区别于以前的包含拉马克进化学说的最主要区别。生物群体内总有突变发生，因而产生表型不同的个体。在不同的个体之间，严格地说，在不同的基因型之间，其生存力及繁衍后代的能力是有差别的，就是说，不同个体间或不同基因型之间，其适应度是存在差别的。而自然选择就是依据个体适应度的高低来进行取舍的。

适应度（fitness），也称达尔文适应度（Darwinian fitness），也称适应值或选择值（adaptive value 或 selective value），是表示群体中的各个个体在自然选择中得以生存及繁衍后代的有利程度。适应度的根本指标是生物个体一生中能产生的子代数，但是，这个子代数不是指产生的个体数，而是指达到生殖年龄的子代个体数。说到底，适应度是表示某生物个体（基因型）对构成下一代群体的遗传组成或称基因库所能做出的贡献程度。基因的作用是通过个体发育过程表达为表型。自然选择是通过对表型的取舍而间接达到对群体遗传组成及其频率的改变。而群体的遗传组成及其频率发生的不可逆的变化乃是生物进化的实质也。

§8.2 正选择与负选择

自然选择就是保存适应度高的个体或基因型,淘汰适应度低的个体或基因型的过程。具有适应度高的基因型可留下更多的子孙,其有关基因的频度自然就会在自然群体中不断地增加和扩大。这种式样的自然选择称为正选择(positive selection),也是达尔文所论述的自然选择的实质,故又称达尔文选择(Darwinian selection)。例如英国工业化之后,曼彻斯特等城市的桦尺蛾发生"工业暗化"现象,即有关暗色基因的频度在群体中不断增大;又如连续大量使用农药,会使作物的抗药性不断增加,即有关抗性基因的频度在群体中不断增大。这样一些例子均属于正选择。相反的情形,是负选择(negative selection)。负选择是指群体中出现有害基因或致死基因时,具有这样基因的个体的适应度降低,于是自然选择将这样的个体(基因型)逐渐淘汰掉,使该有害或致死基因的频度在自然群体中逐渐减少下去。

§8.3 自然选择作用的三种方式

从表型水平论,自然选择不论对于由单一基因表达的性状或对于由多基因控制的性状含数量性状发生作用时,其选择方式不外是三种类型:稳定化选择、方向性选择和分裂化选择。

8.3.1 稳定化选择

稳定化选择(stabilizing selection)又称正常化选择(normalizing selection)或向心选择(centripetal selection)。稳定化选择是针对生物的连续性状起作用的选择,是使群体中具有中间值个体的适应度变为最大化的选择(图8-1)。在环境条件不发生改变的情况下,自然选择的一般性格是维持对环境适应了的生物群体的现状保持不变。可是环境条件随时都在发生变化,生物个体也总是发生变异包括基因突变、基因重组、畸变或从别的群体流进基因来(水平转移),因而生物群体的适应必然是相对的、有条件的和暂时的。群体的基因库处于波动状态则是绝对的、必然的。由于突变基因的适应值一般都比野生型基因的低,群体的适应值如果不能维持不变,群体就会逐渐灭亡。

稳定化选择的作用就在于使群体中连续的量的性状处于平均值或接近平均值的状态,使平均值或近于平均值的个体的适应度变得越来越大。群体初始状态时的基因频度多呈常态曲线分布,可是由于稳定化选择的作用,具有平均值或接近平均值的个体的基因频度会逐渐增加,而远离中间值的不论是正方向或反方向的个体的适应度低下而被逐渐去除掉。结果常态分布的曲线会逐渐形成以中间值为中心的幅度狭窄的顶峰曲线。

援引进化综合学者举过的一些例证。英国学者调查过伦敦3 000个新生儿的

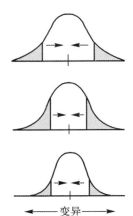

←——变异——→

图8-1 稳定化选择

体重与出生后1个月时死亡率的关系。结果表明,生存率最高的,即死亡率最低的是体重居于中间的婴儿。过重的或过轻的婴儿死亡率高。出生1个月后的平均死亡率为4.5%,而体重居于中间(7.5—8.5磅)的婴儿的死亡率不过1.5%。差异在统计学上显著的。

　　1898年初春,在英国的一个名叫Bumpus的地方下了一场夹着雪的大风雨,把许多麻雀吹落到地上,调查者拾到136羽,其中72羽活着,64羽死亡。学者对136羽麻雀的体长、体重、翅的长度等9个性状进行了比较考察,发现8个性状明显表现出较平均值大的或小的个体死亡得多。说明稳定化的自然选择在于维持群体中平均的、标准的或近于平均的、标准的个体的适应值,而超过了或达不到平均值的个体则处于被淘汰的状态。

　　以上这两个例子是从生活力(vatility)的角度来说明稳定化选择。稳定化选择也适用于受胎能力(fecundity)。有学者用鸡卵为材料做实验,发现从中间大小的卵孵化出的鸡雏是日后受胎能力最强的。而从大于或小于中间值的卵孵化出的鸡雏其日后受胎能力不如前者。

　　在环境条件相对不变的情况下,稳定化选择的作用在于保障大多数处于中间状态的个体在群体中占优势。人类群体也是如此。美国第16任总统林肯说过一句名言:“上帝一定是喜欢平凡的人,要不然,怎么创造出这么多平凡的人。”

8.3.2　方向性选择

　　当生物的生存环境发生明显改变的时候,为使群体能适应改变了的环境条件,自然选择会对某性状朝着或大的方向或小的方向连续若干世代地发挥作用,使群体的平均值也朝着与选择方向相同的方向移动,不久后,某种基因频度相对稳定地达到一定值,此时称之为选择的界限。这种选择谓之方向性选择(directional selection)(图8-2)。一般文献多援引曼彻斯特的桦尺蛾的“工业暗化”现象来说明(图8-3)。英国曼彻斯特工业发展起来之前,天空蔚蓝,环境明亮,浅色的桦尺蛾是适应的类型,自然选择对它有利,所以其基因频度在群体中占据优势。可是工业化之后,天空被黑烟弥漫,连墙壁、树皮都披挂上厚厚的深暗色的灰层,能见度严重下降,这时原来潜藏在群体中的少数暗色类型(carbonaria)由于与背景颜色一致而免遭天敌的捕食,其数量急剧增多,而成为优势类型。不言而喻,其基因频度也随之朝着越来越多的方向发展。而原来适应的浅色类型则变成了不适应的类型,因为其体色与暗淡的环境色调反差很大,容易被鸟类吃掉,故其基因频度自然朝着越来越少的方向移动。这种现象称为“工业暗化”。工业暗化是方向性选择的好例子,也是小进化(microevolution)的好例子。这种现象不仅发生在曼彻斯特,也发生在欧洲其他工业化城市。任许对德国境内桦尺蛾群体随着德国工业化进程发生同样情形进行过追踪研究。

　　第二次世界大战后,欧洲各国的产业发生了转型,加之欧洲各国政府对环境保护的重视,烟囱林立、黑烟滚滚的情形大体上已不复存在,昆虫工业暗化的现象也就随之成为历史。

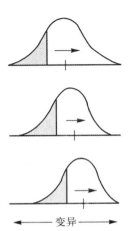

图8-2　方向性选择

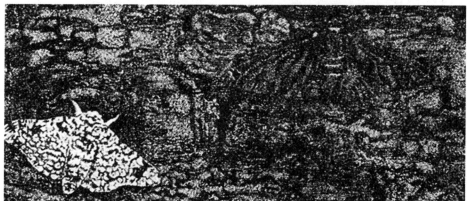

图8-3 桦尺蛾的"工业暗化"现象

(上)浅色型与暗色型的桦尺蛾停留在明亮的背景上 (下)浅色型与暗色型的桦尺蛾停留在暗色的背景上。

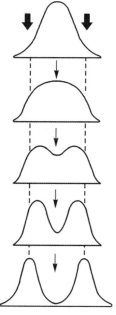

图8-4 分裂化选择

8.3.3 分裂化选择

分裂化选择(disruptive selection)最初是由马瑟(K. Mather, 1953)提出来的。分裂化选择是指这种选择可使群体内出现两个或两个以上的适应的基因型,故又可称多样化选择(diversifying selection)(图8-4)。这样的选择是迥异于上两种选择的。按照马瑟的见解,分裂化选择如果长时期持续发挥作用的话,会促使同域物种分化(sympatric speciation),即在同一地域内发生物种分化。例如一种栖息于南美洲的实蝇*Rhagoletis pomonella*,俗名叫苹果蛆蝇(apple maggot fly),它本来的宿主植物是山楂树(*Crataegus*属)。1965年发现有以苹果树为宿主的实蝇。菲德尔(J.L. Feder)研究组和麦弗伦(R.A. McPheron)研究组(1988)对栖息于两种宿主植物的实蝇做了同工酶分析和交配实验,结果发现在以山楂树为宿主的实蝇和以苹果树为宿主的实蝇之间,等位基因的频度已有了显著的差别。另外,交配试验表明两者之间在交配前与交配后都发生了一定程度的隔离。这说明分裂化选择正在导致同域物种分化。

再如人体都具备产生分解乳糖的乳糖酶(lactose)的基因*LGT*,这个基因的表达也与自然选择的分裂化选择有关。*LGT*基因仅在小肠内表达,也就是说,乳糖酶只在小肠内被合成，便于它在小肠内分解含在母乳和牛奶中的乳糖。*LGT*基因只在小肠里表达是非常合理的。婴儿在出生时及出生后不久，*LGT*基因的表达最旺盛，有利于婴儿的成长。婴儿断奶后，这个基因的表达则逐渐低下，这也很合理，符合生物节约原则。可是，根据洛默（M.C. Lomer）等人的研究（2008）发现，中国人、日本人等东方人随着年龄的增长，*LGT*基因表达显著降低，断奶后 3～4 年，*LGT*基因表达量较诞生时降低 10%～20%，成年后 *LGT* 基因的表达更加降低，故有不少成年人喝了牛奶后，由于不能分解乳糖而出现泻肚等不适症状。可是，北欧白人的情形不同，他们的 *LGT* 基因表达量降低得很缓慢，这是因为他们的 *LGT* 基因的启动子（promoter）发生了突变。持有 *LGT* 基因启动子发生了突变的北欧白人成年后也照样可以大量喝牛奶，对于适应北欧寒冷的气候是有利的。虽说东方黄种人（Mongoloid）和北欧白种人（Caucasoid）都属于同一个种 *Homo sapiens*，可是自然选择对于他们 *LGT* 基因表达能力却进行分裂化选择，有利于他们适应各自的生存环境。

第9章 进化的规模

关于进化的规模，最早予以划分的是美籍德国学者戈尔德施米特（R. Goldschmidt, 1878–1958）。戈尔德施米特是遗传学家、发生学家，他将遗传学与发生学结合起来，对进化学的发展做出很大的贡献。1935年前，他在柏林凯森威廉研究所工作。因为他是犹太人，受希特勒的迫害而后移居美国。他在1940年将进化规模分为小进化（micro-evolution）和大进化（macro-evolution）。在戈尔德施米特看来，在人的一生中能够察觉到的群体变化，谓之小进化。种以上水平的进化谓之大进化。辛普森（1947）站在古生物学立场，认为进化的第一步，是可以观察到的小规模进化谓之小进化，其次，种分化水平的进化谓之大进化，在进化长河中出现的更高分类范畴的进化，如古生物化石常见的形态性状差异显著的进化，谓之巨进化（mega-evolution）。任许则把进化的规模划分为种内进化（intra-specific-evolution）和种以上规模的进化（trans-specific-evolution）两大类。日本进化学者驹井卓（T. Komai, 1963）则将进化规模划分为小进化、中进化（meso-evolution）和大进化。三种进化规模的区别如表9-1所示。

表9-1　三种进化规模的区别

进化的规模	参与基因数	分类水平	所需时间	可认识水平	研究方法	遗传学可否阐明过程	形成原因
小进化	1个或数个	突变型或变种	几十代或数百代；几十年或数百年	表型、基因型	连续观察、历年材料	可能	突变、自然选择、遗传漂变
中进化	10多个或更多	种或属	数千世代或更多；数百万年	表型、甚或基因型	物种分析、化石记录	或有可能	小进化因素外，迁徙、隔离等
大进化	更多数，难以估计	属或更高分类范畴	更多世代更长年代	表型	根据进化理论、化石记录、比较生物学知识进行推测	不可能	除小、中进化因素外，灭绝、高次选择及同源异形基因（homeotic gene）突变等

表中所列举出的区别并非绝对，只是大致的区别。

§9.1　小进化

发生在现存生物中的小进化现象,往往是可以在野外进行详细观察和记录的,发生这种进化的背景是可以进行遗传学解析的。小进化的典型例子是关于异色瓢虫(*Leis axyridis* Pallas,旧属名为 *Harmonia*)色斑型表型频度与基因型频度的研究。异色瓢虫的分布只局限在东北亚地区,故又称亚洲瓢虫。异色瓢虫的鞘翅上生有各种形状的斑纹,是典型的多样性物种,一向为昆虫分类学家、遗传学家所关注。从19世纪末就有研究这种昆虫的论文发表。异色瓢虫鞘翅上的斑纹有二三十种之多,主要的类型有5种(图9-1)。国内外遗传学家经过半个多世纪的研究搞清,色斑型是受一系列复等位基因所制约。(1) 黄底型(类型名称:*succinea*,基因型:ss):鞘翅底色为黄橙色,上面从没有黑点(光板)到多达19个黑点。控制黄底型的复等位基因至少有13个。(2) 黑缘型(*aulica*, $S^A S^A$):鞘翅底色为黄橙色,在左右翅的外缘有黑边。(3) 花斑型(*axyridis*, $S^X S^X$):鞘翅底色为黑色,在左右各翅上各有6个橙红色斑点。这种类型在俄罗斯很多,日本也有,在我国则很少见。(4) 四窗型(*spectabilis*, $S^s S^s$):鞘翅底色为黑色,在左右各翅的偏上方有一个较大的橙红色斑点,在偏下方有一个稍小的橙红色斑点。(5) 二窗型(*conspicua*, $S^c S^c$):鞘翅底色为黑色,在左右各翅的偏上方有一个较大的橙红色斑点。

异色瓢虫是孟德尔式遗传群体。各种色斑型之间均可自由交配。交配试验表明,鞘翅上的深色部分是浅色部分的显性,故在杂交后代呈嵌镶显性(mosaic dominance)(谈家桢,1946)。

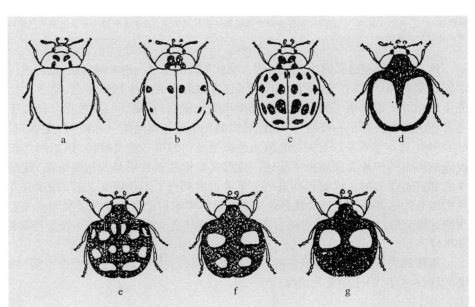

图9-1　异色瓢虫鞘翅上的斑纹

上排a、b、c为黄底型;d为黑缘型;下排e为花斑型;f为四窗型;g为二窗型。

谈家桢（1909—2008）

关于异色瓢虫群体小进化的问题，最早是由杜布赞斯基在俄国开始研究的（1924），他对俄国东方的几个地区异色瓢虫群体进行了考察。从表9-2可以看出不同色斑型在不同地域的群体里所占的比例是不同的。如在阿尔泰山脉地区，采集到的异色瓢虫总数4 013只，其中黄底型很少，而花斑型所占比例很高；可是伯力群体，近600只，海参崴群体总数也相当多，近800只，其中黄底型所占比例颇高，而花斑型则很稀少。由于采集总数很多，随机偏差可能性很小。

表9-2   异色瓢虫的不同色斑型在群体中所占比例

地　区	黄底型 （ss）	黑缘型 （S^AS^A）	花斑型 （S^XS^X）	四窗型 （S^SS^S）	二窗型 （S^CS^C）	其他	总数
阿尔泰山脉	0.05		99.95				4 013
叶尼塞斯克	0.9		99.10				116
伊尔库茨克	15.1		84.9				73
西贝加尔湖	50.8		49.2				61
阿　穆　尔	100						41
伯　　力	74.5	0.3	0.2	13.4	10.7	—	597
海　参　崴	85.6	0.8	0.8	6.0	6.8	0.1	765

　　黄底型、黑缘型、花斑型、四窗型、二窗型为表现型。基因型由括号内英文字母所表示的，如ss是黄底型的基因型，S^AS^A、S^XS^X、S^SS^S、S^CS^C则分别代表黑缘型、花斑型、四窗型、二窗型的基因型。阿尔泰山脉群体、叶尼塞斯克群体、伯力群体和海参崴群体采集的数目足够多，各种色斑型所表现的差异在统计学上是有意义的。

　　这是一个很有意义的小进化问题。受杜布赞斯基这一研究的启迪，我国遗传学家谈家桢和日本的一些学者也开展了这方面的研究。从1962年起，笔者在谈先生的指导下也从事了异色瓢虫色斑型小进化研究，积累了一些数据。1981年笔者和谈先生合写了一篇题为"异色瓢虫的几个遗传学问题"（1981）的文章，对从1899年日本学者发表有关异色瓢虫色斑型变化的第一篇文献起，到1980年代发表的所有的中外文文献做了综述。这篇文章把杜布赞斯基的初期研究、我国学者和日本学者的工作都包括进去。笔者也曾调查了不少俄文文献，却没有发现俄国有关这方面研究的后续报告。我在日本学术讨论会上报告了我和谈先生写的这篇文章，引起日本学者的兴趣，被翻译成日文，在日本《遗传》杂志上发表（1983）。

　　篇幅的关系，这里只以我国的研究数据说明有关异色瓢虫色斑型在空间（纬度）及时间（年代）上的变化情况（表9-3）。

表9-3　异色瓢虫色斑型的变化

地名	时间（年）	总数	黄底型	黑缘型	四窗型	二窗型	其他
哈尔滨	1957	736	93.08	0	2.85	4.08	0
沈　阳	1944～1963	5 717	92.12	0.06	3.82	3.90	0.11
北　京	1931～1964	10 261	82.90	0.30	9.45	7.08	0.10
太　原	1963～1979	5 737	74.45	0.826	17.95	6.62	0.10
西　安	1962～1963	1 074	71.98	1.24	13.10	14.04	0
苏　州	1932～1957	6 331	54.00	0.14	26.32	19.55	0
上　海	1964	36	52.77	2.77	11.11	33.33	0
杭　州	1947～1964	17 302	43.61	1.62	28.13	26.29	0.42
贵　州	1941～1944	3 597	26.16	1.63	31.74	40.48	0

从哈尔滨到杭州、贵州是从北到南的走向。黄底型在我国北方是优势类型，越向南所占的比例越低，呈倾群现象。而黑缘型、四窗型、二窗型则表现相反，在北方群体中所占的比例低，越往南所占的比例越高，也呈现倾群现象。

从表9-3可以看到黄底型的基因频度明显地由高趋向于低，而其他三种黑底型的基因频度却明显地由低转高，这种现象称为倾群（cline）。倾群现象的产生原因在笔者和谈先生的文章中做了解释。如何从表型频度求得基因频度，在该文章中有求得方法的公式。

异色瓢虫的各种色斑类型在地理分布上呈现倾群现象，在时间跨度上也表现出规律性变化（表9-4）。

表9-4　异色瓢虫的倾群现象

地　点	年　代	黄底型		黑底型		采集数目
		表型频率	基因频率	表型频率	基因频率	
北京	1931	0.863 2	0.929 1	0.136 8	0.070 9	9 300
	1957	0.807 9	0.898 8	0.192 1	0.101 2	65
	1964	0.820 9	0.906 0	0.179 1	0.094	307
杭州	1947	0.504 0	0.709 9	0.496 0	0.290 1	2 456
	1957	0.420 9	0.648 8	0.579 1	0.351 2	1 649
	1964	0.378 6	0.615 4	0.621 4	0.384 6	103

黑底型包括黑缘型、四窗型、二窗型；我国采集不到花斑型。北京群体1957年采集数目太少，无统计学意义。1931年和1964年比较，黄底型的频率不论表现型还是基因型（两者具有平行关系）有减少的趋势；而黑底型相反，有增加的趋势。杭州群体，其黄底型呈减少趋势，而黑底型呈增加趋势。均表现出倾群现象。

表9-5是日本学者从1912年开始直到1965年，跨度40余年间对诹访-辰野群体中异色瓢虫各种色斑类型的表型频度和基因频度的记录。可清楚地看出年代性的变化，其原因，日本学者认为或与温度、湿度的连续性变化有关。

表9-5　异色瓢虫诹访-辰野群体各种色斑类型的表型频度和基因频度

年　代	黄底型（ss）		花斑型（S^{x}S^x）		四窗型（S^{s}S^s）		二窗型（S^{c}S^c）		总数
	表型频度	基因频度	表型频度	基因频度	表型频度	基因频度	表型频度	基因频度	
1912、1913	42.6	0.653	4.6	0.034	9.5	0.047	42.3	0.249	2 005
1914	41.7	0.646	5.6	0.042	10.9	0.075	41.8	0.237	1 413
1915、1917	43.4	0.659	4.8	0.035	10.7	0.073	41.1	0.233	2 059
1920（A）	42.4	0.651	4.4	0.033	10.6	0.057	42.4	0.246	4 512
1930（B）	37.5	0.612	3.9	0.031	10.2	0.075	48.4	0.282	13 157
1942、1943（C）	32.0	0.566	5.0	0.043	13.0	0.098	49.8	0.293	823
1950（D）	28.8	0.537	3.7	0.033	11.2	0.090	56.3	0.340	2 220
1954（E）	28.3	0.532	3.4	0.028	12.0	0.099	56.6	0.341	258
1964、1965（F）	17.47	0.418	4.62	0.052	13.79	0.129	64.12	0.401	911

　　异色瓢虫的因地因时的变化是小进化的典型例证。谈家桢对异色瓢虫色斑型呈嵌镶性显性的发生机制问题一直抱有浓厚的兴趣，遗憾的是，迄今似乎还没有得到阐明。我国西藏具有独特的生态环境，那里有没有异色瓢虫栖息？如果有，各种色斑类型的表型频度和基因频度又如何？是饶有兴趣的问题。大概会出现与内陆地区不同的情况，对于理解造成倾群现象的机制也许有帮助。海南岛是隔离的地理环境，异色瓢虫群体各种色斑型的表型频度和基因频度又如何，也是研究小进化的很好对象。

　　另一个典型的例子是我们在方向性选择中曾举过的工业暗化的例子。英国生态遗传学家福特、凯特威尔等人对桦尺蛾的工业暗化现象进行的研究表明，曼彻斯特等欧洲城市在19世纪工业化之后，生态环境发生了改变，原来群体中的浅色类型和暗色类型的适应价值发生了转变，经几十年自然选择的连续作用，控制浅色类型和暗色类型的基因频度发生了改变，从而导致小进化的发生（Kettlewell，1955；Ford，1964）。第二次世界大战后，曼彻斯特等城市由工业城市转型为商业和文化城市，空气清新了，工业暗化的现象也就随之消失了。

§9.2　中进化

　　果蝇分类学家、进化学家卡尔森等人对夏威夷群岛果蝇物种分化的研究成果可看作是中进化的很好范例。

9.2.1　夏威夷群岛上生息着非常多的果蝇种类

　　据1970年代的统计如表9-6。

表9-6　夏威夷群岛的果蝇种数

	全世界	夏威夷群岛（%）
蝇　科	2 558种	508种（19.9）
果蝇属	1 467种	349种（23.8）
果蝇亚属	759种	269种（35.4）

夏威夷群岛的果蝇占全世界果蝇科（Drosophilidae）的19.9%，占果蝇属（*Drosophila*）中的23.8%，占果蝇亚属（Subgenus *Drosophila*）中的35.4%。可见夏威夷群岛果蝇种类之丰富。而在夏威夷果蝇属中的73%的种是夏威夷群岛的固有种（endemic species）。特别值得一提

图9-2　夏威夷群岛独有的翅膀有图案的果蝇 *Drosophila grimshawi*（雄蝇；×22）（取材自卡尔森等著的 *The Genetics and Biology of Drosophila*, Vol. 3b, 1982）

的是，在夏威夷果蝇亚属中，有一群身体大型（体长约6 mm，是黑腹果蝇体长的3倍）、并在翅上生有图案的果蝇，通称"翅膀有图案的果蝇"（Picture-winged Drosophila），这种果蝇已记载的有105种，未记载的新种估计还有约80种。"翅膀有图案的果蝇"是夏威夷群岛独有的（图9-2），即在夏威夷以外的地区是找不到它们的。依据此事实可做出有力的判断：这类果蝇是在夏威夷群岛上分化出来的。研究"翅膀有图案的果蝇"种之间的关系，有助于搞清物种分化的过程。卡尔森等选择这个果蝇类群作为研究对象是非常合适的。

9.2.2　夏威夷群岛形成的地质学背景

地质学家对夏威夷群岛的形成过程研究得十分清楚。夏威夷群岛在地质年代上是相当年轻的。这也是研究中进化的有利条件。夏威夷群岛由大小岛屿130余个组成，它们的走向是从西北朝东南，岛屿几乎并列成一行。太平洋板块每年以平均9 cm的速度向西北方向移动。夏威夷群岛的成因是海底火山爆发使地幔突破了地壳而形成了熔岩岛。板块不断地慢慢移动，而地幔在相同的场所向外喷出，于是就依次形成了一个个岛屿。根据G.A.麦克唐纳（G.A. MacDonald）和阿宝特（A.G. Abbott）（1970）用钾氩法测定，确定夏威夷群岛是很年轻的岛屿。图9-3表明群岛中的几个主要的岛屿名称及形成年代。考爱岛（Kauai）形成于距今560—380万年前，在群岛中算是最古老的；瓦胡岛（Oahu）形成于距今340—220万年前；莫洛凯岛（Molokai）形成于距今180—130万年前；兰奈岛（Lanai）形成于距今200万年前；毛伊岛（Maui）形成于距今150—80万年前；夏威夷岛（Hawaii）形成于距今100—40万年前，是最年轻的岛。即使是同一个岛，西北部形成得早，而其东南部形成得晚，故出现年代幅度。在熔岩逐渐冷却形成

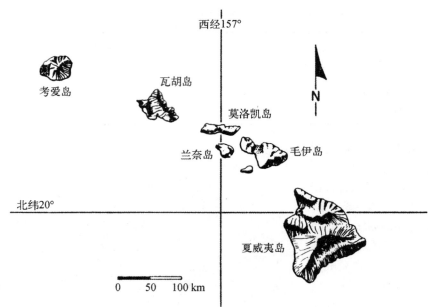

图 9-3　夏威夷群岛各岛屿名称及位置

岛的同时,由于海流及风向的复杂作用,各式各样的植物种子、孢子被搬运到岛上来,天长日久,形成了极其多样的生态环境,如热带雨林或干燥森林等等。各式各样特殊化的生态龛(ecological niche),是极易引起物种爆发性分化的好条件。翅膀有图案的果蝇类群在夏威夷群岛上进行分化无疑,且群岛中各岛形成的时间已知,选择此类群果蝇作为研究种分化的对象是再合适没有了。

9.2.3　唾腺染色体研究阐明了翅膀有图案果蝇的系统关系

卡尔森等人利用唾腺染色体重复倒位的研究方法,搞清了69种翅膀有图案果蝇之间的系统关系,见图9-4。

在69个翅膀有图案的果蝇种中,把 *D. grimshawi* 作为标准种。这个种在上图的上方中央位置,有6条染色体: X 2 3 4 5 6。其唾液染色体横纹(band)的排列顺序作为标准型(standard type)。图中的许多方形框表示现存的物种;中间扁平两边椭圆形框表示推测的祖先种(或过渡种)。符号＋表示唾腺染色体的横纹排列顺序同于 *D. grimshawi* 的唾腺染色体横纹的排列顺序。英文字母: a, a², b, d……z表示各种倒位的名称。如3a/＋,即表示第3条染色体,倒位排列型为a,另一条染色体的排列顺序为＋,表示为标准型。例如, *D. liophallus* 这个种(在标准型的左下方)生息于毛伊岛上,它的基因型是: Xh, 2, 3i, 4b, 5d, 6。Xh即X染色体h型倒位;2即第2条染色体同标准型;类推之。根据这样的基因型可推测出 *D. liophallus* 的系统进化关系,具体的进化途径是:标准型(*D. grimshawi*)→变为4b(即第4染色体产生b型倒位)→5d(第5条染色体上产生d型倒位,在毛伊岛分化出种 virgulata)→3i(在毛伊岛分化出种 *D. odontophallus*)→Xh(X染色体h倒位)就演变成 *D. liophallus*(2, 6表示染色体为标准型)。卡尔森等人通过分析唾

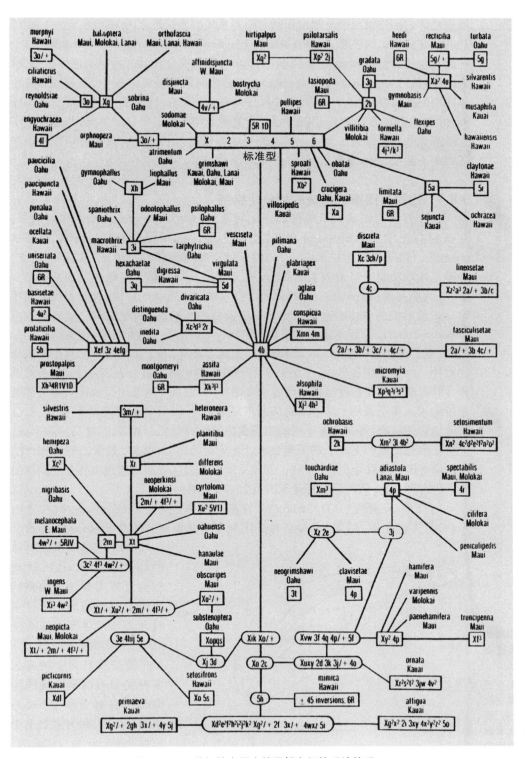

图9-4 69种翅膀有图案的果蝇之间的系统关系

液染色体的倒位情况而绘制出翅膀有图案果蝇的系统进化的关联图,是一项很漂亮的研究成果。请注意,在图9-4的右上方 *hawaiiensis*、*silvarent*、*musaphilia* 3个种和其左边的 *gymnobasis*〔基因型:$Xa^2 4u$〕,具有完全相同的唾腺染色体序列,称为同序列种(homosequentiai species)。在翅膀有图案果蝇69种中,根据唾腺染色体序列的类似性,分5个亚群,其中同序列种有8个组,包含21个种。尽管是同序列种,但它们在形态学上、生态学上、行为学上均产生了明显的不同,均是发生了生殖隔离的完好的种。至于生殖隔离形成的机制,研究者认为,差异可能发生在基因水平甚或DNA水平上。

9.2.4 翅膀有图案的果蝇的种分化机制

关于翅膀有图案的果蝇种的分化问题,卡尔森等的研究得到了很好成果。在翅膀有图案的果蝇中,分布在2个以上岛屿的果蝇只有 *D. grimshawi* 和 *D. crucigera*(位于标准型种的右下方)两个种。其他的67种都生息在特定的岛上。考爱岛在地质学上是最古老的岛,首先,1只或几只受精了的雌蝇飞到考爱岛上来,成为奠基者(founder)。这里遗传漂变显然起着重要的作用,奠基者的基因型对后来所形成的群体的遗传组成具有决定性的影响,这种现象谓之奠基者效应(founder effect),是迈尔确立的论点(E. Mayr, 1963)。奠基者到新环境后,如果适应,就会进入繁荣状态(flush phase),而成为种群,并于不同的生态龛中形成新的物种。接着瓦胡岛形成,考爱岛上的种的少数个体迁徙到瓦胡岛上,成为奠基者,同样,遗传漂变在此过程中起着重要的作用,奠基者的基因型决定后来群体的遗传组成。新迁来的个体如果适应新的环境条件,由于天敌和竞争对手少,就会急速地繁荣起来,并在许多不同的生态龛里进行种分化。其后,其他岛依次形成,生息在前边形成的老岛上的果蝇会再迁徙到新的岛上,落脚,繁荣,进行种分化。卡尔森等根据唾腺染色体的分析,发现果蝇奠基者从老的岛越过海峡迁徙到新的岛上进行种分化,前前后后迁徙至少有22次,见图9-5。

1972年,斯托克(H.D. Stalker)发现栖息在考爱岛上的 *D. primaeva*(位于图9-4最下方的左侧)的第5条染色体的序列型与北美洲产的 *D. robuster* 群里的 *D. colorata* 种的第5条染色体的序列型完全一致,故而推测夏威夷群岛上的翅膀有图案的果蝇的先祖是来自北美洲或亚洲大陆的 *D. robuster* 群果蝇。

夏威夷群岛上的那么多种翅膀有图案果蝇的种分化是在40万年至560万年间发生的,研究者是不能在野外进行观察与记录的,自然是中等规模的进化。

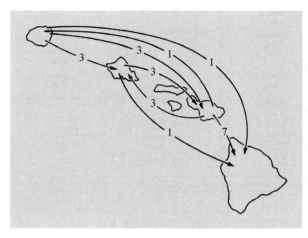

图9-5 翅膀有图案的果蝇在各岛之间迁徙进行种分化

从上到下依次是考爱岛、瓦胡岛、莫洛凯岛、兰奈岛、毛伊岛、夏威夷岛;箭头表示果蝇迁徙的方向;数字表示迁徙次数,至少有22次。

这与我们在前面讲的桦尺蛾的"工业暗化"现象和异色瓢虫群体中各种色斑型的表型频度或基因频度在几十年中发生的变化以及地理分布上的倾群现象是截然不同的。但是通过遗传学的手段,中进化还是可以研究与了解的。

§9.3 大进化

大进化是探讨属、科、目、纲等高层次分类范畴起源的问题。关于大进化的起因有多种见地,前面已列出。于此,仅介绍进化遗传学者的见解与现代遗传学的研究进展。

9.3.1 突变与跳跃理论

跳跃理论(saltation theory)主张新的种是由祖先种瞬时突然地产生出来的。这种观点可追溯到 20 世纪初。德弗里斯(1901)提出突变论(mutation theory),认为进化不是在自然选择作用下经由微小变异积累而成,新种是由突变一下子产生出来的。我们对德弗里斯的观点已做了详细的剖析与批评。可是,1940 年著名的遗传学家戈尔德施米特又提出了一种隶属于跳跃理论的观点,他主张通过体系(全体)的突变(systemic mutation)可瞬时地产生出"有希望的怪物(hopeful monster)",即新的超越属水平的生物类型。考虑到戈尔德施米特是站在大进化的立场上的,将 monster 译为巨物或更合适些。1940 年是综合理论兴隆的时期。不少综合理论学者对戈尔德施米特的这种观点是取蔑视与嘲笑的态度,认为他的这种主张无异于"鸡窝飞出金凤凰",实属无稽之谈。古生物学家申德沃尔夫(O. Schindewolf, 1950)提出一种观点,认为在个体发育初期偶然发生的大突变(Grossmutation)会使新的种由祖先种一举产生。自然,其间是没有自然选择作用的。达尔文主义者或综合理论学者对于跳跃理论当然是不会认可的。但是,植物多倍体种的形成倒是符合跳跃理论的。

9.3.2 适应带转移与量子进化理论

这个理论是辛普森提出来的(1944, 1953)。化石记录中屡屡可以看到形态发生断续性变化的情形。对于这种情形,不少学者用小进化的理论(自然选择和遗传漂变)或化石记录不完全的说辞来加以解释。辛普森是第一个不满意上述解释的学者,他站在达尔文学说的理论框架上提出了适应带与量子进化的理论对大进化的起因做了尝试性的说明。

所谓适应带(adaptive zone)是指各个分类群所占据的生态龛。地球上有无数的生态龛,适应带与适应带之间是不连续的。例如,哺乳类动物的适应带涵盖地上、树上、天空、地下、水中等等。即使都生活在地上,有的生活在森林里,有的生活在草原上,适应带也是不同的。即使都生活在森林里又因食性或活动时间的不同而使适应带发生分化。对特定的生物类群而言,离开其特定的适应带是难以生存的。

辛普森将进化分为种分化、系列进化和量子进化三种类型（图9-6）。关于种分化，辛普森认为，种一般占据着基本相同的生态龛。新的种出现不外取两种方式，一种方式是把原来种所占据的适应带逐渐分割为两个独立的下位的适应带，为两个种所占据。这种方式的实质为分断化选择。另一种方式是新的种侵入到空白的地域，将那里开拓为新的适应带。辛普森认为高级分类群的形成也有采取上述方式的。系列进化主要是种以上类群的进化方式。如马科各属的进化便主要是属于系列进化的方式。辛普森认为当生物向不同的适应带转移时，由于生活方式的革新，强的定向选择使形态向着更有效适应的状态转变，于是形态就会急速地发生大的变异。辛普森将这种适应带转移时由某个生物群在很短的地质时间内形态发生急速的大变化而爆发式地产生出若干个高级的分类群称之为量子进化或非连续进化（quantum evolution）。辛普森的量子进化理论就是对化石记录中所看到的急速发生形态大变化现象的理论说明。辛普森的这个理论称为非连续进化较好理解。可是照其英文术语来译，是量子进化。这个理论也可以说是埃尔德雷奇（N. Eldredge）和古尔德（S.J. Gould）1972年提出的断续平衡理论的先声。不过，辛普森是不完全赞同断续平衡理论的，本书第1章中辛普森所写的"达尔文以后的进化研究"一文中可清楚看到这一点。

辛普森所提出的适应带转移和量子进化的理论对于说明大进化的起因是重要的，并且半个多世纪以来一直保持其有效性，是与导致生物大发展的适应辐射（adaptive radiation）密切联系在一起的。寒武纪前期后生动物（门、纲水平），第三纪初期哺乳动物（纲水平），澳洲大陆有袋类（目水平）等，在各个时期，各个地域，以各种规模发生了适应辐射（大发展），都是与当时、当地存在着空白生态龛，没有强劲竞争对手密切相关的。比如，侏罗纪（2.13亿年前）之后，由于恐龙等大型爬行类动物的适应辐射，全球范围几乎都是它们的天下，占据着陆、海、空的各种生态龛。到了白垩纪末期（大约0.65亿年前），恐龙等大型爬行类动物突然灭绝，于是在陆、海、空环境中出现了各式各样的空白的生态龛。当地质时代进入与白垩纪

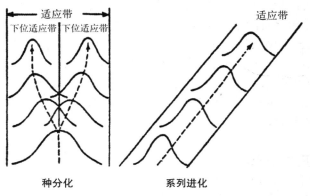

种分化　　　　　　系列进化

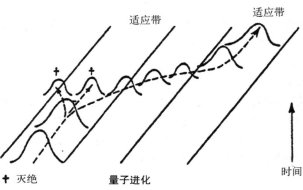

✝ 灭绝　　　量子进化　　　时间

图9-6　辛普森提出的适应带的概念图(1944)

辛普森将进化分为种分化、系列进化、量子进化三种。图表示适应带之间转移时急速地发生的形态大变化。

紧挨着的新生代第三纪古新世时,本来在中生代处于孱弱、隐蔽状态的哺乳类动物则突然崛起,发生了大规模的适应辐射,并且哺乳类动物的体型明显地增大,这是在白垩纪时期绝对看不到的情形。如海中原来由巨大鱼龙等爬行动物占据的生态龛,到了古新世则成了鲸等大型哺乳动物的生活领地。鲸类(鲸目)的祖先(推测是踝节目的mesonychians)原来是在陆上生活的,可当其适应带转移到水中后,四足步行转变为游泳运动,由于生活方式发生了如此大的转变,在定向选择的作用下,其形态也就随之急速地发生相应的大变化。又如蝙蝠(翼手目)占据了空中的生态龛后,其形态也随之急剧发生相应的大改变。可是,形态发生大改变的过程,却几乎是不能在化石记录中留下痕迹的,似乎是突然出现的,既看不到前兆也看不到中间过渡类型,辛普森认为这是因为生物伴随适应带间转移(量子进化)形态所发生的大改变是急速的,在地质学的时间尺度上是极其短暂的瞬间,故而一般是难以看到该过程的细节的。

从爬行类进化为鸟类,由四足步行变为能动飞行,对此进化过程,鲍克(W.J. Bock)提出了包括几个过渡阶段的模型。他认为在鸟类取得完全能动飞行的地位之前,经过跳跃移动、滑行等若干个过渡的阶段(图9-7)。不同的过渡阶段要求不同的生态环境。这显然是辛普森的适应带或生态龛观念的发展。

不过,鲍克的主张与辛普森的概念有不同之处。鲍克认为,在相邻的适应带之间未必一定有非适应的领域。鲍克认为过渡的适应带并不是固定的,鸟类祖先是经过了慢慢的开拓。鲍克还认为生物在主要的适应带之间转移的时候也或多或少是适应环境的,如果绝对地不适应,生物就有中途灭绝的危险。

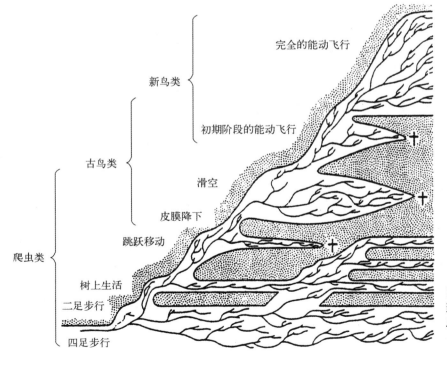

图9-7 从四足步行的爬行类到能动飞行的鸟类所经过的阶段性进化 (Bock, 1979)

+,表示盲枝。

由于适应带是个抽象的概念,对其产生有少许不同的诠释是可以理解的。

伴随适应带转移生物形态急速地发生大变化一事,不仅明显地表现在脊椎动物的进化过程中,在无脊椎动物的进化过程中也看到同样的情形。例如,小笠原群岛是太平洋中由一些较大的岛和诸多更小的岛屿所构成,由于它远离大陆,而且各岛之间以及小岛屿之间都由海所隔离,故对于移动能力弱的生物而言是"进化的小天堂"。陆生贝类属(*Mandarina*)是小笠原群岛中固有的唯一体型较大的类群,它们栖息在群岛的各处,完成了种的分化。日本学者千叶对陆生贝类属各种的形态做了比较研究,对其mtDNA分子做了系统解析,还对其化石做了辐射年代的测定(Chiba,1989,1996,1999)。研究发现这个属的壳的形状有着丰富的多样性。岛上有地上适应带和树上适应带。研究发现栖息在树上的种较之栖息在地上的种,体型要小,体重要轻,壳也显得扁。这种形态变化的特征在各个岛或地域之间表现出平行性,说明生态龛起着关键作用。*M. hahajimara*这个种在不同的岛或地域的群(亚种或族),其形态与生态特点有着更明显的差别,与其生态龛明显有关。还发现在一些种之间存在着杂交带,这说明种正处在分化的途中。化石的研究也得到了很有趣的成果,发现这个属的化石种的形态也是极其多样的,*M. titan*种的个体非常大,其壳的直径竟达到7 cm之长。总的说来,这个属是比较年轻的,最古老的化石种也不超过4万年。这个属的先祖是怎样来到这个群岛的,其经路现下也还未搞清楚,但是有一点是可以肯定的,即少数先祖(奠基者)到了群岛上之后,由于没有强劲的竞争对手,故迅速地把空白的生态龛占据了,完成了多种的分化和适应辐射。当然在此过程中,有的类型灭绝了,有的类型在转移到新的适应带时形态发生了迅速大改变。mtDNA解析的结果表明,相同地域属于同一科的各属之间形成了可以区分明确的等级(grade);并发现种间形态差别的大小与遗传距离的远近并不具有平行性。可是,壳的形态伴随着适应带的转移却急剧地发生着大变化,这说明辛普森的适应带和量子进化的理论也能适用到无脊椎动物的进化上。

9.3.3 同源异形基因的突变与大进化

在20世纪80年代之前遗传学家普遍认为,大进化的研究主要是依靠古生物学家,遗传学似乎无能为力。可是1980年代后由于分子生物学的进步,情况发生了很大的改观:发现有的基因的突变、进化与生物大进化有着密切关系。

1. 寒武纪生物大爆发

寒武纪生物大爆发(Cambrian Big Bang, Cambrian Explosion)在生命发展史上可能是一次空前绝后的大事件。寒武纪是古生代最早的一个纪。在约5.43亿年前到约4.9亿年前,在英国威尔士的寒武山地的地层中发现了化石,因而英国地质学家塞奇威克将此纪命名为寒武纪。在寒武纪之初,在约5.43亿年前(其实是寒武纪与前寒武纪交界之时)到约5.38亿年前,短短约500万年间,在海洋中发生了一次极为壮观的事件——寒武纪生物大爆发。在此时期,如今生存在地球上的各式各样动物的设计图(body plan)突然地一下子就出现了。包括具有壳、齿、触手、爪、颚等结构的动物。各种不同的动物身体蓝图,用分类学专业术语表达的话,即产生了各类"门"(Phylum),如扁形动物门,节肢动物门,脊索动物门等,达38～40门之多。现存的动物门的祖先型在当时几乎都出现了,据说,当时的节肢动物类型比现存的节肢动物还要多,其中很多是在后来灭绝了。

达尔文主张物种的进化是在自然选择的作用下通过渐进而缓慢的方式进行的,小的变异逐渐积累而造成大的变化。寒武纪生物突然大量出现的事实曾使达尔文感到困惑不解。

进入20世纪之后,古生物学家先后在寒武纪早期或稍后时期,发现了保存非常好的化石群。如加拿大的布吉斯页岩化石群(或称布吉斯生物相)(Burgess Shale Fossil Assemblage, Burgess Shale Biota)(C.D. Walcott, 1909)(参见 D.F.G. Briggs, D.H. Erwin, F.J. Collier: *The Fossils of Burgess Shale*)和我国学者在云南澄江帽天山页岩发现的澄江化石群(或称澄江生物相)(侯先光等,1984)(参见中国科学院编著的《创新者的报告》、《科学之美:化石的诉说》)。在格陵兰北部也发现保存状态非常好的寒武纪生物大爆发时的化石群。而我国的澄江化石群存在于5.3亿年前,在寒武纪生物大爆发后不久出现,比布吉斯生物相还早1 000万年。学术界公认这是解开寒武纪生物大爆发之谜的"最好线索"。寒武纪为什么会出现生物大爆发?传统的见解是由于环境条件的改变。如当时(5.4亿年前)的大气中二氧化碳减少,氧气达到了10%的水平,到4亿年前氧气达到与现在一样的21%水平;根据全球冰结(snow ball earth 也称全地球雪球)的理论,在前寒武纪末期(8亿年～6亿年前)冰球消融(由于火山爆发),气候温暖化,于是出现了埃地阿卡拉化石群(Ediacalan Fossil Assemblage),接着出现寒武纪初期的生物大爆发。埃地阿卡拉化石群具有特殊的系统结构,在生物进化史中是一个饶有兴趣的大事件。关于其产生及消亡,有不少文献讨论,篇幅的关系,这里不能做较深入的介绍。寒武纪生物大爆发是美国古生物学家古尔德与埃尔德里奇提出断续平衡理论(punctuated equilibrium theory, 1972)的根据之一。古尔德等认为,生物进化是不连续的,由急速进化的时期与相对静止的时期相间组成。在古尔德看来,寒武纪生物大爆发恰好是生物处在急速变化的时期。古尔德并对布吉斯页岩化石群做了很详细精辟的研究(参见 S.J. Gould: *Wonderful Life*, 1989)。最近英国学者帕克(A. Parker)对寒武纪生物大爆发提出新说,认为是由于眼睛的诞生。他认为从5.44亿年前到5.43亿年前的100万年间,这在地质史上只是短暂的瞬间,三叶虫就产生了结构复杂的眼睛。之前的生物不过只有感光性斑点那样欠发达的光感受器罢了,不配称为眼睛或视觉。帕克认为,眼睛对于动物建立起"吃客与被吃者"即涉猎者与猎物的捕食关系起着极为重要的作用。而帕克认为动物间的捕食关系非常有力地推动了生物进化。寒武纪生物大爆发的根由就在于眼睛的出现(参见 A. Parker: *In The Blink of An Eye*, 2003)。从遗传学角度看,寒武纪生物大爆发是表型的大爆发。在表型大爆发之前,遗传物质肯定首先要发生大变化,为表型的大进化提供基因基础,是理所当然的事。不少基因包括与细胞间信息传递的有关基因、与形态形成有关的基因以及与视觉有关的视紫质(rhodopsin)基因都得到了研究。篇幅关系,不能一一介绍(参见宫田隆:DNA からみた生物の爆発的進化,1998;分子からみた生物進化,2014;书名译成中文,前者是《从DNA角度看生物的爆发性进化》,后者是《从分子角度看生物进化》)。在与生物大进化密切相关的诸多基因中,非常重要的颇受关注的是同源异形基因(homeotic gene),它的变异会使动物体结构发生很大的变化。下面对该基因进行扼要的说明。

2. 同源异形发生现象的发现

贝特森在1894年出版了题为《为研究变异的素材》的书。该书对于遗传学和进化学都很有历史性价值。贝特森在书中最早向人们介绍了在果蝇的该长出触角的部位却长出肢来,在螃蟹的该长出眼睛的部位却长出触角来的这样一些奇变怪异的例子(图9-8)。贝特森称这种现象为同源异形发生(homoeosis)。1915年摩尔根的弟子布里奇斯(C.B. Bridges,1889–1938)在果蝇野生型的群体中偶然发现了一只长着4枚翅膀的突变型。这也是同源异形发生。布里奇斯尊重贝特森的优先权,称这种突变为同源异形突变(Homeotic mutation,缩写Hom)。

果蝇在分类学上属于节肢动物门昆虫纲双翅目(Diptera),这是因为在其中胸的左右侧生有一对膜质翅。其实从起源上讲,果蝇的中胸和后胸都有一对翅,计两对4支翅。古生代的化石昆虫*Palaeodictyoptera*胸部3个体节都长一对翅。2亿年前的昆虫化石也有2对4支翅的。过去认为经过2亿年的进化,后胸的1对翅变成了平衡棍,只剩下中胸的1对翅,故归为双翅目。

美国遗传学家刘易斯(E.B. Lewis)从1940年代末起研究果蝇同源异形突变问题。他用X光辐照方法得到了大量突变型,其中就有平衡棍突然"返祖"为翅的突变型。器官的形态骤然发生了跨越分类学目、纲的变化,显然是属于大进化的现象,但却是由一个突变所致,这就使人们思索:过去认为历经了2亿年或更多时间的进化过程或根本就不存在,而是由这样的基因突变瞬间导致的,一下子就发生了"瞬间种分化"(instantaneous speciation),或成为戈尔德施米特所提倡的"有希望的怪物"。但不能把同源异形突变的个例,就看作是跳跃说正确的例证,因为个例构不成群体。刘易斯的研究对于认识基因与发生关系是非常有价值的,使遗传学与发生学结合了起来,为崭新的发生遗传学的诞生奠定了基础。刘易斯和德国学者尼斯莱因-福尔哈德(C. Nusslein – Volhard)及美国学者维绍斯(E.F.

(a)

(b)

图9-8 同源异形发生的例子

a. 原本该长出触角的部位却长出肢;b. 原本该长出平衡棍的部位却长出翅来,结果生出4支翅来。

Wieschaus）三人因在发生遗传学的研究方面成果卓著而获得1995年的诺贝尔生理学或医学奖。在脊椎动物也有同源异形现象，如人类有一种怪病，颌的一部分异化为耳朵，就属于同源异形突变。在植物中也有同源异形突变，如花萼或花瓣变为叶，或花萼与花瓣相互转换。造成同源异形突变现象的基因是同源异形基因（homeotic gene）。

3. 同源异形基因的一些基本概念

1980年代刘易斯等搞清了果蝇的同源异形发生的原因是同源异形基因（homeotic gene）发生了突变。与果蝇头部、胸部的构造变化有关的同源异形基因有5个，它们是：*lab*（*labial*），*pb*（*probascipedia*），*Dfd*（*Deformed*），*Ser*（*Sex combs reduced*），*Antp*（*Antennapedia*）。这5个基因组成集团，称为Antp复合体（*Antennapedia* complex）。与腹部构造变化有关的同源异形基因有：*Ubx*（*Ultrabithorax*），*abd-A*（*abdominal-A*），*Abd-B*（*Abdominal-B*）3个基因。这3个基因组成集团，称为 *bithorax* 复合体。刘易斯等通过反复的杂交试验，确定这两个基因复合体都存在于果蝇的第3条染色体上。这两个复合体共8个基因构成1个簇（cluster），称为同源异形复合体（homeotic complex），简称HOM-C。刘易斯等研究还发现，HOM-C复合体内的基因座位的直线排列顺序与其表达领域的前后顺序是对应的、一致的，这种基因排列顺序与表达领域顺序的一致性称为共线性（colinearity）。1980年代克隆技术发达起来。1983年瑞士学者格林（W.J. Gehring）和美国学者斯科特（M.P. Scott）分别独立地将果蝇同源异形基因Antp克隆了，发现在其外显子中存在着一段由180个碱基对连接成的DNA领域。到了1980年代后期，果蝇的8个同源异形基因都相继克隆了，发现在它们的外显子中都存在上述那一段由180个碱基对连接成的DNA领域。这段DNA领域称为同源异形框（Homeobox，缩写为Hox）。由于同源异形基因中都有同源异形框，于是同源异形基因一般就改称为同源异形框基因（Hox）了。其后，在果蝇的其他一些基因如 *bicoid* 基因和 *ftz* 基因中也都发现有同源异形框基因。

由同源异形基因翻译出来的蛋白质称为同源异形蛋白质，其中都包含着由同源异形框翻译出来的由60个氨基酸组成的同源异形域（homeodomain）。一般将蛋白质中的功能单位称为域（domain）。在同源异形域中有由3个 α 螺旋（helix）结构组成的螺旋-翻转-螺旋（helix-turn-helix）的立体结构。在这个立体结构中的第3个 α 螺旋结构能够识别出标基因中的TAAT碱基序列，此TAAT碱基序列称为主题（motif）序列。识别出主题序列之后，同源异形蛋白质通过氢键与同源异形基因相结合。同源异形蛋白质成为促进或抑制标基因表达的转录因子。果蝇的8个同源异形基因并不是直接掌管某个器官的生成或消失，而是对其发生起着调节作用（图9-9，9-10，9-11）。

不同的同源异形基因，其同源异形域的氨基酸组成也稍有不同（图9-10，图9-11）。一点点的不同便关系到同源异形蛋白质对不同的标基因所起的调节作用。在理解了与同源异形基因有关的诸概念之后，谈其进化问题。

4. 同源异形框基因的进化

在对果蝇的同源异形框基因（Hox）深入研究之后，首先在小鼠的基因组中

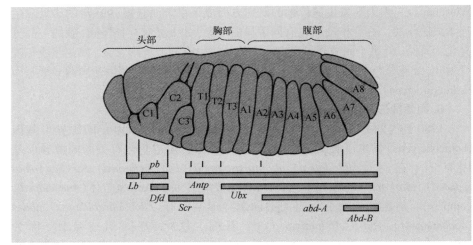

图9-9 与果蝇的头部体节 (c1-c3表示)、胸部体节 (T1-T3)、腹部体节 (A1-A8) 相对应的组成HOM-C的Hox基因 (Lb、Pb、Dfd……abd-B) 在胚中表达的式样

从3′到5′方向分布的Hox基因按照从头部到胸部到腹部的顺序进行表达。

图9-10 果蝇Antp同源异形基因翻译出的同源异形域的60个氨基酸组成

第31~38位氨基酸为螺旋，第39~41位氨基酸为翻转，第42~50位氨基酸为螺旋。

```
        1                                10
—Arg—Lys—Arg—Gly—Arg—(Gln)—Thr—Tyr—Thr—Arg—Tyr—Gln—Thr—Leu—
        20
Glu—Leu—Glu—Lys—Glu—Phe—His—Phe—Asn—Arg—Tyr—Leu—Thr—Arg—Arg—
30  31                          38  39  40  41  42
Arg—Arg—Ile—Glu—Ile—Ala—His—Ala—Leu—Cys—Leu—Thr—Glu—Arg—Gln—
        50                                          60
Ile—Lys—Ile—Trp—Phe—Gln—Asn—Arg—Arg—Met—Lys—Trp—Lys—Lys—glu—Asn
```

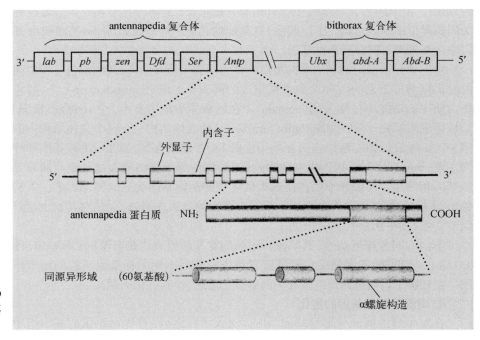

图9-11 黑腹果蝇Antp同源异形基因结构及其同源异形域的模式图

也发现有 Hox 基因存在。之后从低等到高等的一系列动物,如海胆、线虫、蛙、斑马鱼、鸡、小鼠、大鼠、人的基因组中都发现有 Hox 基因存在。在植物中也发现有 Hox 基因存在。这说明 Hox 基因在生物界具有普遍性和保守性。

今天在地球上生存的动物有 38～40 个分类学上的门(Phylum)。在寒武纪生物大爆发的时候,就出现了它们的祖先类型。在分类学上的不同的门之间,其身体的形态结构是不同的,这是因为它们的身体设计图是不同的。有 38～40 个门,就意味着有 38～40 个身体设计图。不论是无脊椎动物还是脊椎动物,体节在其身体设计图中都占据着重要的地位。环节动物的"环"字,节肢动物的"节"字就是凸显身体结构的体节制的特征。脊椎动物之所以能在动物界中获得最高的进化地位也在于其具有能动性强的体节制。而 Hox 基因的功能就在于调节体节及其衍生物的形成。当 Hox 基因发生突变,就会影响到体节以及其衍生物发生变化,如果变化的程度达到门、纲的水平,便导致生物发生大进化。

基因重复在生物进化中起着重要的作用,这是著名的美籍日本学者大野乾(O. Susumu)提出的理论。基因重复理论主张一个基因通过重复形成两个一样的基因,其中的一个拷贝维持着原来的生命功能,保证生命的存活与延续;而另一个拷贝则可以发生变异,而不影响到生物的生存,却增加了生物对环境变化的适应可能性。这样,重复、基因拷贝的增加便成为生物进化的重要手段之一。进化学者推测 Hox 基因的祖先型基因可能起源于寒武纪之前,Hox 基因的进化是通过基因重复进行的。进化遗传学研究表明,水螅的 Hox 基因有 3 个;线虫增加到 4 个;推测存在过昆虫和脊椎动物的共同祖先,这个共同祖先有 6 个 Hox 基因。根据碱基序列分析,倒推其共同祖先的第 5 个 Hox 基因重复一次为 2 个,其中的一个基因再重复一次,结果为 3 个 Hox 基因。进化到果蝇时,有了 8 个 Hox 基因,组成同源异形基因的复合体(HOM-C)。由共同祖先进化到文昌鱼(头索动物)时,Hox 基因增加到 13 个,组成 1 个复合体。当进化到脊椎动物小鼠时,复合体则增加 4 倍:HoxA 复合体,HoxB 复合体,HoxC 复合体,HoxD 复合体。每一个复合体中基因都有缺失,4 个复合体共计为 39 个 Hox 基因(图 9-12,图 9-13)。

Hox 基因通过反复的重复,拷贝数不断增加,而导致生物发生大进化。当然生物的大进化不能认为只是由 Hox 基因的变化所引起的。

关于动物形态发生过程的研究,1980 年代之后,除了继续使用果蝇的材料外,还起用线虫,斑马鱼(Zebra fish),非洲爪蛙,小鼠等模型动物,研究得到了很好的成果,使人们更加深入地认识到 Hox 基因拷贝数的增加与动物进化的关系。大野乾提出的基因重复在生物进化中起着重要作用的理论越发被学界所重视。图 9-14 是对各种动物 Hox 基因进化系统关系的概括性总结。

图 9-14 提到了"后生动物"和"真正后生动物",对其概念稍加解释。后生动物(Metazoa)最早由海克尔命名的,他称单细胞动物为原生动物,多细胞动物为后生动物。现在,后生动物这个概念不论在生物"五界说"或"八界说"中的动物界差不多是同义的。后生动物包括绝大多数动物门。也有的分类学家把海绵动物划为侧生动物,把二胚虫门和滴虫门划为中生动物,余下的动物称为后生动物。再从后生动物中把平板动物去掉,则为真正后生动物。

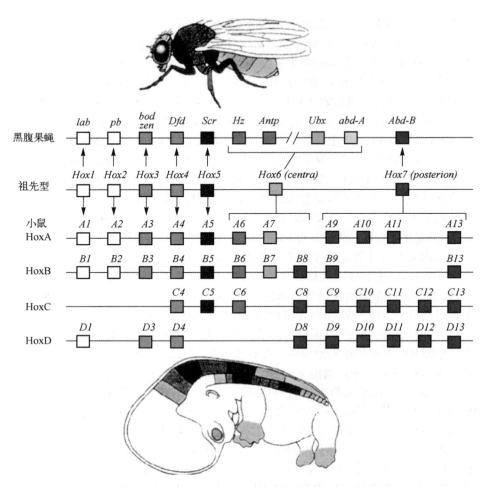

图9-12　表明Hox基因由设想的节肢动物与脊椎动物的共同祖先型进化到黑腹果蝇（节肢动物）和小鼠（哺乳动物）

　　在向小鼠进化过程中，Hox基因复合体发生重复，变成HoxA、HoxB、HoxC、HoxD 4个基因复合体，分别位于小鼠的第6,11,15,2号染色体上,计39个Hox基因。

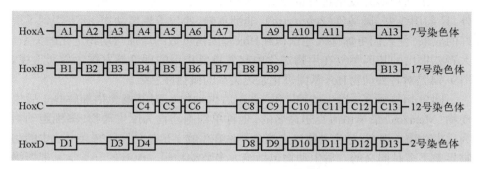

图9-13　人的4个Hox基因复合体模式图

HoxA、HoxB、HoxC、HoxD等4个复合体分别位于人的第7,17.12,2号染色体上,计39个Hox基因。

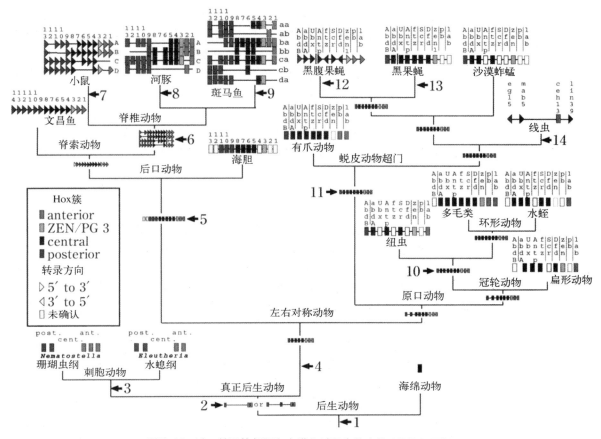

图9-14　Hox基因簇起源和在进化过程中的变化 (彩图见图版)

　　基因簇即基因复合体。图中由小方框或小三角形连成的串,如箭头2、4、5、6、11等,学者推测是在进化过程中应该存在过的祖先型的Hox基因复合体。较大的长方形框表示已得到确认的Hox基因。空的长方形框表示是有可能存在的Hox基因,但尚未得到确认。绿色的表示规定身体前端领域的Hox基因。红色的表示规定身体后端领域的Hox基因。紫色的表示规定身体中间领域的Hox基因。淡蓝色的表示ZEN/PG3区域。ZEN与果蝇的*bcd*基因相同;PG3是种内同源基因群3(Paralogous Group 3)之略,即脊椎动物的*Hox*3基因。三角形表示该Hox基因的转录方向已被搞清,三角形的箭头向右的表示该Hox基因的转录方向从5′末端向3′末端进行,三角形的箭头向左的表示该Hox基因的转录方向是从3′末端向5′末端进行。

　　既然后生动物包括绝大多数的动物门,其形态结构是相差非常大的,是不言而喻的。可是发生遗传学者们却意外地发现后生动物用于形态发生的Hox基因复合体却几乎是共同的。怎样解释形态结构(表型)相差极大与Hox基因的相对一致性这两者之间的矛盾呢? 美国著名发生遗传学家卡罗尔(S.B. Carroll)提出了工具套基因理论(toolkit genes)。这个理论认为,所有的后生动物均使用相同的工具套基因,所以会产生出多种多样的形态来,是因为工具套基因的使用方法不同。正如,即使是使用相同的单词,作者换了,就会写出完全不同的文章来一样。卡罗尔认为开关基因(switch gene)对于形态结构的变化起着更大的作用。生物体中普遍存在着开关基因,其功能在于控制某个基因或某些基因表达与否。开关基因可改变基因表达的顺序或方式,结果就会使生物的表型发生很大的变化。卡罗尔说"引起形态变化的最大推动力不是基因的基本设计图的变异,而在于掌控开与关的开关基因的变化"。另外,有些基因不仅制约着某个器官结构的形成,而且具有多效性(pleiotropy),多效性的作用使得看上去并不相关的若干体表结构会一并发生变异而造成大的形态结构变化即大进化。

由于Hox基因突变或其他某些基因如开关基因的突变而导致生物发生大进化的问题,是当今发生遗传学的热门课题之一。我们期待着在不远的将来能取得更大的突破。

9.3.4   生物大量灭绝

生物大量灭绝(mass extinction)也可称同时灭绝。所谓大量灭绝是指在地质时代中,在很短的时期内,数百万年乃至数十万年间,很多的分类群同时灭绝。生物大量灭绝是造成生物大进化的重要原因之一,因为大量灭绝空出了许许多多的生态龛,为新的生物类型占据、发展、繁荣以及适应辐射提供了可能和条件。古生物学家的研究表明,新出现的生物类型多是分类学上很高的等级,这种现象当然是属于生物大进化。

生物大量灭绝多发生在地质史上区分单位(代、纪、世)交替的境界时期。从元古代之后,地球上发生过6次特大规模的生物大量灭绝。这6次发生在元古代末,奥陶纪末,泥盆纪末,二叠纪末,三叠纪末,白垩纪末。发生在二叠纪末的生物大量灭绝,估计海洋生物中的90%的科灭绝了。百垩纪末,以恐龙为首的大量爬行动物灭绝,进入新生代,哺乳动物异军突起取代了原来由恐龙为首的爬行动物所占据的生态龛,迅速繁荣起来,发生了适应辐射,成为地球生物界的霸主。

使生物发生大量灭绝的原因很多,很复杂。每次大量绝灭的原因都具有其特殊性,并且常常不是由单一原因所致,是综合原因起着作用。总的说来,诸如地幔上升、火山异常活动、陨石冲击、大规模海退、气候寒冷化、低等类型生物因各种原因如海洋中氧的浓度显著下降而大量灭绝,以致以它们为食料的高等生物发生连锁性的灭绝等等。

有的研究者认为,如今正处在第7次生物大量灭绝之中。"罪魁祸首"是我们人类自身。人类出现以后,特别是近几百年来,由于人类活动的旺盛,已使大量生物种消亡,而且有大量物种正濒临灭绝。例如,热带雨林不断地被砍伐,栖息其中的很多动植物种类在尚未得到分类定名前就消失了。热带雨林的减少,少到一定限度时还会引发洪水,而洪水也会使无数的生物遭殃。我们人类的一些正常的生产、生活活动,如开垦荒地,挖掘河流,修建道路,建造大的建筑物等,也有可能破坏生物的栖息地或使生物的栖息地被分割,会使生态系统的容忍力降低,从而导致生物繁殖机会减少,食物来源缺失等。每种生物都有其独特的"生存的最低个体数"(minimum viable population, MVP),鸟类、哺乳类动物的MVP,一般说来在几千个个体水平。如果某种生物群体的个体数低于其临界值以下,就面临灭绝的危险,难以为继。

　　保护动植物种类,保护生态环境是人类面临的刻不容缓的紧急任务。联合国自然保护协会已公布了濒临灭绝物种的名册,说明现下生物大量灭绝事件的严重性。

　　生物大量灭绝的问题包括很多、很复杂的内容。每次大量灭绝的规模、发生的时间长短、地域、灭绝的生物种类、取而代之的新生物类型、大灭绝发生的原因等都不相同,已成为许多学科领域的研究课题。在生物学领域中,古生物学、分类学、生态学、进化学等都与之密切相关。

　　关于地质史上几次生物大量灭绝的问题,从不同角度进行研讨的文献非常之多,可谓汗牛充栋。美国著名古生物学家斯坦利(S.M. Stanley)的巨著《大灭绝》(*Extinction*)(1987)颇为系统全面讨论了生物大量灭绝问题,很值得一读。

第10章　分子进化的中立理论

§10.1　传统的进化综合理论受到严厉挑战

　　1953年,美国学者沃森和英国学者克里克提出了DNA分子的双螺旋结构模型。从那时起分子生物学得到了迅速的疾风骤雨般的发展。到了1960年代末,由于蛋白质、核酸分子研究的深入,少数学者发现,分子水平上的进化速度不是受自然选择法则的制约,而是由中立性的突变或遗传漂变所决定。与辛普森关于表型进化速度研究中所确立的观念完全不同,这是对进化领域中一向占统治地位的自然选择观念的严厉挑战。1968年2月日本学者木村资生在《自然》杂志上发表了题为"分子水平的进化速度"(Evolutionary Rate at the Molecular Level)的不足两页的论文,指出碱基置换的进化速度具有很高的值,其中一定包含着很多中立性的突变即对生存不好不坏的突变。

　　翌年,美国学者金(J.L. King)和朱克斯(T.H. Jukes)在《科学》杂志上发表了题为"非达尔文主义进化"(Non-Darwinian evolution)的论文,指出蛋白质的进化

木村资生(左)、赖特(中)和克劳(右)(1985年摄)

速度几乎都是由中立性突变和遗传漂变所致,支持木村资生的论点。这两篇论文是宣告分子进化中立理论诞生的里程碑性的文章,也是向进化学领域中一向占据支配地位的以自然选择理论为核心的进化的综合理论发起严重挑战的檄文。从此,在综合理论与分子进化的中立理论之间开展了长达近20年的激烈争论,最终分子进化中立理论的新理论框架得到世人的承认。于是,进化学掀开了以中立理论为核心的分子进化的新篇章。木村资生在1983年由剑桥大学出版社出版了他的长达367页的大作《分子进化的中立理论》(*The Neutral Theory of Molecular Evolution*),我国有其译本。木村资生于1994年病逝。他生前出版的最后一本书,也是中立理论取得学界认可后出的,乃是1988年由日本岩波新书出版社出版的《对生物进化的思考》。该书的第7章为"分子进化序说",是木村资生对其创立的理论的阐述,是最有权威性的,而且字数也不算太多,故笔者将木村写的这一章翻译出来,供读者了解。

§10.2　分子进化序说(木村资生)

1. 分子进化研究的前夜

（1）表型的研究

在拉马克和达尔文之后很长的时期,生物进化的研究是以眼睛能看见的表型(主要是形态)为对象进行的。对现存的种间的形态进行比较,另外,其重要性一点都不逊于形态比较的研究是,以化石(发掘出来的生物遗体)为对象的古生物学研究。通过形态的和化石的研究,关于生物进化获得了很多宝贵的知识。

关于生物进化的道路,已在第3章中做了说明。例如,我们脊椎动物的最初祖先是出现在距今约5亿年前寒武纪末期下等鱼类的一种无颚类。此后约4亿年前,产生了硬骨鱼类,硬骨鱼子孙的一个系统爬上陆地成为两栖类。不久产生了完全营陆地生活的爬行类,那大概是在3亿年前。哺乳类(我们也隶属于此类)的祖先则被想象为出现在大约2亿年前的一种具有类似于现存的老鼠那样的形态与习性的小型生物。在中生代末了的时候,恐龙灭绝了,哺乳类动物通过放射适应而开始了显著的发展。人、马、狗从共同祖先那里分歧出来,估计是在距今8 000万年前。

（2）进化的综合理论

可是关于此般形态与功能的进化是通过怎样的机制发生的问题,达尔文的自然选择的见解迄今仍被广泛接受。这一点已在第5章做了说明。达尔文以后,进化机制论的最大进步是由孟德尔遗传学带来的,突变本质的被阐明是特别重要的。之后不久由于群体遗传学的发展,进化的"综合理论"成为全球学界的定论。这可以说是让达尔文理论穿上了孟德尔遗传学的衣裳。1960年代初期,综合理论达到登峰造极的程度,甚至给人这样一种感觉:进化机制被"综合理论"完全阐明了。当时支配"综合理论"的见解是自然选择极端万能的思想,认为对自然选择既不好也不坏的"中立突变"(neutral mutation)几乎是不存在的。另外,认为基因频度的偶然性变动即"遗传漂变"在形成种的遗传组成上几乎是无效的想法占据着支配地位。这些见解是基于间接的证据和选择万能主义思想形成的,在那时所用的通过表型的变化来类推遗传性变化的做法中纠缠着很大的不确切性,所以,在实际的进化过程中,新的突变基因是以怎样的速度在生物种内蓄积的,有多少隐藏的遗传突变存在于群体(种)内等问题,综合理论是完全不可能确切了解的。

(3)中立理论

但是从1960年代中期起,分子生物学的方法与概念可被导入到进化和突变的研究中来了,于是情况发生变化。能从分子水平即从基因内部结构水平来研究进化,对于进化研究而言,乃是划时代的事情。其结果是观察到了各式各样未预料到的事实,为说明它们而提出了中立理论(neutral theory),使得此前已成为定论的自然选择万能主义的进化综合理论的立场要重新进行检讨。

2. 为理解分子进化所需要的基础知识

(1)DNA是遗传的指令书

关于分子遗传学的生命观在第4章里已讲到了,这里再把为理解分子进化的基础事项做极其简单的归纳,再做些补充说明。基因从分子水平来看的话,是DNA片段,在染色体上占据一定的场所,可以把它看成是由A(腺嘌呤)、T(胸腺嘧啶)、G(鸟嘌呤)、C(胞嘧啶)这样4种碱基作为文字写成的遗传指令书。可以把基因想象成是由大约1 000多个这样4种碱基文字连接成的直线状的物体,基因在原则上是作为产生蛋白质的指令书而发挥着作用的,3个DNA碱基连在一起称为密码子(codon),每一个密码子指定20种氨基酸中的某一种,但是,除此之外,有称为"中止密码子"的密码子,它与蛋白质中的任何氨基酸都不对应,它的作用是指定蛋白质合成的中止。"中止密码子"有3个。

基因在发挥作用的时候,基因DNA的碱基序列转录为信使RNA(即mRNA),即基因的DNA的碱基序列转录成RNA的碱基序列。RNA也是由4种碱基A、U、G、C所书写。所不同的是,仅在于DNA中的碱基T变为RNA中的碱基U,U表示尿嘧啶(uracil)。除去细微的地方有差别,可以认为U和T是相同的。

其次,mRNA去到细胞内称为核糖体(ribosome)的粒子处,把与密码子相对应的氨基酸一个一个地附着到密码子上,氨基酸连接起来便形成蛋白质。核糖体也可以说是制造蛋白质的工厂。根据mRNA的指令形成蛋白质的过程谓之"翻译",之前DNA的碱基序列转写成RNA碱基序列的过程称为"转录"。概括地说,转录的方法仅是把T变为U,可是,其后在变为氨基酸连接起来时,因氨基酸与密码子的对应是复杂的,将其称为翻译是恰当的。氨基酸连接成线状后,称为"多肽",多肽作适当的折叠而获得特有的高级结构。这样形成的蛋白质分子,例如血红蛋白在体内就担负起向组织运送氧气那样重要的功能。多肽链折叠成三维结构后所形成的蛋白质,就会变成身体中的结构或变成促进特定化学反应的酶,或具有其他重要功能的物质。在此种场合,只要多肽的氨基酸序列决定了的话,就会基本上以自己的力量发生折叠,形成特有的三维结构(关于此项机制迄今还有许多不清楚的地方,是重要的研究课题)。从分子进化的立场来说,遗传的指令书在进化过程中是不断变化着的,否则生物就不会进化。在漫长的岁月中,由DNA的4种文字所撰写的生物种所特有的遗传指令书,在其一个一个碱基的位置上会发生置换。例如,原来是A的位置变成了T,曾经是T的位置却变成了C。碱基发生这样的置换是要花费很长时间的,从特定的碱基位置来看,要隔上甚至几亿年才好不容易发生置换这样的变化。随着碱基发生置换蛋白质的氨基酸也将要发生置换。

(2)遗传密码表

由RNA文字表示的遗传密码

1＼2	U	C	A	G	2＼3
U	Phe	Ser	Tyr	Cys	U
	Phe	Ser	Tyr	Cys	C
	Leu	Ser	Term. 终止	Term.	A
	Leu	Ser	Term.	Trp	G
C	Leu	Pro	His	Arg	U
	Leu	Pro	His	Arg	C
	Leu	Pro	Gln	Arg	A
	Leu	Pro	Gln	Arg	G
A	Ile	Thr	Asn	Ser	U
	Ile	Thr	Asn	Ser	C
	Ile	Thr	Lys	Arg	A
	Met 开始	Thr	Lys	Arg	G
G	Val	Ala	Asp	Gly	U
	Val	Ala	Asp	Gly	C
	Val	Ala	Glu	Gly	A
	Val	Ala	Glu	Gly	G

　　前边已经讲了,DNA的3个碱基连接成1个密码子,指定1个氨基酸的情形。表示密码子与氨基酸的这种对应关系谓之密码表。密码表是用RNA的4个字母A、U、G、C(碱基)来表示的。在密码表中,密码子的第1个碱基在最左边纵列,第2个碱基横列,第3个碱基在密码表的最右边纵列。举1

个例子,左上角第1个密码子是 UUU,相当于 DNA 的 TTT,是与苯基丙氨酸(Phe)相对应。UUU 是最初被解读的密码子,因而颇有名,是尼伦伯格(M. Nirenberg)搞清楚的。他因解读遗传密码的功绩而被授予诺贝尔生理学或医学奖。下面的 UUA 是亮氨酸(Leu)的密码子。在密码表中有64个(4×4×4)密码子,其中的61个密码子指定20种氨基酸,我们来看与缬氨酸(Val)相对应的密码子,倘最初的两个文字是 GU 的话,其第3个文字不论是哪个文字,都是缬氨酸。

(3) 简并

这样说来,密码表中的密码子和氨基酸并非是1对1的对应关系。许多场合,有2个以上的密码子和1个氨基酸相对应。一般称此情况为"简并"(degeneracy)。可是,从进化角度讨论时,两个以上不同的密码子指定同一个氨基酸时,密码子相互之间为"同义的"(synonymous)关系。换言之,在 DNA 水平上置换了属于同义性密码子的碱基时,氨基酸的变化照旧是相同的氨基酸,这是同义性的变化。这样的例子有许多,如亮氨酸(Leu)有6种与之相对应的密码子。就丝氨酸(Ser)来说,密码子开头是 UC,第3个碱基不论是哪个,均是丝氨酸,在遗传密码表的另外地方,有2个密码子,开始的2个碱基是 AG,第3个碱基如果是 U 或 C,也是丝氨酸。精氨酸(Arg)也有6个密码子,头前的2个文字是 CG 的话,第3个文字不论是什么都行,此外,AG 开头,AGA 和 AGC 也是精氨酸。以上3种氨基酸都有6个密码子,故称为6重简并。其次,如缬氨酸(Val)和丙氨酸(Ala)等5个氨基酸为4重简并者。还有若干2重简并者,谷氨酸(Glu)便是。

(4) 终止密码子和开始密码子

下面讲终止密码子(stop codon),这是读完的指令。即蛋白质形成时,将氨基酸一个一个连接下去,而终止密码子则是指令氨基酸连接停止的。一般最常用的终止密码子是 UAA,有了这个密码子时,氨基酸马上就不被再连接。除此之外,还有 UAG,UGA,共3种。在密码表中,终止密码子处写上"Term"字样(termination 的缩写)。

另一个重要的密码子是指令开始读的开始密码子,为 AUG。AUG 在密码表中标明是甲硫氨酸即蛋氨酸(Met),当作为指定开始的密码子起作用时,在指定开始的同时,也适合形成多肽,在原核细胞里带进去的是甲酰甲硫氨酸(fMet),在真核细胞里带进去的是甲硫氨酸(Met)。这个 AUG 密码子处于 mRNA 的中部时是指定甲硫氨酸,处于开端部位时成为翻译开始的指令。最近发表了很多基因的 DNA 碱基序列,对它们进行观察便清楚可见开始形成蛋白质的指令是 AUG。

(5) 遗传密码记忆法

有志于研究分子进化的人最好尽可能努力将密码表背下来。熟记的方法每个人均可想办法。像背算数99那样也是一种方法。特别4重简并的密码子,记住开头的两个文字就好,"GG 是甘氨酸,CC 是脯氨酸,GC 是丙氨酸……"这样念叨若干遍就会记住了。另外,开始密码子 AUG,终止密码子之一 UAA 希务必记牢。另外的方法是，努力把密码表像地图那样装到脑子里也颇有用。在一般的密码表中，文字是按 U、C、A、G 的顺序排列的，所以把这个顺序记牢是绝对必要的。我（注：木村资生）总是通过念叨"Universal Code All Good"这 4 个词，再现 U、C、A、G 这样的顺序。

3. 分子进化速度的推算

（1）血红蛋白的比较

分子进化的研究是从在各种不同的生物之间对相同的蛋白质进行比较那个时候开始的。如果以血色素血红蛋白为例来说明的话，在高等脊椎动物那里，这个分子是以两条 α 链和两条 β 链组成的 4 聚体存在的，向身体的各种组织运送氧气，对动物生存与活动发挥着不可缺少的重要功能。其中的 α 链在哺乳动物中全是由 141 个氨基酸连接而成的。在人与大猩猩之间对 α 链进行比较的话，氨基酸链中除 1 个氨基酸不同外，其余所有的氨基酸都是一样的。即在第 23 个氨基酸的位置上，大猩猩是天冬氨酸，而人的是谷氨酸，仅此一处不同。人再和罗猴比较，则相差 4 个氨基酸，同系统关系再远的牛、马、狗、兔子等作比较的话，则有 20 个左右氨基酸的座位出现不同，而别的部位氨基酸是完全相同的。构成蛋白质的氨基酸有 20 种，各个座位由某一种氨基酸所占据，在哺乳类血红蛋白 α 链的 141 个座位中有 100 个以上座位是一致的。这样的事实只能让我们联想到这些动物是从共同祖先那里由来的。

另外，在把近 4 亿年前分道扬镳的人与鲤鱼作比较时，首先能看到的是，与氨基酸置换造成的不同相比，由氨基酸座位的增减（是以 DNA 3 个碱基为单位的增减）所造成的不同，则少得多，只偶尔发生。事实上，人与鲤鱼的血红蛋白 α 链相比较，由氨基酸置换所造成的不同，占全体的大约一半，有 68 个座位。座位的插入或缺失，只相当于 3 个氨基酸座位。

（2）分子进化的速度

图中包含一些脊椎动物的系统树，左侧表示地质年代，下边圆圈中的数字表示比较 α 链时氨基酸不同的数目。

依据这样的资料怎样求得分子进化的速度呢？以人与马作比较时，在两者的 α 链的 141 个氨基酸座位中有 18 个座位不同。另一方面，根据古生物学的研究，人与马的共同祖先可以追溯到距今大约 8 000 万年前。所以在进化过程中，某个氨基酸座位发生氨基酸置换率平均每一年是：$18/141 \div (8 \times 10^7) \div 2 \approx 0.8 \times 10^{-9}$，即大体上 10 亿年间有 0.8 个比例发生变化。在这个算式中，最后所以被 2 除，是因为从共同祖先处，一方面向人进化，另一方面向马进化，有两条径路。两方面变化的总计是 18 个氨基酸座位表现出不同。但是，上边的计算是粗略性的，如两条径路都在相同的座位上发生了氨基酸置换或一个座位发生过两次氨基酸置换，对于这种情况均未加以修正。若进行比较的两个生物在系统上离的并不那样远的情况下，由于相同蛋白质的氨基酸的不同数目少，可以推想同一座位发生两次以上置换的概率是很低的。所以，上边的计算方法也没有问题。可是，对在系统上离得远的生物进行比

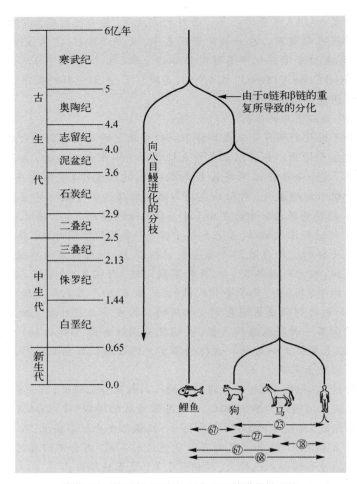

脊椎动物的系统树和血红蛋白分子的进化性变化

左侧是地质年代,右侧是脊椎动物系统分歧图。圆圈中的数字表示两个物种的血红蛋白 α 链的不同的氨基酸数目。

较的时候,例如,人与鲤鱼 α 链进行比较时氨基酸座位约半数是不同的场合,无论如何是须要修正的。重要的是发生了两次以上置换的情况该怎样进行推算,对此提出了各种统计学方法。于此省略,详细请参照拙作《分子进化的中立理论》。

（3）分子进化的速度是一定的

用这样的方法对各种脊椎动物的血红蛋白 α 链、β 链以及 α 链和 β 链进行比较,再参考分歧的年代,推定每一年每个氨基酸座位在进化中的置换率是多少的话,从哪个与哪个的比较中,得到的几乎都是 10^{-9} 这个值。不论在表型水平上是急速进化的生物群,还是多少亿年间在形态上几乎没有改变的活化石般的生物,在分子水平上其进化的速度几乎是一样的。分子进化学得出了这样令人惊讶的结论。另外,还可以看到世代的长短对于分子进化的速度也几乎是没有影响的。这样分子进化速度的一致性是分子进化的大特征。取别的分子,如在线粒体的呼吸系统中起着重要作用的细胞色素c,对从菌类到人的范围广阔的诸生物群做同样分析的话,仍然可以看到置换速度大体上的一致性。不过,细胞色素c的分子进化速度是血红蛋白的大致1/3。下表是对数种不同蛋白质分子进化速度的推测值。在现在所知道的分子进化速度中,速度最快的是纤维蛋白原,而速度最慢的是组蛋白H_4。

蛋 白 质	每10^9年每个氨基酸座位的替代率	蛋 白 质	每10^9年每个氨基酸座位的替代率
血纤蛋白肽	9.0	肌红朊	0.9
生长激素	6.0	促胃液素	0.9
免疫球蛋白	3.4	胰岛素	0.4
核糖核酸酶	3.0	细胞色素 C	0.3
血红蛋白	1.2	组蛋白 H4	0.006

还有,为测定分子进化速度,把每一个氨基酸座位每一年10^{-9}的变化率当作单位,笔者提议把此单位称为波林(pauling),可是,这个术语似乎一般不太被使用。以后,用氨基酸的置换率来表示进化速度时,只要不做特别说明,时间单位是以年作为单位的。

4. 分子进化的特征

（1）分子钟

如前节所述,分子进化速度的一定性不仅就各种蛋白质的氨基酸置换率而言的,对于形成蛋白质的基因DNA的碱基置换也是可以这样说的。当然,基因不同的话,其进化速度是不同的。分子进化速度的年平均的一定性称为"分子进化钟"(molecular evolutionary clock)或简单地称之为"分子钟",这是分子进化的最大的特征。亏得分子进化的这一特点,即便没有化石的材料,也能对特定生物群绘出可信赖的系统树来,这是生物学上的大进步。

（2）突变的蓄积速度一定

所谓氨基酸和DNA碱基在进化中置换速度的一定性,即意味着进化过程中种内分子水平的突变是以每年一定的速度蓄积起来。对此群体遗传学的解释容后面详述。但是,分子水平进化速度的一定性绝非是极其严密的,稍许的偏离或例外也是有的,即便如此,和在表型水平上所观察到的进化速度相比还是惊人的一定。例如,血红蛋白的α链,鲤鱼和人从共同祖先(鱼)在近4亿年前分道扬镳后直到现在,如果推测氨基酸中蓄积的发生变化的数量的话,从共同祖先到现在鲤鱼这一进化枝和向进化到人的这一枝,可以得到几乎相同的值。可是与此相反,表型水平上的进化速度则正相反,向鲤鱼进化的一枝,在体制上仍然保持着鱼的状态,而另一枝在体制上实现了显著的改变,进化成为人。

不同的种类	鲨 鱼	人
0	50	62
1	56	56
2	32	21
3	1	0
Gap	11	9
合计	150	148

左侧 0，1，2，3：碱基置换。右侧鲨鱼的血红蛋白的 α 链与 β 链进行比较的结果及人的血红蛋白的 α 链与 β 链进行比较的结果。Gap：氨基酸座位的缺失或重复的数。

与此问题相关联，作者（木村资生）在 1969 年预想到，所谓"活化石"的基因同表型上急速进化的生物的基因在分子水平的进化过程中都该是以几乎相同的速度进行 DNA 碱基的置换。如果这个预想是正确的话，可以说这将是对中立理论的支持。其后，由各式各样的例子证明了这个预想是正确的。例如，对可以说是活化石的鲨鱼的血红蛋白的 α 链和 β 链做了比较看，如表左侧表示的那样；对人的血红蛋白的 α 链和 β 链进行比较的结果表示在表的右侧。鲨鱼的比较结果和人的比较结果几乎是相同的。这个结果说明，在大约 5 亿年前，在人和鲨鱼的共同祖先之前，由于基因的重复而产生 α 和 β 这两条链，之后在两个生物系统中以大体相同的速度蓄积着突变，于是才分化出来。如果突变的蓄积是由正选择所致，那么受环境变化及其他的影响，各种生物系统，其进化速度应该有着非常的不同，可是事实并非那样。

（3）保守性

分子进化的另一大特征是功能越是不重要的（对生命活动制约少的）分子，其进化速度是越快的这样一种现象。显著的例子要算是纤维蛋白肽 A 和 B 吧。这个分子是在血液凝固当儿，由纤维蛋白原形成纤维蛋白时释放出的部分，它被切出来后几乎失去所有的功能。其进化速度是血红蛋白的进化速度的几倍，在迄今所知的蛋白质中表现出最快的速度。更加有趣例子是胰岛素原，这个分子是由三个部分 A、C、B 组成的，C 部分在胰岛素原分子的中央，约占三分之一长。在形成胰岛素时，C 部分被切割下来，A 部分和 B 部分相结合成为激素——有活性的胰岛素。

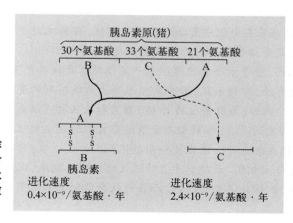

C 部分从猪胰岛素原中除去，A 部分与 B 部分相结合成胰岛素的过程。C 部分肽链的进化速度比胰岛素快数倍（木村，1986）

胰岛素（A 部分和 B 部分）在进化中的氨基酸置换率平均每年是 0.4×10^{-9}，进化速度是缓慢的。可是被切下来丢掉的 C 部分的氨基酸置换率却比胰岛素氨基酸的置换率高几倍。

另外，血红蛋白的 α 链及 β 链均呈同样的三维结构，已知两者分子表面的部分不论在功能上还是对于保持分子的结构上都不是太重要。与此相反，存在于分子内部称之为血红素的部分及其周围，对此分子而言则是最重要的部分。考察进化中的氨基酸置换率，发现在 α 和 β 两条链表面的氨基酸座位的置换率比血红素部分及其周围的竟高达 10 倍之多（在 α 链及 β 链的表面每个氨基酸座位每一年置换率平均约 2×10^{-9}）。进化中的氨基酸置换一般是以尽可能不使分子的功能发生改变的方式进行的。这种特点称为分子进化的"保守性"。

（4）同义性变化的进化速度

以上讲的是关于蛋白质中氨基酸置换率的问题。最近，DNA 碱基序列的数据势如破竹般的大量发表出来，其结果搞清了更加有趣的多种事实。其中之一是同义性变化的进化速度。如已经说过的那样，同义性变化就是不使氨基酸发生改变的 DNA 碱基的变化。密码子的第 3 个位置的碱基置换大部分都属于此类。

这里非常有趣的事是，同义性置换在进化过程中是频繁发生的。组成生物体并在维持生命上起着根本性作用的是蛋白质，而蛋白质的功能则依靠其立体结构。可是，蛋白质的立体结构最终是取决于氨基酸的序列。在 DNA 碱基置换中，有引起氨基酸置换的和不引起氨基酸置换的两类，一般自然是前者对表型的影响要比后者大得多。另一方面，自然选择是对个体的表型进行活动，通过个体的生存与繁殖起作用，当然，不引起氨基酸变化的 DNA 碱基的同义性突变是不易于和自然选择发生关系的。

事实上，在实际的进化过程中，与使氨基酸发生变化的置换相比较，不使氨基酸发生变化的置换是以远胜过前者的速度进行，并在种内极其快速地蓄积起来。我们知道组蛋白 H4 或微管蛋白（tubulin，在细胞内形成微小管）等蛋白质，在差不多 10 亿年间，氨基酸座位 100 个中只有 2 个左右发生变化，具有显著的保守性，可 DNA 碱基水平上密码子的第 3 个位置的同义性变化却迅速地发生。而且该同义性变化的进化速度与血红蛋白或成长激素那样蛋白质氨基酸水平的很快的进化速度几乎是相同的。换言之，也表明了 DNA 碱基同义性置换的速度不仅高，而且有着各种蛋白质分子相似值的显著性质。

举出实际的数据来看的话，成长激素前驱体（前垂体生长激素，激素对它发挥作用变为成长激素）的基因、血红蛋白的 α 链的基因、组蛋白 H4 的基因，它们密码子的第 3 座位的碱基置换率都是每年在 $3 \times 10^{-9} \sim 4 \times 10^{-9}$ 的狭窄范围内变化，可另一方面，这三种蛋白质之间，其氨基酸的置换率则有很大差异，成长激素前驱体的进化速度很快，组蛋白 H4 的进化速度很慢，后者的速度在前者的 1/200 以下。此外，具有标准进化速度（氨基酸置换率）的血红

蛋白 α 链的基因,其密码子的第3座位的DNA碱基置换率是该密码子的第1座位及第2座位的碱基置换率的两倍或三倍左右。

5. 突变蓄积到种内的过程

（1）是自然选择还是遗传漂变?

在氨基酸或DNA碱基的进化过程中的置换是由于怎样的机制引起的呢?在这里希望大家注意的是,这样的置换不单单是个体水平的突变结果,而是各生物系统中,起初仅发生在一个个体里的突变基因,不久就会扩充、固定到整个群体(物种)的这样结果。

如果从传统的新达尔文主义(或进化的综合理论)的立场来说,突变基因在群体中扩充,当然会认为是由达尔文派的自然选择的力量所导致。即所生的突变如果能提高产生突变个体的生存力和繁殖力的话,该突变依靠自然选择的帮助就会扩充到整个的群体。而中立理论与上边的见解不同,分子进化中立理论主张,在分子水平上检出的氨基酸或DNA碱基置换的大部分,对于自然选择而言,是既非好也非坏的(对选择中立的)突变基因,它们是由于遗传漂变偶然固定下来的结果。

这样的两种主张,孰是孰非,哪个主张接近于真实? 检查这样问题的基础是分子水平的突变固定的群体动力学,即试图从群体遗传学的立场出发来探讨突变型(mutant)伴随着时间的流动是怎样在种内固定、蓄积起来的问题。在这里重要的是,要把个体水平上的突变型(例如发生了碱基变化的基因)的出现和群体水平上的固定(频度达到100%)这两种状况清楚地区分开来。基因是由多数核苷酸座位线状排列而成。分子进化的主要问题是,由于那些核苷酸座位中的DNA碱基的变化所产生的突变。下面将对突变型在群体内固定起来的过程进行考察,但是对分子水平群体遗传学的理论体系进行详细的讨论,不待言是超越了本书的范围,故省略之。笔者想从所得到的结果中仅就重要的加以简单叙述。

再者,对处理这样问题的合适的数学模型中有一个是笔者提出来的称为"无限座位模型"(infinite site model)。这个模型是基于各基因都是由非常多的核苷酸座位组成的想法提出来的,是假定每发生突变都是在分别的座位上发生的。

（2）突变型的行为

图表示群体中出现的突变型的行为。大部分突变型包含对自然选择稍许有利的突变型,在少数世代(例如10世代)中从群体中消失殆尽。而仅极少数好运的突变型费了非常长的时间(例如100万世代)扩大到整个群体。在中立突变即对选择呈中立状态的突变进行固定的情形,从中立突变的产生到固定需要$4 \times Ne$个世代。这里Ne是表示群体有效的大小程度,粗略地估算一代平均的繁殖个体总数就行。所以,当设想繁殖个体数为25万的哺乳动物的物种时,达到固定的平均时间竟要100万个世代。图中用粗线表示的是,经历固定之路的突变型的频度变化。

另外,就中立突变而言,如果规定每个基因座位每一代突变率是v的话,

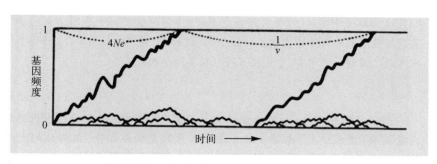

模式地表示出现在有限群体中的突变型的行为

粗线表示固定于群体中的基因频度的变化。对自然选择呈中立的突变型由于遗传漂变而固定的场合,从出现到固定的平均时间为$4Ne$世代,到相邻固定的间隔是$1/v$世代。这里,Ne是群体有效的大小,v是每个世代的突变率。

于是,等位基因在种内被置换的过程中,一个置换与其下一个置换的间隔平均为$1/v$世代的这一点也被证明了。倘$v=10^{-7}$(即1 000万分之1)的话,前后相邻的置换间隔就为1 000万个世代。

(3)分子进化的方程式

现在,试用k作为由每个世代所表示的种内突变被置换的频率。这是表示新的突变型在群体内随着时间的变化一个接一个地产生、固定下去的频率,由于一个一个置换间需要很长的年月,设想较之更加长久的时间,用每个单位时间表示其间将发生的置换(新的固定)数,可以说是平均值。所以,如此定义的置换率,是与一个一个突变型在群体内频率的增减速度没有关系的。实际上只和相续的固定之间的间隔有关,如果考虑到突变型依次按部就班地被置换下去的过程的话,这大概是容易理解的吧。

这里,考虑1个基因座位,设定v代表突变率,u代表出现于群体中的此基因座位中的一个突变型终极地固定到群体里的概率(固定概率),于是下面的方程式便成立了。

$$k=2Nvu$$

这里,N是群体的实际个体数,一般N比"有效的大小"(Ne)要大。此公式是基于如下的考察得到的。群体内的各个体都具有来自双亲的2个等位基因,就1个座位而言,整个群体有$2N$个基因,故而,群体中每一代有$2Nv$个新的突变出现。如果考虑其中的u这个比例是最后固定到群体里的概率,那么,分子进化就以$2Nvu$这样的速率进行。在这种场合,由于考虑无限座位模型,便可假定那些突变都是不同的碱基座位发生的变化。

在这个公式中,固定概率(u)一般不仅依存于突变型对自然选择的适应度(有利性)或其显性的程度,也依存于群体的大小(N及Ne),故显得很复杂。因此,下边要探讨两个简单却是很重要的情况。

(4)对于选择呈中立时

第一是突变对自然选择呈中立的状态时候,此时,固定的概率为$u=1/(2N)$。

如果认为群体中有的2N个基因全是平等的,不论从哪一个基因由来的子孙的基因扩展到整个群体皆由偶然、随机所决定的话,情况就很清楚了,将$u=1/(2N)$代入到上面的式子中去,于是就可得到极其简单的式子:

$$k=v$$

用语言来表述的话,就中立性突变而言,进化中突变型的每世代的群体内置换率(进化速度)与每个配子每个世代的突变率相等,与群体的大小无关。这里希望注意的是,这个公式的左边是有关群体事项的量,与之相反,公式的右边是有关个体事项的量。当然,两者必须用相同的时间单位来表示。

(5)对于选择有利时

第二种情况是在进化过程中,蓄积到种内的突变型全是对于选择有利的,可认为它们在群体内的置换是靠达尔文派的自然选择之力进行的。这种时候,固定概率为$u=2sNe/N$(参见注),将此式代入$k=2Nvu$中去的话,就可得到$k=4Nesv$。即此时,由突变的置换率所表示的进化速度,是由群体的"有效大小"、突变型对选择的有利程度以及突变型出现率的3倍之积来决定。所以,较之中立突变时要复杂得多。

(注)假定群体的实际大小为N,"有效大小"为Ne;和群体中野生型同质合子(AA)对自然选择有利程度相比较,出现在群体中的突变基因是A′,与野生型基因A呈异质合子状态(AA′)时对自然选择有利程度为s,同质合子状态(A′A′)时为2s。(s是表示A′突变基因的有利程度的选择系数)。如果假定群体中开始仅有一个A′存在(包含在某一个个体的异质合子AA′状态中),这个突变基因最终扩展并固定到整个群体的概率是根据$u=\dfrac{1-e^{-2Nes}/N}{1-e^{-4Nes}}$得到的。在这个式子中,在$s\to0$作为极限时,就得到$u=1/(2N)$;另一方面,对自然选择明显有利的突变,在满足$0<s\ll1$,$4Nes\gg1$的情况下,近似地成为$u=2sNe/N$。所以,如果$Ne=N$的话,$u=2s$,就可得到霍尔丹的结果。另外,对不利于生存的有害突变($s<0$)的固定率也可从这个公式中求得。在群体小,且有害度亦非一点点的情况下,固定概率是极其小的,实际上,可以说其值几乎为0。

相关链接　　**波林对中立理论及波林单位的态度**

木村资生的分子进化中立理论是在1968年发表的。不久之后,日本的科学杂志、遗传学杂志就颇详细地介绍了木村资生的这个新的进化理论。笔者相当及时地从日文杂志上阅读了分子进化的中立理论,并在给复旦大学工农兵学员授课时讲了这个新理论,也向学生们讲了木村资生提议把每一个氨基酸座位每一年10^{-9}的变化率作为一单位,并将该单位冠以波林（pauling）之名，以示对波林的尊崇。这是因为波林（L.C. Pauling，1901–1994；1954年获诺贝尔化学奖，1962年获诺贝尔和平奖）和朱克坎德尔（E. Zuckerkandl）在1965年出版的"Evoling Genes and Proteins"论文集中提出的分子钟理论对于木村资生形成其分子进化的中立理论是太重要不过了。就在笔者给学生授课之时，大约是在1973年或1974年，我记不清了（总之是在"四人帮"倒台之前），中国科学院上海分院邀请波林来沪讲学。笔者有幸受邀参加了那次学术讨论会。在会上笔者曾请波林教授谈谈他对于木村资生提出的分子进化中立理论以及用波林命名分子进化单位一事的看法。波林在会上明确表示，他不同意木村资生的理论，指出生物进化问题的阐明还是要依靠进化的综合理论。关于分子进化单位用他的姓冠名事，他很平淡地不以为然地说，"我还不知道有此事。"

第11章　中立理论的发展

§11.1　支持中立理论的证据

1968年木村资生发表了分子进化的中立理论。在其后的10到20年间,遭到了不少进化学者的严厉批判,中立理论被说成是"不过是进化的噪声"。当时综合理论的学者站在自然选择的立场,正集中精力研究造成适应进化的突变、正选择或平衡选择的作用,对于"DNA碱基的随机置换在小群体中由于遗传漂变而推动进化"的中立理论的观点是非常反感的,故不遗余力地加以攻击。

可是,随着分子生物学的迅速发展,陆续得到许多支持分子进化中立理论的材料。于是,中立理论终于牢固地矗立在进化学的领域里,成为进化学发展的一个新阶段。支持中立理论的证据有以下几方面。

11.1.1　分子进化速度的一定性

在不同系统的生物种之间,如对同一基因DNA碱基的置换数或同一蛋白质氨基酸的置换数进行比较的话,可预测到置换数的增加与分道扬镳后的年数成比例。这说明分子进化速度的一定性。与辛普森以研究表型进化为目标的关于进化速度的论述是截然不同的。

11.1.2　置换速度依功能的重要程度而有所差异

对于为各式各样蛋白质编码的基因的碱基置换的速度做比较时,发现如下的事实:在功能上越是重要的,负的自然选择作用越强,故而,置换的速度就慢;反过来,功能上不重要的,负的自然选择作用弱,其置换的速度就快。这是支持中立理论正确性的证据。组蛋白H4是形成染色质的重要物质,与基因的结构和功能密切相关,其功能是极其要紧的,组蛋白H4的氨基酸若轻易就发生变异,那会使基因结构与遗传机制出现严重障碍,会被自然选择迅速地淘汰掉,故其置换速度极低。相反,猪的胰岛素是由A链(21个氨基酸)和B链(30个氨基酸)通过S–S键形成的结构。其前躯体原胰岛素是A–C–B一条链的结构,在形成胰岛素的时候,C链(33氨基酸)被切掉,失去重要性,故C链每年氨基酸置换率较之A链和B链要快上6倍。

11.1.3　较之非同义置换,同义置换的速度大

在遗传密码表中,第3位置的碱基即使变了也指令同一个氨基酸的情况很多。这样的置换谓之同义置换。同义置换即使产生,蛋白质氨基酸的序列和原来的一样,表型不变,故负的自然选择起不了作用。可是,若密码子的第1位置的碱基或第2位置的碱基发生了改变,氨基酸就要发生对应的改变,这样的碱基置换谓之非同义置换。非同义置换意味着将使蛋白质的结构发生改变。因此,对各式各样蛋白质的同义置换和非同义置换的进化速度(平均单位年数的置换率)进行比较时,都会发现同义置换的速度比非同义置换的速度要快上几倍甚或几百倍。有的研究表明,就40个基因的碱基置换率进行比较考察,平均而言,如果定非同义变异为1的话,同义变异则高出其5倍。

11.1.4　不具有功能的DNA区域进化速度快

DNA的突变完全不影响表型的,已知有4种;即密码子的同义置换,伪基因的变异,内含子的变异和没有基因功能的DNA区域内的变异。伪基因有着和正常基因高度类似的碱基序列,由于发生了某种缺陷,失去基因的功能,成为伪基因。因为伪基因不表达,与生物性状无关,所以不受自然选择的约束,故其置换完全是随机的,速度最快。有报告指出,伪基因的碱基置换是正常基因同义置换的1.9倍。伪基因的产生一般认为起初是由于正常基因的重复(duplication)所致。其后,两个基因的一方,由于变异失去基因的功能而成为伪基因。另一个基因则照旧行使功能维持生物的生命。附带说一下,伪基因的出现对于生物进化来说是非常重要的事件,它可能是进化的遗痕,或也可能是等待变化的机会,说不定当生存环境发生改变时伪基因或可成为对生存有利的变异,发挥积极的作用,为进化提供新的可能性。内含子的置换率也是高的,有研究报告认为,内含子的置换率与同义置换相当。如果认为伪基因的变异是最为中立的,而内含子的变异和同义变异则并非是完全中立的,它们的变异对于mRNA剪接(splicing)时的立体结构和与tRNA的结合时起着某种作用,因而或许在一定程度上是受自然选择的制约的。

基因之外的没有表达蛋白质功能的DNA区域,其碱基变化不影响表型,不受自然选择的制约,故其置换速度是很高的。如小卫星DNA(minisatellite DNA)等,在其高度反复序列中的置换率比伪基因的置换率还要高。

§11.2　中立理论及大致中立理论的发展

前面扼要地介绍了中立理论的证据。笔者还想扼要地向读者介绍一下中立理论发表之后的进展脚步。2009年在日本《遗传》杂志上刊登了由日本著名群体遗传学家、分子进化学者、木村资生的密切合作者太田朋子(Ohta Tomoko,1933—　)所撰写的一篇题为"群体遗传学的概率过程和中立理论及大致中立理论的发展"的文章。对分子进化学的发生及其在1960年代、1970

年代、1980年代、1990年代的发展以及面对21世纪的展望,作了条理分明、言简意赅的陈述。太田朋子曾与木村资生一起发表过许多关于分子进化中立理论的论文与著作,可谓是中立理论的第二把手。她在1973年又进一步提出"大致中立的理论",故于此篇文章的题目中出现了"大致中立理论"(slightly deleterious mutant)的字样。为了让读者了解分子进化学的产生,在4个10年(从1960年代到1990年代)中的发展以及"大致中立理论"的内容,故将太田朋子的这篇文章译出。所谓"大致中立突变",在她发表的日文论文里是用"ほぼ中立"来表述的。日文ほぼ是"大约"、"大致"、"大体上"或"几乎"的意思。其英文论文是用slightly deleterious mutant(轻微有害的突变)来表述的。下面是太田朋子文章的译文。

群体遗传学的概率过程和中立理论及大致中立理论的发展

1. 前言

我进入(日本国立)遗传学研究所工作的1967年是分子进化学即将问世的好时期。翌年,中立理论发表。此后在进化学界开始了大争论。

群体遗传学是由R.A.费希尔、J.B.S.霍尔丹以及S.赖特开创并发展起来的。群体遗传学认为,基因频度在群体内的增减主要是由于自然选择的作用所导致。而S.赖特认为偶然的效果也是很重要的,并且对群体遗传的概率过程进行了深入解析。使赖特的概率过程研究进一步大发展的是(日本)遗传学研究所的木村资生。

木村这个名字,在1950年代、1960年代,在欧美群体遗传学界就已广为知晓了。下面根据木村的著作(《分子进化的中立学说》),对概率过程进行说明。

2. 群体中突变基因的增减

在实际的进化过程中,生物群体中常常有新的突变发生,其大多数是有害的,故几个世代之后,自然选择便将其从群体中消除掉。可是,生物还产生非有害的突变,即与自然选择无关(中立)的突变,或为数极少的有利变异,这两类突变自然成了进化的原动力。应该注意之点是,甭说中立突变,即便是有利的突变,如果在群体中只产生1个,大部分情况,也是要从群体中消失掉的。

基因频度随着繁殖由于偶然的原因而发生变动的情况谓之"遗传漂变"。可对此,却常被误解。兹以图说明之。现在,假想群体是由4个个体组成。在第1代,A1(黑点)和A2(白点)的基因频度各为50%。在第1代,产生了很多的配子,A1和A2各出50%的份额组成基因的集合体(称为"基因库"——gene pool)。可是,在生殖时,从基因库中只随机地偶然地抽出极其少数基因参与下一代的形成,因此,如图所示,A1和A2的频度随机地发生增减。

却说,基因频度在偶然的影响下与方向一定的自然选择的影响下发生变化时,偶然的影响和方向一定的自然选择的影响,两者中哪个更为有效地

起作用呢，便成为问题。现在，假定参与下一代形成的亲代个体数为 N，亲代的配子数则为 $2N$。如果专注某个基因座位，就将抽出 $2N$ 个同源基因，基因频度发生多少波动就依抽样而定。对自然选择仅 s 有利的突变基因，与别的等位基因相比，仅 s 超额地传到下一代去。用概率论进行解析的话，如果群体大小的程度为 N 和自然选择的有利性程度 s 之积的绝对值比1大得多的话，是自然选择在有效地起着作用，突变基因的行为是由自然选择决定。出现相反的情况，即在 $|Ns|$ 比1小得多的时候，偶然的效果增大，可认为是中立基因在行动。当 $|Ns|$ 在1附近时，表示基因频度是在自然选择和遗传漂变两者的影响下发生着变化。

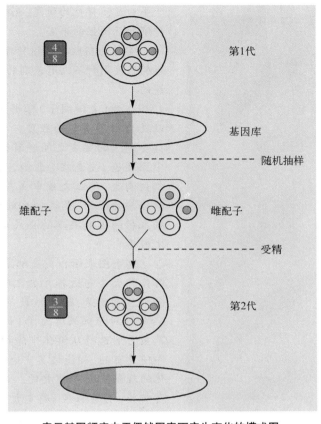

表示基因频度由于偶然因素而产生变化的模式图

3. 中立理论和大致中立理论的发展

其次，回顾中立理论以及大致中立理论的发展，以及对今后发展进行思考。

（1）1960年代

朱克坎德尔（E. Zuckerkandl）和波林（L.C. Pauling）在1965年发表了应该称为分子进化学的经典论文，提出了分子进化钟的概念。木村资生发表中立理论是在1968年，中立理论是基于遗传负担的想法提出来的。所谓遗传负担是霍尔丹提出的概念，是表示因具有有害基因而死掉的个体的比例。某物种中遗传负担的值过于大的时候，该种就变得不能生存。根据当时已了解的几种蛋白质的进化速度来推算整个基因组的进化速度时，所得的值是过于大了，使种的存续变成不可能。木村的中立理论就是基于此点提出来的。

木村的大贡献，在于将蛋白质的进化速度的数据和群体遗传学的理论结合了起来。特别是，中立理论的根本是，中立的突变率 v 和进化速度 k 是相等的，表示下面的非常简单的公式成立，$k=v$。在翌年的1969年，金（J.L. King）和朱克斯（T.H. Jukes）发表了题为"非达尔文进化"的论文，展开了更为一般性的议论。另外，从事群体遗传学研究的人们利用电泳的方法，以各种酶蛋白为考察对象，研究若干物种的蛋白质多样性。并且许多群体遗传学家和进化遗传学家发表了批判中立理论的理论。

（2）1970年代

人们认识到了蛋白质的进化速度是多种多样的，而蛋白质的进化速度是受蛋白质的功能及结构所制约，确立了所谓的功能制约的概念。另外，关于蛋白质多样性的研究,也搞清了多样性的程度在各种生物里都归拢到相当狭窄的范围里的事实。

曾作为实验群体遗传学中心人物的雷温廷(R.C. Lewontin)认为,多样性的程度因种不大有差别的事实与中立理论的预测不符,批评中立理论是错误的。

作者(太田朋子)根据分子钟不依存于世代的长度而依存于年的事实以及蛋白质多型的程度归拢在狭窄的范围内的情况,认为在中立突变和接受淘汰的突变之间会有大致中立的等级存在,而于1973年提出了大致中立理论,发表在《自然》杂志上。在自然选择中,由于有害的变异几乎都被淘汰,那么大致中立在几乎所有场合是意味着"弱有害"。根据群体遗传学的理论,是选择生效还是遗传漂变起作用,依赖于群体的大小。依据木村的固定概率的公式是可以计算的。下图是定量表示突变基因的固定概率。

这个图表示出突变的固定概率和淘汰强度之间有怎样的关系,横轴是群体的大小与选择系数之积的2倍,纵轴是固定概率。是连续函数,可是必须注意的是,选择系数是负的领域即有害选择的情况。在此种情况下,Ns 的绝对值如果远大于1的话,自然选择的影响力强,不利的突变基因总是被自然选择从群体中除掉,不能扩展下去。可是,Ns 值比1小的时候,s 即使是负的,却能极其少地一点点扩展,如下一节所述,可认为对于分子进化的理解上是很重要的。此时,在 Ns 的绝对值和扩展下去的比例之间呈负相关,有害程度 s 越发大的话,另外,群体大小 N 越发大的话,当然就不能扩展下去。与此相反,s 在正的领域,即一般所说的达尔文选择,Ns 值越大,固定概率越高。所以,如果 s 是一定的话,可以预测,群体越大固定概率就越高。

就是说,如果群体很大的话,由于弱有害选择有效地起作用,则不能扩展到群体中去,可是,在小群体里就变成中立性的可在群体中扩展,就能变成分子进化的氨基酸置换。故可以期待分子进化速度和群体的大小呈负相关,$k \propto v/N$。现在,对哺乳类动物的几个种想想看,一般说来,体格大的种,群体小,世代长;体格小的种,则相反,群体大,世代短。于是就会想到,由于世代的长短对突变率的效果和群体大小对突变扩展比例

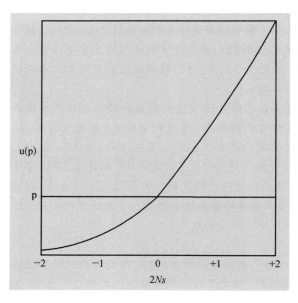

作为 $2Ns$ 的函数表示突变基因的固定概率 $u(p)$ 的图(p是初期频率)

的效果是相互抵消的，那么，每年几乎是一定的分子进化钟便成立了。下面的模式图表示是怎样对新的突变进行分门别类的。

（3）1980年代

像前边讲的那样，反对中立理论的论文是非常多的，可在1981年发表了功能已经死亡了的伪基因的碱基序列的报告，由李等（W.H. Li, T. Gojobori, & M. Nei）以及宫田、安永等探明了伪基因迅速进化的事实。这个事实用自然选择的理论是难以说明的，而与中立理论的预测相符合。所以如此，是因为伪基因没有功能的制约，进化速度快是理所当然的。以伪基因报告的出炉为界，中立理论在分子水平上是正确的见解扩展开来，论战也似乎结束了。

可是，群体遗传学与进化遗传学的学者们认为有必要进行更详细的解析，故而进行了各式各样的尝试。例如，吉莱斯皮（J.H. Gillespie, 1984）对分子进化速度波动的事实看得很重要，认为自然选择的模型可以很好地加以说明。

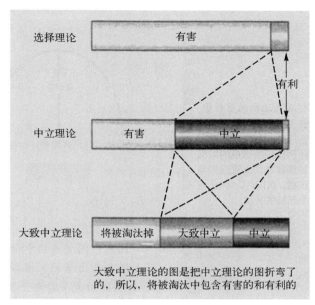

大致中立理论的图是把中立理论的图折弯了的，所以，将被淘汰中包含有害的和有利的

表示基于自然选择理论、中立理论、大致中立理论对突变如何进行分门别类的

（4）1990年代

由于DNA碱基序列的数据积累起来，从前不能解析的现在可以进行解析了。作者（太田朋子）用哺乳动物的基因数据对前面讲过的中立理论和大致中立理论在预测上的不同，即$k=v$和$K \propto v/N$的不同进行了调查研究。下图表示关于3种哺乳动物的49个为蛋白质编码的基因领域同义置换及非特异置换的枝的长度。

从图可以看到，枝长度的不同，在同义置换里表现显著；在非同义置换里相差很少。这个事实说明，在非同义置换里，弱有害选择在比人类群体为大的鼠类群体中更为有效地起着作用。这与大致中立理论的预测是相符合的。

另一方面，在群体遗传学领域里，盛行着对DNA水平多样性进行研究，试图通过近缘物种之间的进化式样（pattern）的比较而检出自然选择的作用。在J.H. 麦克唐纳（J.H. McDonald）与克雷特曼（M. Kreitman）的测试中使用了2×2表。

	种间分化	种内多型
同义置换	17	42
非同义置换	7	2

J.H.麦克唐纳与克莱特曼的测试（果蝇乙醇脱氢酶基因）

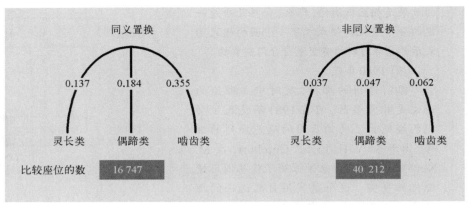

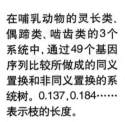

在哺乳动物的灵长类、偶蹄类、啮齿类的3个系统中,通过49个基因序列比较所做成的同义置换和非同义置换的系统树。0.137,0.184……表示枝的长度。

此表中同义置换和非同义置换的数值是种内及种间做比较时通过调查若干样本作出来的。依据这个表,J.H.麦克唐纳与克莱特曼认为,乙醇脱氢酶(ADH)的氨基酸的置换不是中立的,种间的差别是自然选择作用的结果。

对其他基因也做了这样的解析,结果发现了各种情形。有的像ADH那样式样的,有的可用中立理论说明的,有的在种内与种间出现了和ADH相反的情形。在这些测试中,问题是出在弱选择对同义置换起作用以及群体的大小变化不定等因素上。

4. 面向21世纪的进展

进入21世纪之后,基因组计划和基因组多样性计划有了大的发展。利用分子进化的研究方法对数据进行解析成为大趋势。现在,用基于中立理论模型预测的式样(pattern)和实验数据做比较,试图发现自然选择效果的许多尝试正在进行着。利用更多的数据,对同义置换和非同义置换进行比较的方法也在做更为详细的解析。关于前边的世代效果和群体大小的效果,相当广泛地得到了基因组水平的数据的支持。还有很多试图发现更加积极的达尔文效果的尝试也在进行着。

更加饶有兴趣的发展是有关基因表达的进化的研究。有一种观点认为,生物形态的进化原本就不是为蛋白质编码的基因本身,而是起因于基因表达调节的变化(M.C. King & A.C. Wilson,1975)。如果考虑个体的发生过程与形态形成,这大概是理所当然的。例如,凯托利奇(P. Khaitorich)等人通过在mRNA水平上的测定研究人和黑猩猩的基因表达的式样(2006)。而且许多器官(的发生过程和形态形成)用中立理论模型或大致中立理论模型是可以说明的,而仅辜九例外,是用达尔文选择说明基因表达的进化。另外,根据要弄清楚人的细胞中所有转录产物的人类基因组DNA元件百科全书(ENCODE)计划,在基因组的几乎所有领域都有转录活动,似乎产生出许多多余的转录产物。这样的多余的转录活动也可认为是中立的或几乎是中立的。而且多余的转录活动也有可能与将来的进化相联系。

　　关于基因组构成本身的进化,也有人提出是中立的或大致中立的论述。林奇等人(Lynch,2003)阐明了基因组构成含有或多或少的重复序列或重复基因,高等生物的基因组构成较低等生物的要复杂,以及高等生物的群体大小要比低等生物的小,于是,认为基因组构成的进化主要是依赖于漂变。

　　如上所述,不仅是在基因的碱基序列,在表达的调节以及基因组构成等如是多的水平上,中立的或大致中立的进化变得重要起来。而且,发生生物学和系统生物学带来了更为有趣的展开。就是说,生物基因表达系统是稳健的,各个突变效果屡屡起缓冲的作用,在表型上并不表现(A. Wagner,2005)。21世纪,中立理论或大致中立的理论将进一步被采纳。这意味着中立或大致中立的突变在进化中的作用比迄今所想到的要多。而且这暗示着中立理论以及大致中立理论与表型间的联系。关于这个问题的更为详细的解说,希望参考作者(太田朋子)所著的《分子进化的大致中立理论》("Blue Backs",讲谈社,2009),期待通过选择与遗传漂变一道讨论进化机制的发展。

第12章 人类基因组计划完成，进化学步入新时代

§12.1 基因组概念的由来与演变

基因组(genome)这个术语是德国著名植物学家、遗传学家温克勒尔(H. Winkler，1877-1945)在1920年创造的，是由基因(gene)和染色体(chromosome)两个词缩合而成。此术语过去常被译作"染色体组"，温克勒尔将配子中含有的半数染色体称为一个染色体组。温克勒尔创造这个术语与他长期从事孤雌生殖或称单性生殖(parthenogenesis)、嫁接嵌合体(chimera)和人为植物多倍体等研究密切相关。随着遗传学的进步，Genome一词的内涵也发生了演变。1930年日本著名植物遗传学家木原均(1893—1986)赋予基因组概念以新的功能性内容。木原定义：维持生物正常生活所必需的最少数量的染色体为一个染色体组。如普通小麦(*Triticum sativum*)的体细胞有21对42条染色体。木原均通过他创立的染色体组分析方法成功地阐明了普通小麦是异源六倍体，即由A，B，C 3个染色体组构成，每个染色体组是7条染色体。木原均进而阐明了普通小麦的物种形成途径。而如今基因组一词则用于表示配子(精子或卵)中全部DNA分子的碱基序列，即某种生物所具有的基因全部。换言之，基因组是生命(物种)的遗传信息库或设计蓝图。

§12.2 实施人类基因组计划的技术前提

有如下的技术前提。其一，是1970年代后发现的一系列作用于DNA的酶，特别是限制酶的发现以及开发出来的若干重要技术。1956年美国生化学家科恩伯格(A. Kornberg)发现了当时人们认为是使DNA进行复制的酶，称为"DNA聚合酶"，并因此而获得1959年度的诺贝尔生理学或医学奖。嗣后了解到该酶是DNA修复酶。真正的DNA复制酶是1971年发现的。其后陆续发现了作用于DNA的酶，如连接酶，解螺旋酶等。在所发现的酶中，瑞士学者阿尔伯(W. Arber)在研究细菌遭受病毒感染后能将入侵的病毒DNA链切断与分解的酶，称为限制酶。阿伯尔所发现的限制酶是1型限制酶，它能无差别地将DNA切断。美国分子生物学家H.O.史密斯(H.O. Smith)1970年从流感病毒(Haemophilus influenzae)的Rd株中发现了另一类限制酶，它可以在特定的碱基序列部位将

DNA切断。限制酶成为后来开展DNA重组技术(即基因工程)和基因组测定碱基序列的有用工具。1971年美国分子生物学家内森斯(D. Nathans)在研究SV40病毒DNA的结构与功能时,首先利用了限制酶成功地按预定要求将DNA切断。阿尔伯、H.O.史密斯、内森斯三人于1978年获得了诺贝尔生理学或医学奖。

其二,1972年两位美国学者伯格(P. Berg)和科恩(S. Cohen)确立了DNA重组技术即基因工程技术。伯格在1972年用生物化学方法将SV40病毒和大肠杆菌的基因制成了重组体,系国际上首次进行的DNA重组实验。科恩则将大肠杆菌中的两个具有不同抗药性的质粒(质粒存在于细菌细胞中,是染色体外较小的环状DNA分子,含少量基因)重组到一起,形成杂合质粒,然后将此杂合质粒引入到大肠杆菌中去,结果发现它能够在那里继续复制和表达出双亲的遗传信息。从此,开启了DNA克隆技术。运用这种技术就可以得到高纯度的目的基因,对目的基因进行详细分析成为可能。1978年利用克隆技术在细菌中产生出人的胰岛素分子。伯格与下面要提到的吉尔伯特、桑格获得1980年的诺贝尔化学奖。而科恩则在1986年获得了诺贝尔生理学或医学奖。

其三,由英国生物化学家桑格(P. Sanger)设计出的测定DNA碱基序列的方法和由美国分子生物学家吉尔伯特(W. Gilbert)与马克萨姆(A. Maxam)创立的用化学方法测定DNA碱基序列的技术都是在1975年问世的,对于人类基因组计划的实施起到了关键性作用。桑格是非常卓越的生化学家。1955年他研究出胰岛素的氨基酸序列,获得了1958年的诺贝尔化学奖。在1980年又与伯格、吉尔伯特获得了诺贝尔化学奖,一生荣获两项诺贝尔化学奖。1981年桑格等完成了人线粒体的基因组测序。1980年代初加州理工学院胡德研究组根据桑格的测序原理设计出测定DNA碱基序列的自动化仪器,既迅速又准确,提高了测序的效能。1998年开发出更加高效的毛细管型DNA自动测序仪,每台每日可解读100万个碱基。

其四,美国分子生物学家穆利斯(K.B. Mullis)在1979年研究出合成寡核苷酸的技术。1988年他和塞基(R.K. Saiki)合作开发出能使DNA片段迅速大量增幅的多聚酶链反应法(Polymerase Chain Reaction, PCR),是一项使分子生物学飞跃发展的技术。从理论上讲,1次PCR可使DNA增幅10万到100万倍。穆利斯因此项发明获得了1993年诺贝尔化学奖。

其五,1980年代后期,酵母人工染色体(yeast artificial chromosome, YAC)载体和细菌人工染色体(bacterial artificial chromosome, BAC)载体先后确立,前者可使含～2 000千碱基的DNA片段在酵母中增殖;而后者可使碱基数少一些的DNA片段在细菌中增殖。此外,发达的电脑技术也为实施人类基因组计划提供了保证。

§12.3　人类基因组计划酝酿经过

人类基因组计划被认真讨论是在1985年在加利福尼亚大学圣克鲁斯分校召开的讨论会上。美国能源部(Department of Energy)首先提出倡议。1986年著名病毒学家、诺贝尔生理学或医学奖获得者杜尔贝科（R. Dulbecco）在《科学》杂志上发表文章，积极倡议实施人类基因组计划。同年5月美国冷泉港研究所在举行"人的分子生物学"讨论会时，辟了一个专门讨论"人类基因组计划"的分会。会上，沃森和吉尔伯特积极主张开展人类基因组研究。1986年以后，美国人类基因组计划向着实施的方向迈进。1988年在日内瓦郊外的莱蒙湖畔，召开了成立推动各国研究者协作的民间性组织——人类基因组组织（Human Genome Organization，HUGO）的会议。1988年美国开始了试验性计划（pilot project）。1990年人类基因组计划得到美国能源部与美国国立卫生研究院（NIH）的后援而成为公共项目，并得到国际科学者的协作。

§12.4　人类基因组计划启动及重要成果

这个公共项目确定5年时间制成精度为100 kb的人类基因组图。并把1990年的10月1日定为美国正式实施人类基因组计划的起始日。沃森担当该计划的负责人。并与其他国家科学工作者建立协作关系。英国这方面研究的领导人是因线虫研究成果卓著而获得2002年诺贝尔生理学或医学奖的布伦纳（S. Brenner）和萨尔斯顿（J.E. Sulston）。法国这方面的领导人是1980年获得诺贝尔生理学或医学奖的多塞（J. Dausset）。日本这方面的领导人是松原谦一。

1991年人类基因组启动时，人们只了解六七百个基因，不足当时估计的10万个基因数目的1%，要达成基因组计划的目标，其难度之大可想而知。于是NIH申请DNA碱基序列的专利。1992年文特尔（C. Venter）博士建立了基因组研究所（The Institute of Genome Research，TIGR）。1995年文特尔等使用其发明的"散弹枪式测序（shotgun sequencing）"方法完成了具有180万碱基序列的流感嗜血杆菌（Haemophilus influenzae）的测序工作。这是最初完成的细菌（原核生物）的基因组。1996年国际共同研究组完成了芽酵母的基因组的测序工作，这是最初完成的真核生物的基因组。1998年美国华盛顿大学与英国桑格中心共同完成了线虫的基因组的测序工作。这是最初完成的动物基因组。同年，文特尔创立了塞莱拉基因组公司（Celera Genomics），该研究所系私营科技风险企业，和公共的人类基因组组织展开了激烈竞争。

人类基因组的研究进展很快。1999年完成了人的第22号染色体（34 Mb）碱基序列的测序工作。2000年完成果蝇基因组的测序工作。同年，完成拟南芥基因组的测序工作，这是最初完成的植物基因组。2001年小鼠基因组研究项目正式启动。2002年完成水稻和小鼠的基因组的测序工作，结果以论文形式发表。2003年4月14日完成了人类基因组全部碱基序列的测序工作。人类基因组的大小为27.82亿个碱基对，含23 000个基因。人类基因组研究的完成，标志着生命科学进入新时代。其实，有的文献认为1995年第一个生物——流感嗜血杆菌的基因组碱基测序工作的完成就已意味着生命科学进入了新的时代。

§12.5　人基因组的特征

12.5.1　具有蛋白质信息的基因数意外地少

根据人体结构与功能的发达程度,学者们在基因组计划启动时,估计人的基因数至少有 10 万个,可是据 2010 年代后发表的数据看,人的基因数约为 23 000 个,顶多 25 000 个。这些具有蛋白质信息基因的碱基数相较于人类基因组碱基总数不足其 2%,宛如广袤沙漠中的寥落绿洲。与几个模型生物相比较,也显得意外的少。体长只有 0.002 厘米的大肠杆菌(*E. Coli* K-12 株)具有 4 600 个基因,相当人基因组的 16%。体长 1 厘米左右、只有约 1 000 个体细胞组成的线虫(*C. elegans*)具有 19 000 个基因,相当人基因组的 70%。黑腹果蝇(*D. melanogaster*)具有 9 900 个基因,相当人基因组的 43%。小鼠(*Mus musculus*)具有 24 000 个基因,比人类的基因数还多。黑猩猩也具有 23 000 个基因。这样的一些结果让学者们感到吃惊。人体是由 50 兆个细胞组成的,细胞种类多达 200 种以上,具有复杂的身体结构,还具有能说能写能读能思考能制造与使用工具等等其他生物所没有或不可及的功能,可是基因数却并不多。这是因为什么呢?目前的认识有两个机制。一是 1 个基因有产生 2 个以上 mRNA 的功能。即在 1 个基因上有两个以上的转录起始点。就会转录出长短不一的 mRNA。这类基因占具有蛋白质信息基因的 74%。另一种机制是转录出来的 RNA 通过剪接(splicing)形成不同的 mRNA,翻译出不同的蛋白质。例如人的 *GNAS* 基因,它能转录出 7 种 RNA,合成 6 种蛋白质。其中的一个蛋白质与传递信号相关。再如与癌有很深相关的 *CDKN2A* 基因能转录出 4 种 RNA,翻译出 3 种蛋白质。这是当前认识到的可作为解释的机制,还有待更加深入的研究。因为其他生物的基因组也会存在同样的机制。

12.5.2　在人的基因组中看到有细菌基因存在

有报道说,在人的基因组中竟有 113 个细菌的基因,这是人们以前想象不到的事。这个情况说明人是 38 亿年前从原始的原核生物那里出发的,并且在其后的进化过程中也有细菌的基因侵入进来,这表明人类不是上帝创造的。若人类是上帝创造的,人的基因组从一开始就应该是完好的,何须把细菌之类的基因也弄进来。上帝是不会做那样费时费力的活的。真核生物的诞生是生物进化过程中的一个重大事件。美国女分子生物学马古丽丝(L. Marguris,1938-2011)对于细胞核、线粒体、叶绿体、鞭毛的起源在 1967 年提出了连续共生理论(Serial endosymbiosis theory)加以说明,被学界广泛接受。当然还有与此不同的见解如"膜进化说"等。除了共生现象外,水平传递(horizontal transmission)是近年来在微生物种间、昆虫种间、有共生关系的种间频繁发现的外来 DNA 插入到相关种基因组中去的现象。在人的基因组中有细菌基因序列存在,用水平传递的理论加以解释,也是容易接受的。

12.5.3　在人的基因组中还有转座子基因

在人的基因组中不仅有类似细菌基因的序列存在,而且还有很多能动、能跳的称为转座子(transposon)的基因。转座子系美国女细胞遗传学家麦克林托克(B. McClintock,1902—1992)在1940年代研究玉米斑点遗传时发现的。1960年代后在多种生物上发现转座子基因。1983年麦克林托克获诺贝尔生理学医学奖。转座子基因序列在玉米基因组中占近90%,而在人的基因组中大约占44%,这其中的8%是具有长末端重复序列(LTR)的逆转座子(LTR-retroposon),33%是不具有长末端重复序列的反转录转座子(retrotransposon),其中又分长散在重复序列(又称长散在核元件,long interspersed nuclear elements,LINE)和短散在重复序列(又称短散在核元件,short interspersed nuclear elements,SINE)。Alu序列属于短散在重复序列,在人的基因组中有7 000个之多。发现Alu具有改变基因表达,破坏或形成基因的功能。不过要着重指出的是,这些转座子如今在人的基因组中几乎都不能动不能跳了,成为基因组中的“垃圾”(junk),传到后代也不会产生可怖的变异。余下的3%则包括转座酶(transposase)基因或其碎片。真正决定蛋白质结构的结构基因在人基因组中不足2%。大量“垃圾”DNA存在于人的基因组中,其生物学意义为何,乃是当前与今后科学研究的重要课题。

12.5.4　在人的基因组中有大量重复DNA序列

在人的基因组中到处可见重复的DNA序列,约占基因组的5%。人的染色体是由22对常染色体和1对性染色体X染色体和Y染色体所组成,合计46条染色体。重复的程度随不同的染色体而异。Y染色体的重复率最高,达到25%。染色体的某些部位(locus)DNA重复,即基因发生重复。依据前面已经讲过的大野乾的理论,基因的重复是生物进化的重要手段之一。实际上在人的基因组中因重复而形成的基因竟多达3 300个之多。

12.5.5　单核苷酸多态性

所谓单核苷酸多态性(single-nucleotide-polymorphism,SNP)说的是,属于同一个物种(如人类是一个物种)的不同个体基因组DNA的等位序列上存在单个核苷酸差别的现象。在现代人与人的基因组中存在有320万个以上SNP,即单核苷酸多态性。尽管SNP多到如此程度,但谁都是人。基于木村资生的分子进化的中立学说也好解释,那就是变异多属于同义置换。当然其中的一些SNP是与个人的特征、疾病有关联的。

12.5.6　碱基的缺失或插入

每个人的基因组中有850个以上的碱基位置发生缺失或插入。

12.5.7　人的突变率

有文献报道称,人的突变率每一世代(以20年计算)约为0.000 002 2%。人的基因组是由6×10^9核苷酸（碱基）组成的，6×10^9的0.000 002 2%，即每一世代约有132个核苷酸（碱基）发生置换。突变几乎是以100%的准确度（实际上是以99.999 997 8%的准确度）传递给后代的。最古老的智人产生在大约20万年前。人类一世代平均为20年，那么从最古老的智人产生到现在，经历了大约10 000代。从理论上讲，在智人的20万年的经历中便该有约132万个碱基发生了置换。可是，实际情形远比此数值为高。2007年文特尔对其本人的基因组做了测序，并与现代人的标准基因组序列进行比较，发现竟有320万个碱基不同。这说明从我们最早的智人祖先起，经历20万年之后，到我们现代人已积蓄了320万个碱基的差异。所以人世间，除一卵双生儿外，每个人的基因组都不会是相同的，均有其独特之处，即每个人有其可宝贵的独一无二性。

12.5.8　变异速度

男性的变异速度较女性的约快近2倍。这是因为男性从生殖母细胞到形成精子的分裂次数较之女性从生殖母细胞到形成卵的分裂次数要多，所以产生错误（error）的机会即发生变异的机会就多。

第13章 进一步认识人类自身

§13.1 人类基因组研究的哲学意义

生物学上有一个规定,对已发现的物种都要给予一个国际统一的以拉丁语表述的学名。林耐在《自然系统》一书的第10版(1758)中,将人类划分到灵长类中去,并给现存人类起了一个极其乐观的学名——*Homo sapiens*(Linn.)。*Homo*是人的属名,*sapiens*是种名。*Homo*源于希腊语gegensis一词,gegensis是从大地滋生出来的意思。在古希腊的神话中,人类和诸神一样,都是从母亲大地女神盖亚(Gaia)那里像植物生长般地产生出来的。由于人类具有和诸神一样的出身,因而高傲地用gegenes一词来表述自己。gegenes一词经过gomos演变成拉丁语的humus(腐殖质即土壤的意思),再演变成显然与从大地由来密切相关的human、humanity(人、人类)等词,再由humus演变成含有栖息于地及对栖息地效忠的home、homage等词,最终演化为人的属名homo。人的种名是*sapiens*,来自拉丁语,是"有智慧"的意思,作*Homo*的定语,故译为"智人"。林耐在给人类做此命名时,还对*sapiens*(有智慧)一词加了一个注释:"要认识汝自身"即"要自知"。林耐认为,人类区别于其他动物,就在于人类有智慧,而其智慧乃旨在要去认识人类之自身。林耐的这句话,其实是承袭了古希腊的先哲苏格拉底(Sokrates,469–399,BC)对人类认识的名言。人类基因组计划的完成是人类在认识自身前进路上的史无前例的伟大飞跃,也是遗传进化学史上一座伟大的丰碑。人类基因组计划的完成无疑既有助于加深对人的个体发育即生老病死的认识,也有助于加深对人的系统发育即人类来龙去脉的认识。本书是讲生物进化的,当然侧重于讨论人类的系统进化问题。

§13.2 基因组和表型组的研究相结合才能更好认识进化

由于测定DNA碱基序列的技术飞跃进步,基因组解析工作进展迅速。时至2010年8月,基因组已完成解析和接近完成解析的生物种达到1 664个,其中不少是微生物种,大的生物种有人、黑猩猩、猴、狗、猫、牛、马、猪、小鼠、荠菜、水稻等。加上当时正在解析着的基因组有837种,合计为2 501种。5年过去了,又会增加许多种。可向美国国家生物技术信息中心（National Center for Biotechnology Information，NCBI）的数据库与塞莱拉基因组公司的数据库查询。

完成生物基因组的解析，从中可了解到许多事情是不言而喻的。如该生物的多样性，与别的生物的亲缘关系，拿人来说，还可了解疾病的原因从而研究预防和治疗的手段等。但是，完成某生物基因组的解析并不意味着对该物种的个体发育和系统发育立马就有了清晰的认识。实际情况远非如是。近年来有学者主张研究生命进化特别是研究人类的进化，正确方法论应该是将基因组与表型组（phenome）两个方面的研究结合起来进行（Varki et al，2008）。这就是说，要破解人类进化之谜，仅有人的基因组的知识是不够的，还要与传统的古人类学（即表型组）、考古学、地质学等领域的研究结合起来，齐头并进才对。从现存的人的基因组中得到的认识、导出的假说是否正确，需要从化石侧面加以验证；相反，基于化石信息构筑起来的进化假说也应该得到基因组知识的支持。

§13.3 达尔文关于人类起源的见解

根据达尔文的《物种起源》（1859）所阐发的生物进化的理论，人类也该是由其他生物进化而来的。可是达尔文在《物种起源》中却完全没有讨论人类起源的问题，只在最后部分"复述与结论"中说了短短的一句话："大量光明将投射在人类的起源和他们的历史上"。达尔文当时所以没有对人类起源问题进行展开，学者们分析有几种原因：第一，达尔文考虑到当时社会浓厚的宗教思潮，《物种起源》中所阐明的进化观点必会遭遇严重的阻力，如再讨论人类起源的问题，进化论就会遇到更大的阻力；其次，他妻子是虔诚的教徒，达尔文怕过分伤害他妻子的感情；第三，须要积累更多更有说服力的资料。达尔文的亲密友人、进化论的支持者赫胥黎在1863年出版了《人在自然界中的地位》一书。他在该书中指出，人的最近缘动物是大猩猩和黑猩猩，但他并未议论与其中哪种类人猿关系最近。他在书中也提到了1856年在德国发现的当时是最古的化石人类——尼安德特人，但是他认为要搞清人类的起源问题需要更多的化石证据，是遥远未来的事情。达尔文在1871年出版了他的《人类的由来及性选择》一书。尽管没有化石的证据，但是依据大猩猩、黑猩猩的形态、结构与行为习性等，达尔文也认为大猩猩、黑猩猩与人类的关系最相近，又因为它们只生存在非洲，所以达尔文推测人类也是起源于非洲的。

人类进化的研究可以说是始于1856年尼安德特人的化石的发现，可是正经八本地进行古人类学的研究是进入20世纪之后才开始的。与数学、物理学以及生物学中的分类学等领域相比较，人类学的历史是浅薄的，因而未知的部分不仅多，而且常常因新的发现而一改以往建立起来的学说或论点。在1960年代之前，在关于人类起源与进化的研究中古人类化石扮演着主角。由于人类学家、考古学家、地质学家以及古生物学家的共同参与和努力，古人类化石的研究确实取得了非常大的成果。大体上厘清了人类起源与进化的脉络，很大程度上肯定了达尔文的推测。可是也应该指出，从1920年代到1960年代期间，曾流行过一些与达尔文见解不同的观点，如认为大型类人猿和人类是很不相同的，这种见解的实质在于拒绝接受人与类人猿有共同祖先的观点，其代表人物是英国人类学家G.E.史密斯（G.E. Smith）。他还主张人类的产生首先在于脑的发达，脑的发达是先于直立二足步行的。另外，美国古生物学家奥斯本（H.F. Osborn）主张人类与类人猿是在3 000万年前从共同祖先处分歧的，可是人类不是起源于非洲，而是起源于中亚的。正是在人类起源于中亚这种思潮的背景下，在英国才"发现"了现代人的头骨和猩猩的颚骨捏合在一起的"人类化石"，即伪造的"皮尔当人（Piltdown man）"事件。此系英国考古学家陶逊（C. Dawson）1912年所为。可是在约40年的悠长岁月中，"皮尔当人"却被一些人类学家奉作是*Homo sapiens*的最古的祖先（G.E. Smith，A. Keith等）。1950年奥克利（K.P. Oakley）和霍斯金斯（C.R. Hoskins）对骨中的氟含量进行了测定，才证实"皮尔当人"系捏造的。

1960年代之后，持有"分子钟"概念的分子生物学家突然进入到人类起源与进化的研究领域，冲破了一向以化石为中心的研究传统。以不同的角度、不同的方法研究同一个问题，相得益彰，取得了很大的进展。下面我们将进一步讨论这个问题。

一个多世纪以来，古人类化石的发掘与研究以及关于人类进化的分子进化学的研究都证明了达尔文的两个推断是正确的。即：其一，人类起源于非洲。最古老的人类化石，迄今为止，都是在非洲出土的。其二，人类与生活在非洲的大型类人猿的亲缘关系是最近的，分子生物学的研究支持达尔文与赫胥黎的这种见解。可是，达尔文与赫胥黎都没有说准是黑猩猩还是大猩猩与人类最相近。

§13.4　黑猩猩与大猩猩孰与人类最近?

从基因、DNA角度考虑人与哪个动物遗传关系最近的问题，对思考人类进化的问题颇为重要。1960年代，在印度、巴基斯坦出土了生存在约1 500万年前的拉玛古猿的化石（*Ramapithecus*），由于其齿的形态（厚珐琅质）与人齿的类似性，当时古人类学家普遍认为拉玛古猿是人类的祖先。1967年美国免疫学家萨里奇（V. Sarich）和A.C.威尔逊（A.C. Wilson）从人和若干种灵长类动物的血清中提取白蛋白对抗体反应进行定量化，并利用朱克坎德尔（E. Zuckerkandl）和波林（L. Pauling）所确立的分子钟原理来推测人类与类人猿分歧的时间，并基于分子比较做成了灵长类进化的系统树。萨利奇和A.C.威尔逊所建立的灵长类系统树与传统的古生物学家所建立的灵长类的系统树是很不相同的。

第1个不同，1967年前，古人类学家将黑猩猩、大猩猩、猩猩归为一个类群，人类的最早祖先森林古猿是在2 400万年前与黑猩猩、大猩猩、猩猩的祖先分道扬镳的。而在萨里奇、A.C.威尔逊的系统树中，人与类人猿成员的免疫距离是不等的，先分出猩猩，其次分歧出来的是大猩猩，再次之是黑猩猩与人的分歧。黑猩猩与人的亲缘关系最近。第2个不同，传统的古生物学家所建立的灵长类的系统树认

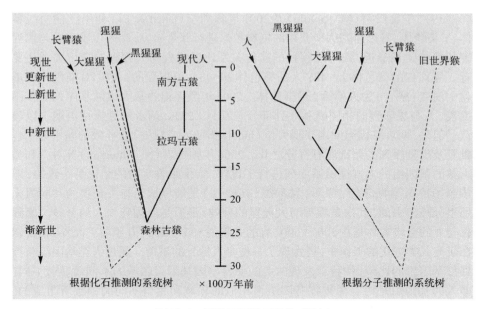

图13-1 两种不同的灵长类系统树

左边是根据化石推测的系统图；右边是根据分子推测的系统图。

为森林古猿进化到拉玛古猿，再进化到南方古猿，再进化为人类。认为拉玛古猿是人类的祖先。而在萨里奇与A.C.威尔逊的系统树中，拉玛古猿是不在人类进化的系统上的。第3个不同，古人类学家认为人与类人猿分歧在2 400万年前，而萨里奇与A.C.威尔逊则认为人与黑猩猩分歧的时间约在500万年前，比2 400万年短得多。这一点，两派争论的最激烈，争论持续达15年之久。1980年拉玛古猿的完整头骨化石被发现了，拉玛古猿的分类地位发生改变，它不再被放在人的进化系统上，而归到猩猩的进化系统上。至于拉玛古猿齿形态与人齿有相似性（厚珐琅质）问题，如今的解释是收敛进化的结果。1980年代后，DNA碱基序列的比较研究兴盛起来。日本分子生物学家宝来聪（Horai et al，1992）对人及4种类人猿（黑猩猩、倭黑猩猩、大猩猩、猩猩）的线粒体DNA全部碱基序列做了比较研究，结果表明人与黑猩猩最近，证明萨里奇、A.C.威尔逊当初的见解是正确的。图13-2的系统树是基于宝来聪的研究结果得到的。

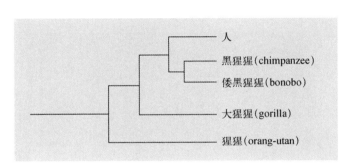

图13-2 人与类人猿的关系

人与黑猩猩的关系最近，其实与倭黑猩猩（也称pigmy chimpanzee或pygmy chimpanzee）也几乎同样近。次之大猩猩，再次之为猩猩。

　　1997年鲁沃洛(M. Ruvolo)及2001年陈和李(Chen & Li)利用以往由线粒体、Y染色体、基因组基因所获得的资料数据进行综合研究,结果也确定人与黑猩猩的遗传关系最近,人与黑猩猩的遗传关系比黑猩猩与大猩猩的遗传关系还要近。黑猩猩的染色体2n=48;人的染色体2n=46。黑猩猩的2A和2B染色体在进化中演变(融合)为人的第2号染色体。2005年黑猩猩的基因组碱基序列的草图发表,人与黑猩猩的相同碱基序列部分差别只1.23%,两者的近缘性再度得以确认。但是,两者基因组间由于得失位(indel,指插入或缺失)所导致的差别为3%。重复及反复序列的差别还有百分之几。2006年帕特森(N. Patterson)等对人和类人猿的基因组的大规模碱基序列进行了比较,结果跟鲁沃洛的结论是一致的,即依照帕特森等的研究结果看,猕猴类(Macaca)是最早从人与灵长类的共同祖先那里分歧出去的,其次是猩猩与大猩猩的分歧,最后是黑猩猩与人的分歧。黑猩猩与人的分歧大约是在500～600(有的文献说500～700)万年前。此外,帕特森在研究人类进化的工作中,还发现了一桩令人惊异的事情。通过人类基因组与黑猩猩基因组的比较,帕特森发现两者的变异率因基因组领域的不同而显著不同,即人的基因组是由与黑猩猩基因组很相似的领域和相当不同的领域所组成的。如果用年数表示其差距的话,最大差距有400万年。帕特森认为这意味着:630万年前,向着人类进化的一支和向着黑猩猩方向进化的一支从共同祖先处开始分道扬镳,可是两支基因组在其后的400万年间仍继续有性的交流。就是说,我们人类的早期先祖在很长久的期间里与向着黑猩猩进化的一支(堂兄弟姊妹关系)保持着性关系,或许当时他们还处于亚种状态,没有形成完全的生殖隔离,后来才出现完全的生殖隔离。

第14章　人类进化的化石研究

§14.1　人类的特征

最古人类或称黎明时期的人类。判断人类的最主要的特征是什么？人类的最主要特征在硬组织上能反映出来的只有两个：一个是直立二足步行。直立二足步行除了从四肢骨的特征能做出判断外，头盖骨底的大后头孔的朝前位置也是判断是否直立两足步行的依据。二是犬齿缩小和犬齿小臼齿复合体功能的消失。犬齿曾有武器的功能，其发达程度与性差、繁殖战略等有直接的关联。进化为人类后，犬齿作为武器的功能逐渐消退。人类的这两个特征大概都是在600万年前出现的。最近有学者提出人类的第三个特征是人类女性发情征兆的隐蔽化和性活动能力的平常化（C.O. Lovejoy，2009）。但这一特点是难反映在硬组织上的，还不像脑量可从头盖骨的大小进行估算。

在上述特征中，直立二足步行被认为是人类的根本性特征。有的文献主张人类的定义是："进行直立二足步行的类人猿"。直立二足步行是对采食行为、繁殖战略、社会行为等多歧适应的重要支撑。直立二足步行为什么如此重要，迄今有各种假说。其中受到热捧的是"能效假说"。这个假说认为，由于气候变动，森林消失，食物来源变得稀疏扩散，为有效地获取食物，与类人猿的四足步行相比，直立二足步行对于长距离、长时间跋涉是耗氧最少效率最高的行动方式。直立二足步行是一种适应战略（Rodman & McHenry，1980）。另一种较普遍的说法是：因为非洲森林消失，向人类进化的始祖无奈地非得进到热带无林草原（savanna）（注：savanna是具有明显干燥期的热带、亚热带草原。年雨量为200～1 000 mm，分布在非洲、南美洲等地热带雨林的外侧）去营地上生活，以至于先是被迫后来变为习惯的直立二足步行。可是，从最早期人类出土的生态系情况看，其中森林因素并不缺少，说明最早时期的可直立二足步行的人类仍是在森林中生活的，在那时就开始了不断失败又不断改正的反复尝试地（trial and error）进行直立二足步行了。下面要讲到的地猿属拉密达种就处于此种状态。

§14.2　最古的人类

迄今所知道的最古的人类化石,古人类学界普遍的观点认为有3个属4个种。按其生存的年代顺序如下。

1. 是生存在600万～700万年前的萨赫勒人乍得种(*Sahelanthropus tchadensis*),是2001年波尔多大学的布吕内(M. Brunet)研究组在乍得中央地带的Toros Menalla地方发现的。此项发现在人类学界成为大事件,一是因为其古老性;二是颠覆了以往大多数人类学家认为人类起源于东非的定论。这个种是在大裂谷(Great Rift Valley)以西,非洲中部发现的,从而改变了人类起源的"剧情"(Scenario):人类起源究竟在非洲的何处,成为不定论。

2. 是生存在570万～600万年前的原初人图根种(*Orrorin tugenensis*),其第1号标本是1974年在肯尼亚的图根丘陵(Tugen hills)发现的,长期以来确不准它是属于人还是属于类人猿,2001年森努特(B. Senut)、2002年皮克福德(M. Pickford)等确定其分类地位属于人类系统。

3. 是生存在550万～570万年前的地猿属卡达巴种(*Ardipithecus kadabba*),是埃塞俄比亚的人类学家海尔赛拉西(Y. Haile-Selassie)和美国人类学家怀特(T. White)在1997—2004年间在埃塞俄比亚的阿法尔(Afar)地沟带Middle Awash(地名)的西部发现的。

4. 生存在440万～450万年前的地猿属拉密达种(*Ardipithecus ramidus*)是由怀特和埃塞俄比亚的学者阿斯范(B. Asfaw)为代表的研究组在1992年在埃塞俄比亚阿法尔地沟带Middle Awash地区的阿拉密斯(Aramis)地方最初发现的。发现之初,给这个种定名为南方古猿属拉密达种(*Australopithecus ramidus*, 1994),可是经怀特仔细研究,发现其齿及上臂骨是兼有黑猩猩与人的双方特征,于是于翌年将其属名改为*Ardipithecus*。对于这个种,多讲一些。达尔文认为人的进化起始点在于手与足。达尔文主张人类祖先走出森林,直立二足步行是向人类进化的第一步。两足直立后,身体重心下移,手得以解放,于是才能投掷石块,开始使用石器和制造工具,进而从事各种活动,逐渐获取到地上无敌的优越地位。由于体态发生这种改变,头、颈、腰、足等器官也相应地发生变化。达尔文的上述观点多年来一直得到学界的认可。可是近年来科学家的一些发现,使人们认识到达尔文的推测是有值得修正的地方。怀特在阿拉密斯周边采集到100点以上的化石标本,对其身体大小及各个部位的功能特征进行了相当仔细的观察,还得到了不少犬齿标本,成为评断地猿属拉密达种是属于人类的重要根据。日本学者诹访(G. Suwa)2002年发现地猿属拉密达种的臼齿化石,其后进行了5年的挖掘工作,得到地猿属拉密达种的化石多达110多个,花了9年时间建立起用micro CT(计算机断层摄影)对骨头碎片进行解析以及再组成的技术,2009年初成功地构成了10个实际的(virtual)头盖骨(颅骨),2009年10月在美国《科学》杂志上发表了历经17年的概括了11篇论文内容的总结性文章。美国人类学家洛夫乔伊(O.C. Lovejoy)也对这个种做了非常有价值的研究。把他们的研究成果汇总起来可形成如下诸见解。地猿属拉密达种身长120厘米,体重45～50

千克左右。脑量300～350 ml，与萨赫勒人乍得种基本上一致。其姿态和大猩猩、黑猩猩不太一样。大猩猩、黑猩猩用前肢拳头关节柱地四肢步行（knuckle walk），而地猿属拉密达种则直立二足步行。地猿属拉密达种的颜面鼻口部向前突出与黑猩猩相似，但是地猿属拉密达种眼窝上面的隆起没有黑猩猩那样大，颜面的下部没有黑猩猩那样突出，头骨底部稍许短缩，类似于南方古猿型的（通称南方古猿，其实是猿人阶段，下面要讲到）。黑猩猩雄性的犬齿很大，是带有攻击性的，而地猿属拉密达种的犬齿缩小，介于现代人和黑猩猩的中间，说明地猿属拉密达种群体已不是太攻击型的了。地猿属拉密达种的牙齿的珐琅质比南方古猿的薄，与其杂食性密切相关。另外，地猿属拉密达种的雌雄身体大小差别很小，说明可能近于一夫一妻制。地猿属拉密达种的上肢和手具有可做各种姿势及把握动作的关节结构。虽然生活在森林（疏散林）里，大体上是在树上生活的，但是其骨盆的结构，上部（肠骨）上下短、幅宽，属南方古猿型；下部（坐骨）却与猴、类人猿相似。呈嵌合状态的骨盆表明其具有适合于树上生活和二足步行的两方面特点。脚的大拇指具有大幅张开的能力，把握性特征明显。没有足弓。根据其全身形态结构特别是齿、骨盆的结构特点以及大腿骨肌肉附着的状态，可以认定地猿属拉密达种已能直立二足步行，但比南方古猿直立二足步行的"完成度"要低，可是地猿属拉密达种也并不原始，已不像类人猿那样弯腰屈膝地步行了。地猿属拉密达种脊柱弯曲呈S状，躯干直立，腰、膝状态说明可如人一般行步。学界认定地猿属拉密达种在离开森林到平原生活之前就已经是可以直立二足步行的了，其生息地是以疏散林为中心的。在地猿属拉密达种的化石标本中，诹访给一具女性标本起个绰号（nickname）叫阿娣（Ardi），是取其属名 *Ardipithecus* 头前的4个字母。Ardi在阿法尔（Afar）民族语中是"地面"或"地上"的意思。其种名 *ramidus* 在阿法尔民族语中是"根"或"始祖"（roots）的意思。合起来就是"地上猿的始祖"之意。

根据阿娣的特点所能得出的认识确有颠覆以往常识之处。比如，过去一般人都认为人与黑猩猩的共同祖先的形态大概是类似于黑猩猩的，分歧之后，在约500万年的进化过程中，向人进化的一支变化得非常大，最终变成人的样子；而向黑猩猩进化的一支由于迄今没有发现过古代类人猿的化石，故多数学者认为，黑猩猩的祖先一直留在大裂谷（Great Rift Valley）以西的森林里，环境条件变化不大，故依旧保留着其始祖的模样，成为今日的类人猿。可是，阿娣出现后，使学者们产生出一种与传统观念相左的新想法：阿娣生存年代在440万年前，说明是人与黑猩猩从共同祖先处分歧不久后的祖先型生物。人与黑猩猩的共同祖先也可能就是阿娣的那个样子或近于阿娣的样子。而阿娣与黑猩猩在形态上是有很大区别的。这就是说，人与黑猩猩分道扬镳后，不论是向人进化的一支还是向黑猩猩进化的一支，在其形态上都发生了很大的变化。沃德（C.V. Ward）说：拉密达种"给人类起源问题带来了完全不同的见解。"

怀特、诹访、拉夫乔伊等对地猿属拉密达种的新认识并不能说达尔文当初的推测完全错了，只能说，原始人在走出森林之前，就已出现了能够直立二足步行的突变型了。这种论断符合进化遗传学的观点：先有突变型的产生，得到自然选择的保留，而后导致进化。可谓是对达尔文学说的补充。另外，当前人类学家对于达尔文认为直立二足步行开始后，手及脑就随之并行进化的观点也产生异议。地猿属拉密达种能直立二足步行，但并不会使用工具。人类会使用工具是在地猿属拉密达种之后过了约180万～270万年后的事情。奥杜威文化（Olduvai culture）代表着约260万～170万年前更新世早期旧石器时代早期的文化。奥杜威文化表明人类开始能制作石器工具了。奥杜威文化是1930年代在坦桑尼亚奥杜威峡谷（Olduvai gorge）发现的，1960年代进行了系统的发掘。至于奥杜威文化的创造者是谁，是有争议的。有的学者认为是南方古猿惊奇种（*Australopithecus garhi*），有的学者认为是240万年前已产生的人属的能人（*Homo habilis*），还有的学者认为也有可能是那个时期生存的"粗壮型"南方古猿。不过多数学者是赞成由能人创造的观点。不管其创造者为谁，达尔文主张的直立两足步行后很快与使用、制作工具挂钩的观点是该做修正的。

§14.3　南方古猿阶段

南方古猿（*Australopithecus*）是存在于上新世的化石人类。其生存时间约在420万～250万年前。我国学界一向称之为"南方古猿"。这一称呼或许使广大读者误以为它是"猿"，不过古老而已。其实，它不是猿，已经是人类了，或说是猿人了。而且比前面讲的地猿属拉密达种进步得多。但是，其属名*Australopithecus*，在拉丁语中*pithecus*是"猿"的意思，*Auster*是"南"的意思。故*Australopithecus*是"南方之猿"的意思。根据生物学国际学名的规定，最初定的学名要予以尊重，是不可任意加以更改的，故沿用下来。另外，我们称这个类群为"猿人"也不合适，因为在北京周口店发现的北京直立人，是比南方古猿还要进步得多的人类，已属于人属（*Homo*），可是我国过去却一直叫他为"北京猿人"或"中国猿人"。如果称南方古猿为"猿人"，又有使人把南方古猿与北京猿人混为同一范畴之虞。笔者只能遵循国际学术命名的规则，称之为南方古猿。读者在读了上面的一段文字后，谅也会消除误会与困惑了。

发现世界上第一个南方古猿化石的人是出生于澳大利亚的南非人类学家达特（R.A. Dart）。达特是英国著名人类解剖学家G.E.史密斯和基斯（A. Keith）的学生。达特是在1924年11月在南非的Taungs地方的石灰岩采石场买到了一个形态上类似于类人猿幼子（相当于现代人5岁小孩）的头骨。经过达特的研究，发现其齿的形态和头骨的一些特征有接近于人之处，于是认为他是连接类人猿与人类之间的"丢失了的环节"，命名他为南方古猿非洲种（*Australopithecus africanus*）。前面已交代过，*pithecus*在拉丁语中是"猿"的意思，*Auster*是"南"的意思。达特将这两个词组合一起作为其属的学名，意思是"南非之猿"。达特给化石取了绰号为"Taungs boy"。关于南方古猿非洲种的论文发表在1925年2月7日的《自然》杂志上。达特既然认为它是类人猿与人类之间的"丢失了的环节"，就是说它是现代人的祖先。对此，社会舆论哗然，认为有失人类尊严，批评达特之声异常激烈。但是达特始终坚持己见，未曾妥协。1936年南非人类学家布鲁姆（R. Broom）在约翰内斯堡附近的洞穴里又发现了南方古猿成年人的头骨标本，发现接近人的特征更多。但在1930年代，在《自然》杂志上，关于它（他）是"似人的类人猿（man-ape）"还是"似类人猿的人（ape-man）"的两种论点曾争论不休。1947年布鲁姆和他的助手鲁滨逊（J.T. Robinson）在南非的斯托克方丹（Sterkfontein）洞穴里采集到不少南方古猿的化石，包括骨盆化石。从骨盆的特点（呈碗状）可肯定南方古猿是直立二足步行的了，从而确立了南方古猿作为人类祖先的地位。特别是1959年肯尼亚出生的英国人类学家路易斯·利基（L.S.B. Leakey）的夫人玛丽·利基（M. Leakey）在东非坦桑尼亚奥杜威峡谷发现了南方古猿鲍氏种（*Zinjanthropus boisei*）的化石，其生存年代距今约175万年前。在同一地层中还发现了石器，于是玛丽·利基主张南方古猿鲍氏种（*Zinjanthropus boisei*）是最古的人类化石。属名定为*Zinjanthropus*，是用了提供经费的人的名字，以示感激之情。但是南非的人类学家鲁滨逊（J.T. Robinson）不同意这个属名，认为应属于傍人属，学名该为*Paranthropus boisei*（傍人属鲍氏种）。也有学者认为就是南方古猿属（*Australopithecus*），系"粗壮型"（robust type）。后来又收集到许多标本，并且看出标本之间存在着明显的差异，而予以不同种名。1959年在芝加哥大学举办的纪念达尔文《物种起源》100周年的国际会议上，与会的许多著名人类学家赞同是Australopithecus属，并都承认南方古猿是人类进化途中的一个阶段。属名*Australopithecus*（"南非之猿"）没有更动，沿用至今。

在获得了许多南方古猿的化石标本之后，可总结出如下的普遍性特征：在地上直立二足步行变为常态，脚趾失去了把握能力，实际上放弃了在森林里筑巢的生活，进入开阔的热带草原生活；臼齿列增大，咀嚼器发达；犬齿进一步缩小并切齿化；雌雄身体大小的差别增大；脑量增大一些，400～550 ml。南方古猿营地上直立二足步行生活后，对于采食行为、运动样式、群结构、个体与个体间的关系、防御行为等都带来诸多的深刻影响。现在，人类学家一般把南方古猿分为2个属8个种。2个属是：南方古猿属（*Australopithecus*）和傍人属（*Paranthropus*）。也有的学者认为是1个属，即南方古猿属，前面已提及。笔者这里沿袭两个属的说法。

14.3.1　南方古猿属（*Australopithecus*）含6个种

1. 南方古猿湖人种（*Au. anamensis*）（M. Leakey and A. Walker, 1995）。这个种是南方古猿属中最古老的种，生存在距今420万～390万年前。最早是1960年代在肯尼亚的卡纳波依（Kanapoi）发现的。1980年代末在肯尼亚图尔卡纳湖以东以西（East and West Turkana）进行调查，发现许多这个种的标本。1990年代又重开对卡纳波依的发掘，发现保存良好的颚骨和胫骨的化石。后来在埃塞俄比亚也发现此种标本，确认它广泛分布在东非、中非和南非。1995年玛丽·利基等将其作为新种发表。Anamensis在肯尼亚图尔卡纳方言中是"湖"，这个种的学名是"湖人"的意思。标本是采自图尔卡纳湖湖畔，而图尔卡纳湖是横亘在肯尼亚北

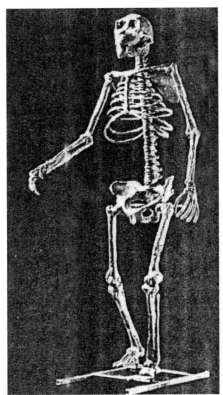

图14-1 阿法人的代表化石"露西"的复原图

1974年D.C.约翰逊在埃塞俄比亚哈达尔所发现的约320万年前的人科化石。

图14-2 1978年玛丽·利基在拉多里发现的阿法人的足迹化石

部的一个很大的湖。

2. 南方古猿阿法种（*Au. afarensis*）（Johanson, White and Coppens, 1978）。在南方古猿的诸种中，这个种的特征在全身水平上都表现得很清晰，生存在约320万年前。1930年代在坦桑尼亚的拉多里（Laetoli）地方最早出土过这个种的化石，但当时对其价值认识不充分。进入1970年代玛丽·利基等又在拉多里发现这个种的化石。这个种化石在当时是人类学家所知道的世界上最早的迫近400万年前的人类化石。1970年代后，怀特对拉多里标本进行研究，D.C.约翰逊（D.C. Johanson）对埃塞俄比亚的哈达尔（Hadar）出土的化石进行研究。1978年双方基于共同研究的结果认为这个种是新种，定名为*Au. afarensis*。这个种在外观上可以说是像类人猿的，但是其骨盆是处于黑猩猩与人的中间状态，表现出在向人的方向进化。他们既能攀登树木，也能摇摇晃晃地步行，是处于直立二足步行的初级阶段。D.C.约翰逊从1970年代中叶起继续在哈达尔进行调查，迄今已出土了数百点阿法种的化石。1974年D.C.约翰逊小组在哈达尔出土了生存在320万年前阿法种的一具颇为完整的女性化石。在其出土的那个早晨，现场当时播放着披头士乐队的"天空中佩戴着钻石的露西"（Lucy in the sky with diamonds）一曲，因此D.C.约翰逊就给这具女性化石标本取爱称为"露西"（图14-1）。

露西是直立二足步行的，但是扁平足，身高107 cm，是个小个头女人，后来发现同类化石比她要高，这可能是由性差所致。脑不大，颜面部宽而大，口向前突出，犬齿发达，小臼齿也与人类不同，总的说来近于类人猿。

1978年玛丽·利基在坦桑尼亚拉多

相关链接	人类的身体结构和精神特征的进化顺序

　　人类身体结构和精神特征包括在一起，有 4 个特征：① 地上性；② 直立二足步行；③ 大脑发达；④ 文明发达。这 4 个特征是以怎样的顺序出现的呢？达尔文主张按①②③④的顺序出现。而 G.E. 史密斯则认为是按③①②④的顺序出现的。G.E. 史密斯所以如此主张，是因为他认为人类与其他动物比较，智慧的差别是最显著的，故而主张大脑化先行。基斯（A. Keith）主张②①④③。随着人类化石材料的逐渐增多，证实人类进化的实际过程是按①②、③、④的顺序进行的。特别是 1975 年南方古猿属阿法种"露西"的现身，表明在人类进化过程中确有直立二足步行和类人猿似的小脑两个特征相组合的阶段存在。即证明达尔文当初的思考和推测是正确的。基斯把②①放在前边也是符合实际的。

里地方约 350 万年前的地层中发现了属于阿法人种的三个人份的足迹化石，没有前肢手着地的痕迹，足迹与我们现代人的足迹相同，说明阿法人完全是直立二足步行的了（图 14-2）。

　　后来在露西出土地点的附近（site A.L. 333）出土了阿法种成人男、女个体和各成长阶段的小孩的骨骼，至少有 13 个个体份额的各部分骨骼的标本群。人类学家推测这可能是因为发生了某种事故把一群阿法种个体给掩埋了。在 1990 年代后发现的地点（A.L. 444）出土了阿法种头骨。对于深入认识这个种，这个头骨起了特别重要的作用（Kimbel et al., 2004）。在坦桑尼亚、埃塞俄比亚、肯尼亚图尔卡纳湖周边、中非的乍得等地都出土了这个种的化石，说明他生存时期分布的范围是颇为广泛的。

　　3. 南方古猿羚羊河种（*Au. bahrelghazali*）（Brunet et al., 1995）。1990 年代，布吕内小组在中非乍得挖掘出与阿法种相似的颚骨和牙齿化石若干件，从动物相的比较推测，这个种大概生存在 300 万～350 万年前。布吕内对出土的下颚骨及齿的详细研究后，认为是新种，故定名为南方古猿羚羊河种。可是诹访等学者认为，布吕内所强调的下颚和小臼齿的特征在拉多里（Laetoli）的标本中也能看到，故而不承认是新种，很可能是阿法种内的地理变异群体。不过这个标本的发现还是很有价值的，因为即便认为他仍属于阿法种，但是出土的地点是在乍得，说明这个种的分布范围扩展到很远的西面去了。

　　4. 南方古猿非洲种（*Au. africanus*）（Dart, 1925）。在这一节一开头就介绍了达特及布鲁姆发现这个种的经过。1940 年代以后，达特在马卡潘斯盖（Makapansgat）发现了南方古猿非洲种标本几十点。从 1960 年代末起，托比亚斯（P.V. Tobias）对这个种进行系统考察，得到的标本连同以往发现的标本共计超过 500 点。这个种的生存年代推测在约 280 万～230 万年前。与南方古猿"粗壮型"

罗百氏种（*Paranthropus robustus*）相比较，南方古猿非洲种的头骨、颚骨小，肌肉附着部位也不够发达，故被称为"苗条型"或"纤细型"种（gracil type）。1970—1980年代这个种被认为是"粗壮型"和人属（*Homo*）的共同祖先。现在对于这个种与其他南方古猿种及*Homo*属的关系，有几种说法，有*Homo*属的祖先说；与"粗壮型"种（*Paranthropus robustus*）联系说；也有学者认为，这个种是南非的特有种，在250万～200万年前就已灭绝了。

5. 南方古猿埃塞俄比亚种（*Au. aethiopicus*）（Arambourg and Coppens，1968）。南方古猿埃塞俄比亚种存在于270万～230万年前，是既存粗壮型种中最古老的种。其第1号标本是阿朗堡（C. Arambourg）在1967年在埃塞俄比亚的奥莫（Omo）地方发现的，是一块下颚骨，系粗壮型。但阿郎堡发现它与粗壮型傍人属鲍氏种（*Paranthropus boisi*）及傍人属罗百氏种（*P. robustus*）都不同，该是另一属的种，于是定名为*Au. aethiopicus*。1985年理查德·利基（R. Leakey，利基夫妇之子）在图尔卡纳湖西边又发现了约250万年前的保存良好的这个种的头骨（标本号：KNM-WT 17000）。KNM表示肯尼亚国家博

相关链接　　人类单一直线进化假说

1960年代，布雷斯（L.C. Brace）和沃尔波夫（M. Wolpoff）主张人类进化由单一种开始的假说，即认为从远古时期起始进化到现代人的祖先种只有一个，在向现代人发展的方向上，几经不同阶段的演变，最终进化成为现代人。其实，这种人类进化直线进行的观念是老早就有的想法，绵延久长，布雷斯和沃尔波夫不过使其理论化，过去的教科书也是以这种思路编写的。随着古人类学的迅速进步，化石证据的不断增多，单一直线进化的观念已被否定。化石的证据清楚表明，在最早期人类阶段和其后的南方古猿阶段都曾出现过不少的种，其中一些种在艰难的生存征途上失败了，进了"死胡同"。换言之，人的系统从初始的阶段起就不是单一的，而是分化出复数的进化途径。正如沃德（C.V. Ward）所说："化石发现得越是多，就越证明了人类进化的系统树其实本质上是灌木状的，具有许多的分枝。"阿娣所代表的地猿属和露西所代表的南方古猿属都分歧出复杂的系统。有的学者认为，复杂的系统中有独自产生直立二足步行的可能性。倘是那样，人的定义也受到了挑战，甚至需要重新审视人的定义了。早期人类进化系统的复杂化也是极端艰难的生存条件所使然。进化系统的复杂化可避免单独一支遭遇灭绝的危险，是试错反复进行（trial and error）的反映。其中的某一系统可能进化为现代人，也可能迄今还没有发现那个进化为现代人的系统。随着古人类学的发展，人类进化绝非按着直线进行的情形会变得越发明显。

物馆（Kenya National Museum）的三个词的字头；WT是图尔卡纳西岸（West Turkana）两个词的字头。埃塞俄比亚种的颜面部表现出粗壮型的特点，其头盖底和后头部显得原始，可以认为是处于阿法种与鲍氏种的中间镶嵌型。在奥莫发现的230万～220万年前的标本群中，看到了从埃塞俄比亚种向鲍氏种变化的标本。也有的学者从形态学角度、存在的年代角度认为，埃塞俄比亚种是南方古猿粗壮种的祖先种。

6. 南方古猿惊奇种（*Au. garhi*）（Asfaw et al., 1999）。1996—1998年间，为怀特和阿斯范为代表的研究组在埃塞俄比亚的波里（Bouri）地方所发现，1999年作为新种发表。这个种存在于250万年前，相当于非洲种（*Au. africanus*）的结尾时期。与其他南方古猿种相比较，这个种具有较多的人的特征，如下肢长度与之后的人相近，臼齿列极大，能够使用石器剥开动物的皮，吸食动物的骨髓等。这一发现使发现者感到惊奇，故用埃塞俄比亚当地方言中表示"惊奇"意思的*garhi*作为其种的学名。有的学者依据其骨骼特点认为，也许正是这个种从阿法种出发，在240万年前之后，急速地向脑量增大和咀嚼器缩小的初期的*Homo*属人进化，即是*Homo*属的祖先种。

南方古猿除了以上的种外，还有曾被认为是属于另一个属——肯尼亚属的平脸人（*Kenyanthropus platyops*）（Leakey et al., 2001）种，在350万年前与南方古猿阿法种并存过。因其主要的标本化石保存得不好，故有些学者认为不是另外的属，而是阿法种的地理变异群体。南方古猿属中最古老的种是湖人种（*Au. anamensis*），生存在420万～390万年前，分布在今天的肯尼亚与埃塞俄比亚区域。其后，南方古猿的诸种遍布到东非、南非和中非的广阔领域。

14.3.2　傍人属（*Paranthropus*）是粗壮型的南方古猿

傍人属也译为副人猿属，这个属有两个种：鲍氏种（*Paranthropus boisei*）和罗百氏种（*Paranthropus robustus*）。粗壮型南方古猿的显著特征在于其臼齿列及咀嚼器的特别发达，能够磨碎坚硬的植物，向食植性方向发展。其臼齿的珐琅质非常厚，超过人臼齿的珐琅质厚度。其头部颜面形态在整个灵长类中都显得独特。傍人属出现的时期较南方古猿属为晚，约在220万～150万年前。有的人类学家把傍人属的鲍氏种和罗百氏种都归入到南方古猿属里。

1. 鲍氏种（*Paranthropus boisei*）（L. Leaky, 1959）。1959年利基夫妇在坦桑尼亚奥杜威峡谷发现一枚保存良好的头骨，编号为OH15，是非常有名的，定名为*boisei*，是粗壮型南方古猿种，广泛分布在东非。生存在200万—140万年间。利基发现的当时，为感激经费的提供者将其定名为*Zinjanthropus*属*boisei*种。后来改为*Paranthropus*属，如今不少学者把它归到*Australopithecus*属中去，于是鲍氏种（*boisei*）成了*Australopithecus*属中的一员。可是，*Paranthropus*的属名迄今仍被许多人类学家使用着。奥杜威峡谷是与坦桑尼亚北部塞仑格提高原连接的长约25千米的峡谷，在其断崖暴露着从大约190万年前到10万年前的地层，是化石的宝库，从前这里也发现过贵重的化石。利基夫妇在这里发现了鲍氏种。鲍氏种的发现有两点重要意义。其一，鲍氏种是首次在东非发现的南方古猿化石,说明在东非也曾有南方古猿存在,成为东非发现猿人化石的端绪。其二,1959年时,物理化学测定年代的方法钾氩法(K-Ar法)已得到应用,鲍氏种的头骨经钾氩法测定得出约为170万年前的测定值,如此的古老性,令当时学界震惊。之后,又有不少学者对其进行研究,确定其生存年代在210万—170万年前。

鲍氏种具有特别发达的咀嚼器,颌骨硕大,小臼齿、大臼齿在南方古猿中是最大的。咀嚼用的咬合面积是南方古猿阿法种的1.5倍,现代人的2.5倍。估计可咬开胡桃等坚果,缘于柴可夫斯基作曲的"胡桃夹子"芭蕾舞剧,给他起了个"咬开胡桃的人"(Nut-Cracker Man)的爱称。

诹访研究组在1997年在埃塞俄比亚的孔索(Konso)地方所发现的鲍氏种头骨在形态上呈现出镶嵌式的特征,既具有鲍氏种特有的特点,还带有埃塞俄比亚种及南非罗百氏种(两个种均为粗壮型)的形态特点。不同地域所发现的鲍氏种的形态也是有差异的,说明鲍氏种已是分化成多样性很高的种。

2. 罗百氏种(*Paranthropus robustus*或*Australopithecus robustus*)(R. Broom, 1938)。布鲁姆在1938年在发现南方古猿非洲种的洞穴旁边很近的叫克罗姆德拉伊(Kromdraai)的地方发现了这个种的部分头骨。其头骨具有人的一些特征,与南方古猿非洲种不同,从而布鲁姆设立了*Paranthropus*属,种定名为*robustus*。这个学名的意思是:"粗壮的疑似的人"。布鲁姆在1948年到1950年代初在离克罗姆德拉伊不远的斯瓦特克朗斯(Swartkrans)地方又发现了这个种的大量化石。1960年代到1980年代末,布雷恩(C.K. Brain)进行了发掘调查,得到许多*P. robustus*的化石,对其地质层序、动物相、化石的形成过程都做了很深入的了解(Brain, 1993)。学者们曾长期以为这个种全身都粗壮,可是随着化石标本的增多,发现这个种只有咀嚼器是粗壮的,其身材与南方古猿非洲种、阿法种是同等程度大小。有的人类学家取消了*Paranthropus*属,把鲍氏种和粗壮种都划归于*Australopithecus*属,可是有的学者仍继续使用*Paranthropus*这个属名。

因南非的粗壮种和东非的南方古猿埃塞俄比亚种及鲍氏种都具有特殊化的粗壮的咀嚼器,故有的学者把三者归为一个系统群,并认为*Paranthropus*属的鲍氏种和粗壮种皆由南方古猿属埃塞俄比亚种(*Australopithecus aethiopicus*)衍生出来的。也有的研究者认为,罗百氏种(*Paranthropus robustus*)的颜面部形态与南方古猿非洲种(*Australopithecus africanus*)有相似之处,故而将它们归为一个系统,把东非的鲍氏种(*Paranthropus boisei*)和南方古猿属埃塞俄比亚种归为另一个系统。这些情形说明南方古猿属和傍人属的种在形态结构上都表现出高度的多样性,以至于古人类学家对于他们的分类归属问题产生了严重的意见分歧。

在斯瓦特克朗斯地方出土了罗百氏种的若干数量的手骨,颇粗壮,并且出土了一些可用于挖掘根及球根的骨器,这就使人产生罗百氏种人可能会使用工具的想法。可是,在同一地点也出土了*Homo*属的标本,于是骨器是罗百氏种用的还是*Homo*属所用的就说不准了。

表14-1 隶属于*Australopithecus*属和*Paranthropus*属的4种有代表性南方古猿的
主要形态特征、分布地域及生存年代的比较

	南方古猿 阿法种	南方古猿 非洲种	南方古猿 鲍氏种	南方古猿 罗百氏种
头骨				
身高	1.0～1.5 m	1.1～1.4 m	1.2～1.4 m	1.1～1.3 m
体重	30～70 kg	30～60 kg	40～80 kg	40～80 kg
体态	苗条、纤细。具有与猿相似的特征（胸廓形状、与下肢相比上肢长、手脚弯曲的指）无明显性差	苗条、纤细。上肢比较长，似类人猿。性差很可能是小的	非常粗壮。上肢比较长。性差大	粗壮。上肢比较长。性差适当
脑量	400～500 ml	400～500 ml	410～530 ml	530 ml
头盖	前头部低、扁平。眼窝上隆起突出	前头部高。颜面短。眼窝上隆起稍突出	在头顶部与后头部有突出的棱。颜面非常长，宽且扁平	头顶部有棱（矢状棱）。颜面长、宽且扁平
颚与齿	切齿与犬齿比较大。上颚的切齿和犬齿有间隙。白齿大小适度	切齿小，与犬齿相似。上颚的切齿和犬齿无间隙。白齿大。	颚非常厚。切齿和犬齿小。小白齿大，类似于白齿。白齿非常大。	颚非常厚。切齿和犬齿小。小白齿大，类似于白齿。白齿非常大。
分布	东非	南非	东非	南非
年代 （万年前）	＞400～300	290～250	220～120	210～150

§14.4 人属的特点、起源与扩张

14.4.1 人属的一般特点

人属（*Homo*）是包括我们智人（*Homo sapiens*）在内的一个属。与南方古猿属相比，在形态上有两点主要的差别：人属的头脑增大和咀嚼器官（颚及齿）的缩小。另外，人属学会了制造石器工具，学会用火，学会吃烧烤后的肉类（对促进大脑的发育和减轻咀嚼器的负担从而使咀嚼器退化都起了很大的作用）。由于脑的增大和采摘野果和狩猎行为的进步，生活方式也逐渐随之发生改变，其结果导致身体的大型化,到了200万年前以后的直立人种(*Homo erectus*)阶段,一些直立人种的身高达到了与现代人相当的程度。体型也发生变化,下肢伸长,上下肢长度的比例与现代人几乎一样。身材大型化和下肢的伸长,自然会扩大流动范围。手的形态结构的变化主要表现在拇指对向性,拇指对向性使手的灵巧度大大增强,从而能创造工具。成长的方式也发生了改变,南方古猿的成长速度和类人猿相同(如第1大臼齿在3岁时长出来),而人属的成长速度减慢(如现代人的第1大臼齿是在6岁时长出来,有的报告说直立人种的第1大臼齿是在4岁半时长出来)。人属成长速度减慢与儿童期延长,脑发育时间延长(使脑容量增大),二次就巢性的形成,寿命的延长等诸特性均有关联。另外,人属和仅生息在非洲的南方古猿属还有一点很大的不同,那就是人属走出了非洲,迁徙到非洲以外的广大区域,如欧亚大陆,大洋洲等地。伴随着这一历经漫长岁月与无比艰辛的长距离迁徙行为,也有力地促进了人类群体的分化和种的分化。

关于人属(*Homo*)和猿属该以什么标准划界,也是 *Homo* 属的准确定义的问题,是古人类学界的一个颇有争议的问题。这个问题包括化石形态的变化如脑头骨的增大、拇指对向性的形成,食性的改变,制作石器为代表的各种工具,火的使用,语言的发达,社会形态的变化等复杂的内容。伍德和柯拉德认为,划界的主要标准在于人类"摄取营养"方式与营养成分的改变。人类的食性从植食性(吃果实)到杂食性(含肉类)的转变,与脑量的增大,颚骨及齿的缩小是密切相关的;人类摄取营养的行为又与语言发展在内的社会文化的发展密切有关

相关链接

二次就巢性

　　动物出生后立刻就能自己自由活动的称离巢性动物。就巢性是与离巢性相对而言的。灵长类动物属离巢性动物,可是人属例外,有二次就巢性。与其他灵长类动物相比,人属的婴儿在未成熟的阶段就出生了。其原因是人属的头脑过大,如果人属的脑等到发育成熟,像其他灵长类动物发育的那样程度(近于成熟)出生,就会大大增加孕妇的死亡率,故而,人属的进化又背离了灵长类的通则,在新生儿的脑还未发育到成熟的阶段就出生了,出生后须再得到母亲照护一段时间,旨在发展其脑量。这种情形谓之二次就巢性。猕猴和黑猩猩的新生儿出生时,其脑量分别为成体脑量的70%与40%,而人的婴儿出生时的脑量仅为成人脑量的25%。脑的充分成长需要时间,所以人属的儿童期延长。当然自然选择也同时使女性向着骨盆增大、阴道宽松的方向进化,以便于婴儿产出。人属在什么时期获得二次就巢性的? 根据对150万年前图尔卡纳湖西边直立人全体骨骼标本(KNM—WT 15000)的研究,特别是其骨盆的特点,可确定在直立人(*Homo erectus*)阶段就已有了二次就巢性。

的。伦纳德（Leonard，2002）认为，导致人属进化的契机很可能就在于食性的转变。非洲大陆的气候变干燥变寒冷后，森林减少，促使人类的食性向肉食方向转变。肉食，特别用火烧烤后熟食对于脑的发达，颚骨及齿的缩小更是大有益处的。而脑的发展又会反过来促进人类在制造工具、火的使用、语言进化、社会形态等方面的进步。

14.4.2　人属的起源

当前一种较主流的见解认为人属是在240万年前由生存在250万年前东非的南方古猿属惊奇种（*Au. garhi*）衍生出来的（Asfaw et al.，1999，G. Suwa，2006）。少数学者认为人属起源于南方古猿属非洲种（*Au. africanus*）。人属又可分能人种阶段、直立人种阶段、海德堡人种阶段、尼安德特人种阶段和现代人（智人）种阶段。人属的最初的典型化石标本是产在坦桑尼亚奥杜威峡谷的能人种（*Homo habilis*）。

1. 能人种阶段

（1）能人（*Homo habilis*）（L. Leakey，Tobias and Napier，1964）

路易斯·利基领导的调查队在坦桑尼亚奥杜威峡谷发现了许多南方古猿的化石。1960年发现了与傍人鲍氏种明显不同的纤细的头骨片、颚骨、齿等组成的标本群，其中有一个脑容量比南方古猿脑容量大的头骨片OH7（标本编号）。OH7是由Olduvai Hominid（人科）两个词的头一个字母组成。生存在200万～170万年前，其脑容量约700 ml。南方古猿的5个手指仅能向同一个方向弯曲，而OH7的大拇指与其他4个手指则成相对的关系，即"拇指对向性"，乃人手具有灵活性的根由。由于人的手具有拇指对向性，才可能做到"有力的把握"（power grip）和"精密的把握"（precision grip）。前者如大拇指和其他4指可用力握住杆子；后者如大拇指和食指或再加上中指，动作更为灵巧，如能拿筷子或牙签，当然当时并无此类器具。基于OH7的脑容量和手的拇指对向性，利基和托比亚斯在1964年将其定名为能人（*Homo habilis*），把其看作是介于南方古猿属非洲种与人属直立人种（*Homo erectus*）的过渡种。

（2）卢多尔夫人（*Homo rudolfensis*）（Alexeev，1986）

到了1970年代，在以肯尼亚东图尔卡纳为中心的地域发现了许多保存良好的人属头骨化石。并且在相同地域发现有与能人种相当不同的标本存在。1972年发现了标本号为KNM-ER 1470的一个头骨，存在于约170万年前（当时的报道说存在于300万年前）。KNM-ER 1470的脑头骨呈稍稍圆形，脑容量达到750 ml之多。KNM-ER 1470与南方古猿特别不同的地方在于其脑的前头叶（额角部分）相当发达，表示脑可进行精密化活动。另外，其颜面仍似古猿较宽，可是眶上隆起的程度则大大减弱了，当时的文献甚至说眉上没有隆起。嘴巴向前突出的程度也明显减弱，脸显得平坦。当这个种被发现时曾轰动一时。理查德·利基曾于1973年6月在《美国国家地理》杂志上发表了一篇题为"Skull 1470（颅骨1470）"的文章，认为1470是智人最早的直接的祖先。他的见解是：在近300万年前在卢多尔夫湖东岸出现了Skull 1470人，到200万年前时进化为奥杜威峡谷出土的能人种,100万年前进化到从奥杜威峡谷出土的直立人种,而后进化到从奥莫(Omo)河出土的智人(*Homo sapiens*)。而具有眶上隆起的(可以说是所有古人类化石的共同特征)的爪哇直立人、北京直立人、尼安德特人都不是智人的祖先,不过是走进了死胡同的"废物"。当时一些人类学家虽然拿不出证据直接反对R.利基的这种观点,但也是很不情愿意接受这种观点的。拿我们中国人来说,大概许多人都对北京直立人存有着浓厚的不愿割舍的情节。在下面讨论人类是多地域进化抑或出非洲单系进化问题时,对理查德·利基的观点再作剖析。

古人类学家在图尔卡纳东岸为中心的地域还发现了脑容量为500 ml左右的头骨(代表标本KNM-ER1813)。伍德(B. Wood)经过细致的研究,确定脑容量大型的为卢多尔夫人种,脑容量小型的为能人种(B. Wood, 1992)。伍德认为能人种和卢多尔夫人种在200万年前就已分化出来。KNM代表肯尼亚国家博物馆英文三个词的头一个字母,前面已经交代了。ER代表卢多尔夫湖东岸的意思(East Rudolf)。坦桑尼亚在被英国殖民统治时期,图尔卡纳湖叫作卢多尔夫湖。

但是也有的学者不赞同伍德的分类意见,主张能人种和卢多尔夫人种其实是同一个种,其脑容量大小的不同不过是男女性差所致。

早期的直立人种也可追溯到200万年前,就是说在那个时期,*Homo* 属有3个系统即能人种、卢多尔夫人种、直立人种同时并存。卢多尔夫人种虽然脑量大,但是未必是进步的类型,因其颚骨及齿特别粗壮,属于南方古猿型的。小型的能人种看上去颇似南方古猿属非洲种,其牙齿更小,颜面骨现出退缩的倾向。伍德认为,在从南方古猿属到人属诞生的过程中,曾存在过若干个种,呈

相关链接　　**奥杜威文化**

奥杜威文化(Oldovai culture)是人类最古老的文化,是在1960年代初在调查坦桑尼亚奥杜威峡谷包含化石的最下层(第1层和第2层)时发现的石器群。根据现在的数据看,这种文化大约产生在250万年前,系由能人种所创造。其后在别的遗迹中也发现了同样的石器,故而现在所说的奥杜威文化则不限于当初在奥杜威峡谷所发现的石器。此阶段石器的制作方法是特别的单纯,拿石头与石头用力碰撞,砸出一部分碎块,其中有的裂片具有锋利的刃,就可以当作工具来使用。有时会用石头对裂片的刃加些工,使之更锋利些。这样技法称作二次加工。奥杜威型的石器虽然制作单纯,但其形态颇有不同,可能是为派不同的用途,或切或割。考古学家根据石器的形态进行分类,如切碎器,圆盘状石器,多面体石器,刮刀,椭圆状石器,雏形的石头手斧(hand-axe),雏形的两面加工石器等。奥杜威文化延续的时间约为100万年。

适应辐射的状态。诹访则提出与伍德不同的见解。诹访认为,能人种和卢多尔夫人种的主要标本集中在190万—180万年前,直立人种的确定性标本出现在180万年前之后,就是说,3个系统并没有并存过(G. Suwa,1996)。其次,诹访认为,200万年前出现的人属的颚骨及齿的标本,就整体而言,是大的和粗壮的,与卢多尔夫人种的状态相当。故而认为刚从南方古猿属衍生出人属的时候,人属原始种的颚骨及齿是粗壮的,之后才急速地向纤细型的能人种及直立人种进化。

2. 直立人种(*Homo erectus*)阶段

(1)概况

大约在180万年之前在非洲进化出直立人种(*Homo erectus*)。直立人种是怎样从最初期的人属进化出来的,其经纬如今还不清楚。直立人种的体型和大脑都大型化了,脑容量比能人种和卢多尔夫人种增大,达到800 ml甚至1 000 ml以上。上肢与下肢的比例也发生变化,与现代人很接近。但是与现代人有明显不同的地方是,眼眶上有很突出的隆起,头骨还很粗壮。

直立人种还有一个与初期人属的种(即能人种和卢多尔夫种)显著不同之处,那就是大约在150万年前,在非洲与阿拉伯南端还未被红海隔离开之前,直立人种走出了非洲故土,奔向了陌生的、遥远的欧亚大陆,陆续分布到中东、俄罗斯、东亚、印度、东南亚等地。直立人还具有制作石器的能力,故其对环境的适应能力远远超过了初期人属的种。

(2)亚洲的直立人种

直立人(*Homo erectus*)这个种是最早在在亚洲发现的,即爪哇直立人。虽然我们今天认识到,亚洲的直立人没有非洲直立人那样古老。在本书前面讲海克尔的时候,已经讲了杜波依斯在1891年秋在印度尼西亚(当时印度尼西亚是荷兰的殖民地,名称为"东印度")爪哇岛中部索罗河中游的特里尼尔(Trinil)的中部洪积层中发现了数枚牙齿和脑头骨一部分以及不远处(相距15 m)发现了一个左侧大腿骨。1894年杜波依斯将其定名为*Pithecanthropus erectus*,这个学名的意味以及学名后来的更改,在前面已做了交代。这里稍做补充的是,杜波依斯发现了世界上第一个直立人种(爪哇直立人)的标本当然是石破天惊的大发现,可是他的关于这个古人类化石的论文在1894年发表之后,学界的反应却是异常冷淡的,可以说对他的发现无人置信。杜波依斯将其发现的标本带回荷兰并向公众展示,可是他的主张遭到了专家们的批判,杜波依斯无奈地将标本拿回家,放置到餐室的地板下面。杜波依斯所以成为悲剧人物,原因有两个。其一,当时人们所知道的最古老的人化石只有1856年在德国发现的尼安德特人,其生存年代在几万年前,而杜波依斯所发现的"直立猿人"却说生存在几十万年前,出现数量级的差别,令当时的人们不可思议。而现在的认识,有人认为爪哇岛最古的直立人生存在160万年前,有的见解认为生存在110万年前。其二,"人的进化是从直立开始的"观念,今天已成为常识,可在当时人们却认为"人的进化是从脑开始的"。直到1930年代学界才承认人的进化是从直立二足步行开始的观念(然而时至今日,仍有人认为人的进化是从脑开始的,下面将提到)。在杜波依斯逝世前三年即1937年，德裔荷兰学者孔尼华（G.H.R. von Koenigswald）在离开特里尼尔60千米处的索罗河上游的杉吉兰（Sangiran）的洪积世遗址中又发现了直立人的化石，包括3个头骨、上颚骨的碎片和几枚牙齿，其脑容量达到813毫升，定名为 *Pithecanthropus robustus*（现在的学名也是 *Homo erectus*），这时人类学界才承认杜波依斯当初的成就。1969年在杉基兰又找到了一个头骨化石，被称为"杉吉兰17号"，是在亚洲地区直立人化石中保存最好的头骨。

（3）非洲的直立人种

在非洲，直立人化石的发现比亚洲为晚，但比亚洲、欧洲的直立人要古老。1954年法国人类学家阿朗堡（C. Arambourg）在阿尔及利亚的特尼芬（Ternifine）地方发现了首个直立人化石。当初称之为阿特拉毛里坦人（Atlanthropus mauritanicus），亦称"非洲猿人"，现学名为 *Homo erectus mauritanicus*。到2000年时，在北非、东非和南非都发现了直立人化石。世界上最古老的直立人种标本是1970年代在肯尼亚的图尔卡纳湖东岸发现的头骨（KNM-ER 3733以及ER 3883），存在于175万～180万年前，脑容量达到800多毫升。就其整体形态而言，与爪哇直立人、北京直立人（即我们所说的"北京猿人"）颇相似，所以被定为 *Homo erectus* 种。但是其生存年代却较北京直立人古老，两者相差100万年以上。在东非，在奥杜威峡谷也发现了直立人种（编号为OH9），存在于约120万年前。脑容量达到1 067 ml。值得注目的是，在与此化石的同一地层中所发现的石器，根据考古学家的研究，这些石器可划分为两个文化阶层，一是属于奥杜威文化的石器，另一种是由新的技法制成的属于阿舍利文化的石器。

1984年8月在图尔卡纳湖的西岸注入图尔卡纳湖的纳里奥克托米（Nariokotome）河的南岸出土了头骨、四肢骨、躯干骨等几乎全身的骨骼，称为"纳里奥克托米直立人"，是迄今所发现的直立人化石中骨骼最多的标本。存在于约160万年前，其学名定为匠人（*Homo ergaster*），标本编号为KNM-WT 15000（Walker and Leakey，1993）。根据其齿及四肢骨的研究，判断为12岁的少年。故而给这个直立人取的昵称是"图尔卡纳小孩"（Turkana boy）或"纳里奥克托米小孩"（Nariokotome boy）。

诹访研究组在埃塞俄比亚的孔索发现了属于匠人制作的世界最古的打制石器，如大型石斧（hand-axe），属于阿舍利型的石器（参见相关链接），年代最早可追溯到160万～170万年前。说明在160万年前出现在非洲的最初的直立人已会制作工具了。以伍德为代表的许多人类学家承认有匠人种存在，并且认为匠人种较之其他直立人种更有可能与其后的人的进化系统相衔接。

（4）欧洲的直立人种

直立人种扩展到欧洲的，有意大利的切普拉诺（Ceprano）出土的头骨；在西班牙的阿塔普埃尔卡山GD（Atapuerca Gran Dolina）发现的头骨、颚骨、齿等。这些化石的发现者却认为是另外的种，定名为先驱人（*Homo antecessor*）。有的学者指出，其实先驱人种的标本与在北非的提根尼夫（Tigenif）所发现的颚骨和头骨片系属同一种类，而在 *Homo antecessor* 定名之先，已有属于广义直立人的毛里坦人（*Homo mauritanicus*）存在，依据命名优先的原则，应该取消 *Homo antecessor* 的

相关链接

利基家族

利基家族在人类学、灵长类学的研究领域中负有盛名。首先应提到的，该是路易斯·利基（L. S.B. Leakey，1903-1972）。他是出生在肯尼亚的英国著名人类学家。他的童年是与生活在肯尼亚中部肯尼亚山麓的从事农业生产的吉库尤（Kikuyu）人一起度过的。他参加了吉库尤族青年的成人仪式。他被称为"白色的非洲人"。他在人类学上的贡献是巨大的。1959年在坦桑尼亚的奥杜威峡谷，他发现了南方古猿鲍氏种（最早的学名，利基定为 *Zinjanthropus boisei*，后改为 *Paranthropus boisei*，现在通称为 *Australopithecus boisei*），1960年在奥杜威峡谷，他又发现了能人（*Homo habilis*）的化石。他生前担任过肯尼亚国立博物馆馆长，肯尼亚国立先史学古生物学研究中心的主任。他的妻子玛丽·利基（M. Leakey，1913-1996）也是著名的古人类学者、考古学者。她与其夫利基一起在奥杜威峡谷发现了南方古猿鲍氏种。她最为有名的成就是1978年在坦桑尼亚的拉多里（Laetoli）地方发现了生存在大约370—350万年前的南方古猿阿法种（*Australopithecus afarensis*）的足迹化石，明确证明了阿法种是二足直立行走的。理查德·利基（R. Leakey，1944-   ）是路·利基夫妇的次子，也是著名的人类学家，有诸多发现，如"颅骨1470"与在东非发现直立人化石等。曾继其父之后担任过肯尼亚国立博物馆的馆长。理·利基的夫人米薇·利基（Mive Leakey）也是考古学家，"颅骨1470"就是由她亲手复原的。路易斯·利基有三个女儿，都是研究类人猿的专家。大女儿J.古道尔（Jane Goodall 1934-   ）是英国动物行为学家，因研究野生黑猩猩（chimpanzee）而成为闻名退迩的大学者。古道尔对于野生黑猩猩的行为，社会结构以及其生理、生态状况等许多方面，在长达50年以上的野外观察与研究中，积累了大量丰富的知识，是公认的研究野生黑猩猩学术领域里的杰出的先驱者。她曾光荣地被推举为联合国的和平大使。路·利基的二女儿戴安·福西（D. Fossey）是研究大猩猩（gorilla）的专家，英年早逝。三女儿比尔特·高地卡斯（B. Galdikas）是研究猩猩（orangeoutan）的专家。

种名，归到 *Homo mauritanicus* 种内（Hublin，2001）。

（5）格鲁吉亚人种（*Homo georgicus*）

1991年在格鲁吉亚的德玛尼西（Dmanisi）地方发现了一个下颌骨，1999年以来又发现了4个保存良好的头骨，其形态介于能人种（*Homo habilis*）和直立人种（*Homo erectus*）的中间。存在年代在175万年前。在德玛尼西发现的化石标本被认为是一个独立的种，定名为格鲁吉亚人种（*Homo georgicus*）。这一发现意义重大,第一,由于其形态是介于能人种与直立人种的中间状态,于是可作出如下的推论,能人种经过格鲁吉亚人种进化到直立人种;第二,不得不使人联想出与传统见解完全不同的另一种可能性,即在能人种阶段,人类就已走出非洲,在向亚洲扩展的途中进化为直立人种(Rightmire *et al.*, 2006)。前几年在东非也发现了存在于160万年前的小型的 *Homo* 属的头骨,具有与德玛尼西种类似的特征(Leakey *et al.*, 2003),说明在从能人种向直立人种过渡的阶段中,产生了在形态上有相当变异的多样性群体。

3. 曾活跃在我国大地上的直立人

(1)概况

在从约160万年前到约35万年前,在我们祖国幅员辽阔的土地上曾有过北京直立人(*Homo erectus pekinensis*)、元谋直立人(*Homo erectus yuanmouensis*,1965年发现于云南省元谋县那蚌村)、蓝田直立人(*Homo erectus lantianensis*,1964年发现于陕西省蓝田县公主岭)、陈家窝直立人(*Homo erectus chenchiawoensis*,1963年发现于陕西省蓝田县陈家窝村)、南京直立人(*Homo erectus nankinensis*,1993年发现于南京市江宁县汤山镇雷公山葫芦洞内)、和县直立人(*Homo erectus hexianensis*,1980年、1981年发现于安徽省巢湖市和县陶店乡汪家山北坡龙潭洞内)等生息繁衍过。从发现直立人的化石以及石器的遗址来看,在我国从北到南,从黄河流域到长江流域,都有直立人的踪迹。由于篇幅,这里仅介绍北京直立人和元谋直立人的特点。

(2)北京直立人(*Homo erectus pekinensis*)

北京直立人的发现与一位瑞典地质学家安特生(J.G. Andersson)有关。1914年北京农商部地质调查所聘用了曾担任过瑞典地质调查所所长的安特生为北京地质调查所的矿政顾问。他在来中国之前,就已从文献上知道中国盛产的作为药材用的"龙骨"实际上是第三纪的哺乳动物化石。来到中国后,首先就想了解产生龙骨的第三纪的地点。安特生得到了地质调查所丁文江所长的支持,又依赖在我国各地的西方传教士的帮助,了解了我国生产龙骨的一些地点。经北京大学的一位教授介绍,安特生得知北京西南郊40千米处的周口店(当时属于河北省)也是盛产龙骨的地点。1921年安特生找了奥地利古生物学家师丹斯基(O. Zdansky)来我国工作,安特生让他对周口店的石灰岩洞穴进行挖掘。1923年师丹斯基挖到一枚人的大臼齿。1926年在我国地质调查所内设立了新生代研究室。1927年在新生代研究室主持的发掘中又发现了一枚人的大臼齿。当时在北京协和医学院担任解剖学教授的加拿大人布莱克(D. Black)将其定名为北京的中国猿人(*Sinanthropus pekinensis*)即"北京人"(Peking man)。1929年12月我国著名的考古学家裴文中(1903—1982)在周口店龙骨山洞里挖出第1个完整的头盖骨化石。其后又在周口店发掘出5个比较完整的北京人头盖骨化石,还出土了大量的石器、石片等计10万多件。经缜密的研究,北京猿人为直立人种,现在的学名为北京直立人(*Homo erectus pekinensis*),生存在距今大约40万~50万年前。脑容量850~1 220 ml,平均约1 000 ml。

1941年12月8日太平洋战争爆发的那天,准备运往纽约美国自然史博物馆保存的装着北京直立人头盖骨的箱子在秦皇岛码头突然下落不明。关于"北京人"失踪的原因有多种说法：被日本侵略者盗走；被日本军舰击沉落入大海等诸种说法；或迄今仍藏匿在某处。我国媒体曾就此事做过多次介绍，广大群众耳熟能详。1966年在周口店又发现了一个"北京人"的头盖骨。

爪哇直立人的化石是在古老的河床或骨头被洪水冲走埋到土石里久而久之变成了化石。可是，"北京人"出土的地方却是他们居住过的洞穴。在周口店的石灰岩洞穴里，不仅找到许多人骨化石，而且还弥漫着浓厚的"文化气息"。"北京人"的文化气息表现在好几个方面。首先在石器方面，不仅量多，而且其中有用石英和硅质堆积岩如绿色岩等坚硬石料加工出来的石器。对这些石料进行加工是需要相当高度技术的。加工出来的石斧、砍凿器等是属于旧石器时代的阿舍利文化。更值得令人惊奇的是，这些石料在洞穴附近并没有，而是要从十几千米外的场所搬运回来的。"北京人"的文化气息还表现在洞穴内有许多动物的骨化石，其中不乏被"北京人"吃掉的动物的骨化石，说明"北京人"可进行群体狩猎活动。更为突出的文化气息是在60万～20万年前"北京人"已学会使用火，在洞穴中有包含着烧过的骨头的灰烬层达7厘米之厚，是"北京人"长期保持着燃烧的火种和用火的明证。

火之于各种野生动物，都是使其致命的大敌。对于掌握了控制火的方法的人来说，则是驱散野兽保卫人群的有力"武器"。火能取暖御寒，还能成为驱散黑暗的光源，能祛除洞穴内的湿气，对健康有利，火的最大用途还在于烧烤食物，使人得以熟食，这是人类进化的一大转机。生淀粉靠人类自身的消化功能本来是不可以消化的，可是生淀粉在受热之后，其坚固的结晶构造裂解而糊化，人的消化酶（淀粉酶）就能将其100%地转变为葡萄糖，并且可避免被肠道内细菌所夺取，完全直接吸收，这有力地促进了大脑的急速发育。过去很多学者认为直立人用火主要是用于烧烤动物的肉。而现在的主流见解则认为直立人走到发生过野火烧过的地方偶然发现了平时咬不动的坚硬而苦涩的球根、块茎和果实，如芋头在被烧熟之后则变成了柔软、香甜可口的东西。当然也不排除发现被烧死的野生动物的肉比生肉美味可口。无数次这样偶然的机遇使直立人了解了火的功能，并经过无数次尝试-失败-再尝试的漫长过程，终于学会了使用火和保持火种的技术。在"北京人"之后，在西班牙中部约30万年前的安布罗纳（Ambrona）峡谷中发现的直立人的遗址中也有使用石器和用火的证据。

如果说能人（*Homo habilis*）发明了制作石器（工具）是人类的第一次文化革命。那么，"北京人"学会了用火乃是人类的第二次文化革命。火的使用对于推动人类进化具有前所没有的重大意义。可以确定地说，生活在我国广袤大地上的直立人是会使用火的。

在我国辽宁省营口的金牛山人遗址（属中华大地尼人阶段的遗址，1984年发现了完整的头骨，生活在距今28万年前）中也发现了大量被烧过的骨头、木炭和灰烬等。

（3）元谋直立人（*Homo erectus yuanmouensis*）

元谋直立人是1965年5月在云南省元谋县上那蚌村发现的。在发现元谋直

阿舍利文化

　　阿舍利文化是前期石器时代末期流行于非洲、欧洲、亚洲的一种文化。在打制石器方面已相当进步,代表性的石器为大型的相当精良的洋梨形手斧(hand-axe)。因最早是从法国的圣阿舍利(St. Acheull)遗址中发现的,故而得名。阿舍利文化最早的遗存在非洲,年代距今约160万年前,各地最晚的遗存距今约20万年前。阿舍利文化大概是由奥杜威文化发展出来的。在非洲遗址中发现的石器40%都是两面加过工的,比奥杜威文化明显进步。在欧洲,阿舍利文化出现在约50万年前。我国1988—1996年间在广西壮族自治区百色发现了大量存在于80万年前的石斧(hand-axe),均两面加工过的石斧。阿舍利文化的创造者一般认为是直立人种,而阿舍利文化较晚期的石器也可能是早期智人制作的。阿舍利文化延续时间长达一百几十万年之久。

立人化石的遗址中也发现了石器、炭屑和哺乳动物的化石。元谋直立人在我国迄今所发现的直立人化石中是最古老的,生存在距今约170万年前(也有报告认为生存距今不超过73万年前)。在这里,笔者想要强调的是,在距今170万年前到25万年前之间,在我国广袤的土地上已有“北京人”、“元谋人”等直立人生息、劳作和繁衍了。

4. 海德堡人种(*Homo heidelbergensis*)阶段(Schoetensack,1908)

　　海德堡人种近年来颇受到人类学界的关注。海德堡人被发现已有很长远的历史了,1907年在德国海德堡近郊的毛尔(Mauer)地方偶然发现了一块男性的下颚骨化石,比尼安德特人的粗壮,海德堡大学的萧顿萨克(O. Schoetensack)教授将其定名为海德堡人,又称其为“毛尔(Mauer)下颚骨”。后来将其归到直立人种(*Homo erectus heidelbergensis*)中。可是,海德堡人既有直立人的特征也有尼安德特人的较进步的特征,脑容量增大,有的近1 400 ml,头盖骨的形态也异于直立人,骨壁变薄,四肢骨虽然颇为粗壮,但已变长,也异于直立人。能制作与阿舍利文化相近的石器。根据这些特点,美国人类学家赖特迈尔(P. Rightmire)等又将其学名恢复为海德堡人。生存年代在距今约50万～20万年前。属于海德堡人阶段的人类化石在欧洲多有发现,1964年在法国阿拉戈(Arago)洞穴出土了许多属于海德堡人的头骨、下颚骨、骨盆等,脑容量1 110～1 120毫升,其全体形态与非洲的卡布韦人(Kabwe,下面要讲到)相近。1983年在希腊东部的佩特拉洛纳(Petralona)出土了几乎完全的头骨,但无下颚骨,脑容量1 220毫升,比直立人有进步,生存在40万～30万年前。也与非洲的卡布韦人相近。1992—1993年在西班牙的阿塔普尔卡(Adapuerca)山地的 Adapuerca SH(Adapuerca Sima de los Huesos)的遗址中出土了多量的人骨头，掺杂着成人男女和小孩的骨头，多达30具以上，有几个保存很好的头骨，实属罕见。其生存年代推测距今30万年前，相当于海德堡人种。人类学家根据对这个标本群的研究，认定海德堡人种是大个头，身体粗壮，男性身高可达180厘米，体重达90千克，脑容量达到1 390毫升。在欧洲还有几处出土了海德堡人化石的遗址。

关于海德堡人在人类进化中的地位问题，颇受学界的关注。有的人类学家主张欧洲的海德堡人约从50万年前起在大部分被隔离的状态下演变为尼安德特人，形成独自的固有系统，与非洲无关（Hublin，1998）。

不论是直立人（*Homo erectus*）还是匠人（*Homo ergaster*），都与智人（*Homo sapiens*）在形态学上存在着很大的差异，怎么能把人类进化链条中的这段空白填埋起来，不少人类学家主张，海德堡人是处于从直立人向智人进化途中的过渡阶段，可能是智人的原型种，可将其称为"前智人"（presapiens）。

在非洲最古的海德堡人阶段的人类化石是1976年在埃塞俄比亚的波多达尔遗址中发现的人类化石，称为波多（Bodo）人，生存在距今约60万年前。人类学家使用数字画像解析技术测定其脑容量达到1 250毫升（2000年报告），较直立人的脑容量大，表明人的脑在更新世中期就意外早地开始增大了。但其脑容量与体重比较的相对值仍然低于后来的尼安德特人和智人的。非洲另一个有名的化石人类是1921年在赞比亚的卡布韦（Kabwe，当时属北罗德西亚）的石灰岩洞中发现的卡布韦人，脑容量达到1 300毫升。在同一遗址中所发现的胫骨长而且强健，与现代人的有些相近。但其骨盆却保留着许多古老的特点。人类学界起初把卡布韦人视为欧洲尼安德特人的同类，可是根据其特异的形态，有的学者将其定名为罗德西亚种（*Homo rhodesiensis*）。随着其化石资料的增多，发现卡布韦人与希腊的佩特拉洛纳人、法国的阿拉戈人以及波多人颇为相似，于是又将其划归为海德堡阶段的人类。而在非洲相当于海德堡人阶段后期的人类化石则被定名为*Homo helmei*，有的学者认为*Homo helmei*是处于进化到智人的过渡阶段（Lahr and Foley，1998）。

在亚洲的海德堡人的情况则显得更为复杂。有的学者把我国的大荔人、马坝人、金牛山人看作是相当于欧洲海德堡阶段的人类；但哈佛大学的人类学家豪厄尔斯（W. Howells）则持谨慎态度，认为海德堡人的非洲-欧洲组群与亚洲组群之间的关系尚不清楚。

海德堡人的故乡在哪里？有几种说法。非洲与欧洲的化石形态极其相似，非洲的波多人生存在约60万年前，欧洲的海德堡人生存在约50万年前，于是有人主张是从非洲迁徙到欧洲的；但是，欧洲的海德堡人化石发现得多，化石上的10万年之差，由于年代测定存在误差并非是决定性的，于是也有人主张海德堡人起源于欧洲，而后过渡到非洲的；也有人主张产生在欧洲与非洲的中间地带——西亚，而后扩散到欧洲与非洲的；至于亚洲的相当于海德堡阶段的人类来源问题，有两种可能性：由非洲—欧洲组群的一部分迁移到亚洲来；或者是独自进化起来的，那就是多地域起源的。如果是亚洲独立起源的，还涉及与北京直立人或爪哇直立人的关系问题。

　　围绕海德堡人，还有不少有待破解的谜团。但是，海德堡人与智人的诞生有着密切关系的见解却是许多古人类学家的共识。

　　5. 弗洛里斯人（*Homo floresiensis*）（Brown et al., 2004）

　　2004年在印度尼西亚的弗洛里斯岛（Flores island）的良巴石灰窑洞（Liang Bua cave）发现了距今8万～1.2万年前的几乎包括全身骨骼并具有独特形态的人骨化石群（Brown et al., 2004；Morwood et al., 2005）。弗洛里斯人身材矮小，只有1米高；脑容量小，只有400毫升左右；头骨的形态与直立人的头骨相像，但是小型化。关于弗洛里斯人的分类地位问题，还没有最后定夺。发现并规定其学名的布朗等趋向于把弗洛里斯人归到南方古猿的系统上。可是，其四肢骨的形态在整体上与南方古猿并不类似，另外，弗洛里斯人的咀嚼器是纤细型的，与南方古猿完全不同，故而把弗洛里斯人归进南方古猿属是不恰当的。归到人属，也颇有不妥处，如弗洛里斯人的下颚结合部显著后缩，上肢相对的长，这些是人属所没有的特点。当前学界较普遍的认识是，或是由于岛屿隔离等影响，弗洛里斯人是矮小化了的直立人，可是也没有学者明确地将其归入到直立人（*Homo erectus*）中去。也有些学者怀疑弗洛里斯人是智人小头症患者的化石。因为，目前还不能将其归到哪个种类中去，故定为人属中的一个独立的种。其最后的分类定位，还有待深入研究。在近4万年前，弗洛里斯人和尼安德特人和智人曾一并共存过。

　　前面我们讨论了许多曾经存在于人类进化过程中的不同阶段里的种，他们之间有着复杂的关系。2009年1月出版的《科学美国人》（*Scientific American*）杂志中有一篇题名为"人类谱系"（The Human pedigree）的文章，文中有一幅人类进化的谱系图（图14-2），供读者参考。

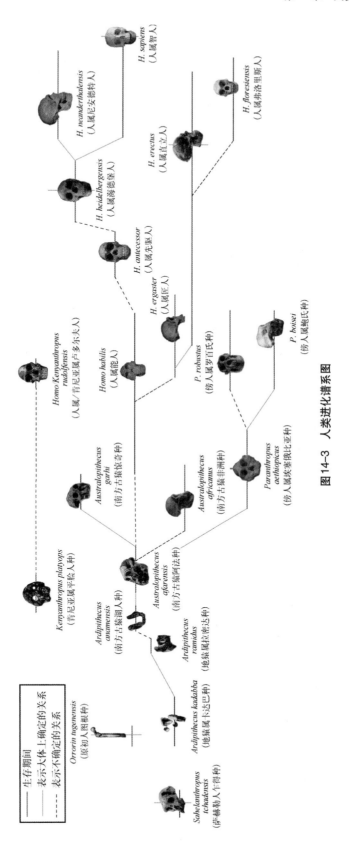

图14-3 人类进化谱系图

第15章　智人是如何进化来的

§15.1　智人的概貌

在本书前面的叙述中已交代过智人或我们现代人的学名（*Homo sapiens*）是由瑞典伟大博物学家林耐在其大作《自然系统》（1758）中给定的。林耐对人类种名*sapiens*的含义做过注释："认知汝自身"，就是说人类是具有能够认识自我的高度智慧的灵长类动物。这是人类与其他动物在精神智慧侧面上的根本区别。世界上有各式各样体型、肤色的人种和民族，但在生物学上却是同一个种，即同属一个基因库，可以婚配并产生可育的后代。

在1950年代之前，*Homo sapiens*只指我们现存人类（含化石）一种。可是，人类学家在对原来认为属于另外一种并已在3万年前灭绝了的尼安德特人（简称尼人或古人）详细研究之后，发现他们的形态解剖结构与我们现代人具有很大相似度，脑容量超过现代人，在距今8万～3万年前，在欧洲与西亚，尼安德特人还曾和现代人类生活在同一地域，尼安德特人具有颇高的文化水平，故在半个世纪之前，学界已将尼安德特人划归到*Homo sapiens*种里来。

§15.2　尼安德特人

15.2.1　尼安德特人的发现

尼安德特人（*Homo neanderthalensis*）（King，1864）是在1856年8月在德国西北部离莱茵河不远处的尼安德特河谷发现的。当时达尔文的《物种起源》还未发表，人们仍闭锁在圣经的世界里，不可能对此发现有正确的认识。一般人认为这个像人的化石是"被卷入到圣书中所说的大洪水里去的牺牲者"，也有人说是"拿破仑军队里的哥萨克士兵"。有的学者则认为是"远古时代的骨头""属于凯尔特民族和日耳曼民族未出现之前的野蛮的未开化的人种"。德国著名的病理学家微耳和（R. Virchow，1821-1902）认为"是患佝偻病的、额头受过伤、因关节炎而变形了的现代人"。

1864年，在达尔文进化论的影响下，英国解剖学家金（W. King）才勇敢地突破了圣经教义和权威论述的束缚，明确指出在尼安德特河谷发现的化石是人，不过是另外的一种人,将其定名为 *Homo neanderthalensis*。尼安德特人的发现是达尔文关于人类本身也在进化中的观点的证明。

15.2.2 尼安德特人被认定为智人

尼安德特人的化石在所有人类化石中是最早发现的,而且其骨骼和文化遗物也是累积得最多的。包含若干全身骨骼的尼安德特人的化石标本多达400点以上。对其形态解剖学特点、遗址中的文物、生活情景等问题进行过研究的人类学家、考古学家、地质学家可以列出一个长长的名单,说明研究得相当透彻。得出的结论相近者有之,相左的也不少。在形态解剖学上,尼安德特人是能直立二足步行的,身材和体型是粗壮的和胖墩墩的,男性身高不足170厘米,体重70～80千克,有些类似于爱斯基摩人,是适应极度寒冷环境的表现。尼安德特人的四肢骨比现代人的粗壮,手与指骨也较现代人的粗大。其脑容量也比现代人的大,约1 200～1 700毫升,平均为1 500毫升,比我们现代人的脑容量(平均值1 350毫升)为高,迄今发现的尼安德特人最大脑容量为1 740毫升(是1961年在以色列的阿姆德洞穴发现的尼人头骨)。但是,尼安德特人的智能却低于我们现代人,因为尼安德特人的脑形态是前后长、上下低,不同于我们现代人,脑形态的不同与智能的发展是有密切关联的。尼安德特人身上也没有体毛。根据其下颚的结构与下颌突出的特点可判断尼安德特人已具有了初级的语言能力,可进行人际交流。"尼安德特人若出现在现代,洗个澡,把胡须刮掉,穿上衣服,乘纽约的地铁,是不会引起人们的注意的。"这是著名解剖学家施特劳斯形容尼安德特人体态说过的一段很有名的话。

尼安德特人在文化方面已达到相当高的水准,能制出类型丰富的石器,并可用骨与齿做成装饰品。近年有报告说,尼安德特人能使用简单的长矛对近距离的大型哺乳动物甚至如犀、猛犸象等进行群体狩猎和捕鱼(Bocherens et al., 2005)。具有狩猎和捕鱼的行为说明能够肉食了。尼安德特人能建造居所,穿着兽皮,有帮助同伴的同情心,人死之后还举行哀悼的仪式等。综合尼安德特人的上述这些特点,在1960年代后,学界将尼安德特人划归到智人种(*Homo sapiens*)中来,与现代人是属于同一种的不同亚种。于是,我们现代人的学名变为 *Homo sapiens sapiens*,而尼安德特人的学名则为 *Homo sapiens neanderthalensis*(从1964年起用此学名)。学界通常也用anatomically modern *Homo sapiens*(解剖学上的现代智人)来表述现代(智)人,而用archaic *Homo sapiens*(古代智人)表述尼安德特人。

当今学界认为现代智人与尼安德特人的共同祖先生存在70万年前,约37万年前向两个亚种方向分化,共存到3万年前,尼安德特人灭绝。

15.2.3 尼安德特人的起源、分布与灭绝

尼安德特人生存的时期约在20万～3万年前,其诞生可追根溯源到欧洲的海德堡人那里。其根据是在从40万年前到20万年前的这段时间里,带有海德堡人和尼安德特人的镶嵌性质的头骨从出现到诸特征逐渐演变为尼安德特人的过程都能从化石记录中得到佐证;其次,那个时期整个欧洲是处于冰河时代,不论

是和非洲还是和亚洲大都是被隔离的，在近乎孤立的状态下又因环境条件的极端严酷，人类群体的个体数量几度发生过锐减，在激变中演变出适应于当时非常严寒的生存条件的尼安德特人（Hublin，1998）。

尼安德特人是在欧洲进化起来的人类。几乎是欧洲全域，北起英格兰南至西班牙、比利时、克罗地亚、捷克、法国、德国、匈牙利、葡萄牙、西班牙、意大利都发现有出土尼安德特人化石的遗址。在约12万年前气候转暖的最终间冰期，尼安德特人将其生存领域扩展到以色列、叙利亚、伊拉克等西亚地区以及跨欧亚大陆的格鲁吉亚和再向东越过里海的乌兹别克。

还值得指出的是，1908—1925年间在德国埃林格斯德尔夫遗址中发现了一个小孩的头骨，是属于尼安德特人阶段的，但却具有现代人的特征。英国肯特郡斯温兹库姆遗址中发现的28万年前（相当尼安德特人阶段）的头骨，其骨的厚度很厚像直立人的特征，可是其额头却又颇圆，又是近于现代人的特点。在尼安德特人阶段显现出的这种复杂的似乎矛盾现象使得人类学家联想到尼安德特人进化到现代人的可能性，有的学者则提出"前现代人"概念来加以解释。总之，尼安德特人阶段也显现出复杂的多样性。

如今人类学界普遍的认识是，尼安德特人是在严寒气候条件下被选择出来的属于和现代人由来没有关系的另外系统。典型的尼安德特人是在约3万年前（第四纪的最终冰期——8万～1万年前的武木冰期内）灭绝的。

关于尼安德特人灭绝的原因至今仍被团团迷雾笼罩着。有几种假说。一种假说认为是气候急剧动荡所致。尼安德特人在其生存的二三十万年中曾几度经历冰河期与间冰期，是一个能忍受严寒折磨并且是在严酷环境中成长起来的人种。可是根据古气候学氧同位素阶段-3（OIS-3）的数据表明，在距今5.5万~2.5万年前，欧洲的气候发生过急剧的变化，温暖变为严寒，再由严寒变为温暖，轮替周期很短，不过几十年，气候像荡秋千一样急速而剧烈地变动。严寒期冰床扩展，森林凋敝，出现大片冻土地带。生态环境发生如此大的改变，使尼安德特人的食物链发生断裂，如一向狩猎的动物犀牛灭绝了，出现了尼安德特人不习惯的驯鹿等。由于尼安德特人来不及适应由于气候急剧变动所引起的生存环境的一系列复杂改变，致使人口迅速减少，走向灭绝。提倡这种假说的代表学者是直布罗陀博物馆的进化生态学家芬雷森（C. Finlayson）。

另一种假说认为是智人（*Homo sapiens sapiens*，即现代人）的入侵造成尼安德特人的灭绝。入侵并不代表现代人杀戮了尼安德特人，而是现代人在许多方面优于尼安德特人。如在饮食方面，尼安德特人食量特别大，有学者说他们是"人科动物中最费燃料的大型车"，但是其食物来源却又很狭窄，多以大动物为食，一旦食物链断裂就难以为继；而现代人的食物来源广泛，大小动物、植物均可食用。在智力方面，智人更远优于尼安德特人。拿语言来说，根据解剖学比较，现代人成人头盖骨的底面是向里凹陷的，表明有语言能力。而尼安德特人头盖骨的底面是平坦的，与其他灵长类动物一样。其实，现代人的1岁左右的婴儿头盖骨的底面也是平坦的，随着年龄增长，现代人头盖骨的底面逐渐向里凹陷，与此相应，喉结降低，从声带到口、鼻的声道拉长。声带在喉结的内侧，声带振动发出的音声在声道里产生共鸣变成各式各样的声音。语言对于发展人的思维能力、形成社会交往（网络）、交流生活生产的经验所起的功效之大是不言而喻的。在工具制作上，现代人也远胜于尼安德特人。比如现代人能制作针，可缝制兽皮衣服与帐篷以御寒，而在尼安德特人的遗址中却没有发现过缝制品。现代人成年男女劳动有分工，男人多狩猎，女人采摘果实。尼安德特人则是男女老少一起狩猎。正是现代人在诸多方面优于尼安德特人，故在生存斗争中使后者败北直至消亡。赞成这种假说的学者较多，如博谢伦斯（H. Bochorens）、马坎（C.W. Makan）、斯特林格（C.B. Stringer）、B.哈代（B. Hardy）等。其实，上述两种假说并非是排他性的，很可能是融合在一起发挥作用。还有别的说法，如尼安德特人群体小，近亲繁殖导致灭绝等。芬雷森说过："生存在尼安德特峡谷和别的地方的尼安德特人也许有着各自灭绝的故事。"

如今学界认为，最后一批尼安德特人是在2.8万年前灭绝的。他们是直布罗陀洞窟中的尼安德特人，由于从未与智人发生过接触与生存斗争，所以比大多数的尼安德特人多延续了两三千年之久。

须要指出的是，在非洲迄今没有发现尼安德特人的化石人类。根据迄今为止的发现，尼安德特人主要是分布在欧洲、西亚及东方的一些地域。

在我们中国也发现不少生存在与尼安德特人相同时期的古人化石，如在第14章中讲到的金牛山人、马坝人（广东省，1958年发现头盖骨，生存于约14万～12万年前）、大荔人（陕西省，1978年发现头盖骨，生存于约23万～18万年前，脑容量1 120～1 200 ml）、郧人（湖北省，1989—1990年发现头盖骨，生存于约30万～25万年前，脑容量1 300 ml）、长阳人（湖北省，1956年发现，距今19.5万年前）等。我国土地上的这些古人很可能是由原本生息在我国土地上的直立人进化来的，而后进化为现代人，是我们东亚现代人的老前辈。这种观点是符合多地域进化理论的，也符合渐进理论的。但是最近有一种与上述观点相左的见解，认为活跃在中华大地上的上述古人属于丹尼索瓦人（Danisovans）。其齿的形态是迥异于尼安德特人的，但其基因组序列却为尼安德特人的姊妹群体（D. Reich et al., 2010, M. Meyer et al., 2012）。新见解认为，丹尼索瓦人消灭了北京直立人，在更新世的后期，丹尼索瓦人占据了亚洲并向北扩展到西伯利亚阿尔泰山，向南扩展到南太平洋澳大利亚东北方的美拉尼西亚诸岛。可是后来丹尼索瓦人又被来自非洲的先进的人类所消灭。总之，这种观点依然是否认中华大地上的古人类有连续进化的可能性。笔者渴望，将来当DNA人类学的技术进步到能把北京直立人的基因组解析清楚后，也许会发现原来北京直立人，金牛山人、马坝人等丹尼索瓦人，直到山顶洞人（现代蒙古人种）有着连续性，从而证明我中华大地也是人类发展的摇篮之一。

当今mtDNA的夏娃说及Y染色体的亚当说，日后或许可能另有解释。这样的事情在科学史上并不罕见。

§15.3 现代人 (*Homo sapiens sapiens*)

首先解释"解剖学上的现代智人（anatomically modern *Homo sapiens*）"（本书

简称"现代人")这个概念。在这个概念中,不仅包含着有史以来的现代人,也包含着许多属于现代人范畴或阶段的化石人类。属于现代人阶段的化石人类,著名的有欧洲的克罗马农人和我国的山顶洞人。克罗马农人(Cro-Magnon man)1868年在法国南部克罗马农山洞发现,身体结构和脑容量相同于现代人,生存在距今3万年前。山顶洞人(英文称Upper cave man),1933年在北京周口店发现,身体结构与脑容量相同于现代人,生存在距今1.9万~1.85万年前。最近我国学者在《自然》杂志上发表的论文指明,根据在我国湖南省道县福岩洞出土的47枚现代人牙齿判断,远在12万~8万年前在我国的土地上就有现代人生存了,而且比现代人在欧洲和西亚出现的时间要早3.5万~7.5万年。这意味着什么,很值得思考。

15.3.1 现代人的特征

与尼安德特人及海德堡人相比,现代人在形态结构方面表现以下特点:头骨变得高而圆,脑增大;颜面部缩小,其位置对头盖骨而言更加位于下后方,眼眶上的连续的隆起(眶上凸隆)消失,出现了下巴颏。此外,具有高度发达的语言思维能力和复杂的社会行为乃是现代人所独有的特征。而社会行为的发达又与语言思维的发达密切相关的。故而这里只介绍现代人脑的发达和语言形成这两个突出的特征。

1. 脑的发达

俗话说人为"万物之灵"。人之所以能成为"万物之灵",原因在于人的脑要比其他任何动物的脑都发达。在相关链接的二次就巢性中,对人属婴儿的脑在出生后还要继续发育的问题做了说明。刚出生新生儿的体重,大猩猩是1.6 kg,猩猩是1.6~1.7 kg,黑猩猩是1.7 kg,人是3 kg。人的新生儿的体重是类人猿新生儿体重的大约2倍,这个差别主要是由于人的脑大所致。人在出生后脑还要继续发育直到成年,成人的脑比成年黑猩猩的脑要大上3~4倍,而更大的差别还在于人脑结构与功能的高度发达,是类人猿所不可比拟的。

分子进化学已研究明白,基因组对生物进化的贡献主要的并非在于基因组的增大,而在于基因组的表达上。2002年恩纳德(W. Enard)使用cDNA微阵列(microarray)的方法试图研究成年的人和黑猩猩的脑在基因表达水平的不同。恩纳德取因意外事故死亡的3个男人的前头叶和意外事故死亡的3个黑猩猩的前头叶,对两者所含的mRNA的种类及表达的量进行了比较研究,同时对研究对象的肝脏做了同样的比较研究。结果表明,mRNA的种类及表达的量在人与黑猩猩的脑中的差别最大,而在两者肝脏中的差别则不明显。恩纳德的这项研究表明人与黑猩猩从共同祖先处分道扬镳后,向人发展的一支在至少500万年(有的文献说是700万年)间所获得的很多突变是关乎脑功能发育的。

肌球蛋白(myosin)基因与人属成员脑的增大具有相关性。与其他真猿类的咀嚼肌相比较,现代人的咀嚼肌的发达程度大为减弱,这是由于为肌球蛋白编码的一个基因不发挥功能了。将人的这个基因的碱基序列和类人猿的该基因序列相比较,发现是在大约240万年前由于发生了一个突变所导致的。恰好就是那个时候,人属的脑容量开始增大起来。真猿类的咀嚼肌附着在头骨上,发达的咀嚼肌像"紧箍咒"一样妨碍与限制了真猿类脑的发展。而人属一旦发生了使咀嚼肌束缚力减退的突变,人属成员的脑就随即相应地增大起来(Stedman et al.,2004)。有的人类学家认为,当脑容量超过800毫升的时候,人类就渡过了"文化的卢比孔河"。卢比孔河(Rubicon)是意大利的一条河,表示是一种界限,在这里是指当人脑的大小超过了800毫升这个界限之后,就为人类产生智慧提供了最低限度的物质基础。150万～100万年前的时候,直立人的脑容量发展到1 000毫升左右,50万年前时脑容量发展到1 200毫升,近20万年以内进化到智人阶段,脑容量达到1 400毫升水平。

正是人类有高度发达的大脑才变成了"万物之灵"。人和黑猩猩虽然是"同宗兄弟",可是由于脑的发达程度不同,造成两者的命运截然不同。如今全世界黑猩猩的头数只有约15万头,并且在急速地减少,日趋灭绝。而人类的人口则迅速增长,已近70亿,是黑猩猩的4.5万倍。导致人类和黑猩猩种群兴衰的重要原因之一,无疑在于脑的发达与否。

2. 语言的发达

语言是人类群体用的有声信号。在生物界能用语言进行交流的生物只有人类。动物的鸣声有交换信息的作用,但是交流的程度是非常低的,所含的信息量非常有限。而人类的语言则是人际交往的主要工具。了解人的语言的起源是与了解人的本性的起源联系在一起的。也就是说,语言是人类的本质属性之一。关于语言起源的问题,在19世纪由于没有直接的根据,便产生了各种假说,如神赐予说、源于动物的鸣声说、外星人教授说等,不一而足。但是却不认为语言的出现是进化的结果。巴黎语言学会在1866年所制定的会则的第二条明文决定,凡关于语言起源与进化有关的论文一概不予受理。直到1990年代后,由于进化心理学、非侵害性脑测定法、分子遗传学、复杂系统科学等学科的进步,才为科学地研究语言的起源与进化问题提供了舞台。语言起源是一个非常复杂的问题,人们正从动物学、解剖生理学、遗传学、进化学、行为学、心理学、社会科学等各个侧面对它进行着综合性研究。

在讨论"语言进化"这个题目时,会使人们想到包含两个含义。一,不具有语言的动物经过怎样的过程才变成了有语言的动物,这是生物进化的问题;二,语言从初始的简单的形态经过怎样的过程才变成为复杂而精炼的形态,这是文化进化的问题。可是这两个问题实际上又是紧密联系着的。语言是在我们的脑中形成的,脑的有关部位受了伤害,会使语言出现障碍,这是尽人皆知的;而我们的脑又是在语言环境中发展的,一个正常的婴儿如果因某种原因被置于一个封闭的环境里,没有他人的语言刺激,是不能学会语言的,而且也会使脑的发育大受影响。语言与脑两者保持着共进化的关系。但是对这两个问题的研究,在相当程度上还是有区分和有侧重的。本书只从分子进化遗传学角度浅释语言形成的问题。

当前有一个颇有魅力的见解,称为突发说。突发说主张,仅由于1个基因突变便产生出语言来(Gopnick,1990)。在英国有一个有名的家系——KE家系,在这个家系中3个世代20多人患有说话与语言障碍的疾病,患者在上唇、口和脸部肌肉的联动上有缺欠,故说话发不出声来,此外,对文章、文法理解的能力方面也存在缺欠。但是尽管如此,他们的智商指数并不过分地低,他们是在发音和语言能力上出了毛病。在KE家系中,既有为此病而深受折磨的人,也有并未罹患此病的幸运者。在患者的后代中约半数的孩子生有此病,约半数的孩子正常。没有罹患此病者所生的后代都是正常的。依据这样的遗传方式可以判定是由一个显性突变基因所导致,符合孟德尔遗传法则。P: AA×AA′, F1:(AA+AA),(AA′+AA′)=2AA+2AA′, 各占一半。1998年牛津大学的费歇(S.E. Fisher)研究组发现造成此病的遗传领域是位于第7号染色体上。该研究组进一步确定是由该遗传领域内的*FOXP2*基因里发生的1个非同义置换所导致(Lai et al., 2001)。原来*FOXP2*基因是调控基因,它所编码的蛋白质——FOXP2蛋白质是可与几百个基因相结合的转录因子,控制着那些基因表达处在开或关的状态。而KE家系罹病患者的*FOXP2*基因所形成的FOXP2蛋白质是发生了1个氨基酸置换的FOXP2蛋白质。从其N末端算起,第553位的原本的精氨酸被组氨酸置换了,形成了异常的FOXP2蛋白质。这个发生了突变的异常蛋白质则失去了原来FOXP2蛋白质的性质,从而发生疾病。研究表明,正常的*FOXP2*基因所形成的蛋白质与几百个基因发生作用,其中包括*CNTNAP2*基因。而*CNTNAP2*基因在脑中表达,已知这个基因如果发生突变,语言能力就会低下或形成自闭症。*FOXP2*基因关于对语言能力的作用是通过*CNTNAP2*基因实现的。语言是人类所特有的,那么,是不是*FOXP2*基因仅存于人的基因组中呢?研究表明在很多动物的基因组中都有*FOXP2*基因。由于FOXP2蛋白质与几百个基因相结合,起调控的功能,所以FOXP2蛋白质的作用是多种多样的。人的*FOXP2*基因由于发生了1个非同义置换而失去了一项功能,也可以说是得到了一个别样的功能,有失才有得。黑猩猩、大猩猩与猕猴的*FOXP2*基因是相同的,而小鼠与黑猩猩的*FOXP2*基因所形成的FOXP2蛋白质之间有1个氨基酸的不同,黑猩猩与人的*FOXP2*基因所形成的FOXP2蛋白质有2个氨基酸不同(Enard et al., 2002)。这说明小鼠、黑猩猩与人从哺乳类共同祖先那里都传承了*FOXP2*基因,在黑猩猩与小鼠间分歧5 000万年过程中*FOXP2*基因发生了1个非同义置换突变。而在黑猩猩与人分道扬镳后的相对比较短的期间(500万年顶多700万年)中竟产生了2个非同义置换的突变。黑猩猩FOXP2蛋白质的303位氨基酸是苏氨酸,325位是天冬酰胺,而人的FOXP2蛋白质的303位是天冬酰胺,325位是丝氨酸。2009年科诺普卡(G. Konopka)等使用人的培养脑细胞(SH-SY5Y)比较了黑猩猩的FOXP2蛋白质和人的FOXP2蛋白质在功能上的差异。双方的FOXP2蛋白质都左右着很多基因的表达,可是人的FOXP2蛋白质较之黑猩猩的FOXP2蛋白质以明显的强度对其诸多目标基因发挥着作用。这两个突变是什么时候发生的呢,根据计算大约在20万～10万年前。一般认为现代人(*Homo sapiens sapiens*)的出现是在约20万年前,人的*FOXP2*基因发生突变该是在现代人诞生之后。*FOXP2*基因在大脑基底核、大脑皮质第4层、小脑浦肯野细胞、视床等部位进行表达。这个基因还与肺的发生有关。研究还表明,这个基因与其说是与语言有关,不如说是与控制运动(包括发声运动)有关。人的脑与黑猩猩的脑有很大的不同,除了与*FOXP2*基因相关外,无疑还会与许多其他基因相关。从共同祖先处分道扬镳向人的方向进化,当变为人时,FOXP2蛋白质的303位为天冬酰胺,325位为丝氨酸,发生这两个变异之后,"脑的血液循环"功能骤然改善,从而使人脑的功能跃升到动物界里从未有过的高水平(图15-1)。

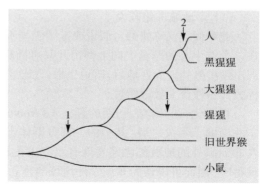

图15-1 *FOXP2*基因的进化

在小鼠与旧世界猴分歧后发生过1次突变;在猩猩与大猩猩分歧后发生过1次突变;在人与黑猩猩分歧后发生了2次突变,这2次突变发生在最近的20万年内。

15.3.2 现代人的起源

1. 非洲现代人的起源

现下多数的人类学家认为,非洲的现代人是由海德堡人进化来的,在前面海德堡人一节中已做了介绍。非洲现代人的化石发现的比较迟。1967年在流经埃塞俄比亚西南部的奥莫河盆地(Kibish)发现了至少有5个个体的头骨碎片和一部分四肢骨。关于这些化石的分类地位问题,最初研究它们的法国学者阿朗堡(C. Arambourg)和科彭斯(Y. Coppens)将其定的名称为"南方古猿埃塞俄比亚种",可是在之后的10年中,其学名改动了7次,现在认定是早期现代人,生存在距今约13万年前。此早期现代人与生活在欧洲、西亚的尼安德特人的时间是重叠的。此外,在南非(Klasies)发现了现代人化石;豪厄尔兹在北非摩洛哥的杰尔·伊鲁德洞穴里发现了10万年前以上,有的报告说19万年的现代人化石;在摩洛哥的达尔·叶斯·首尔坦洞穴发现了8万年前现代人化石;在非洲南部,从1940年到1974年间在南非东南部与斯威士兰接壤的边境洞穴(border cave)中发现了包括幼儿的5个个体头骨与四肢骨的碎片。根据其形态认定为现代人,生存在11万~9万年前。在这段时期,还在南非其他几处发现了现代人化石的遗址。从非洲的北部和南部发现的现代人化石来看,非洲的现代人差不多是同时起源的。如果认为非洲的现代人有共同起源的话,不论最早起源于北部或者南部,都很难想象在十几万年前,他们会从一端跋涉到相距6 000千米以上的另一端,而且其间还横亘着世界上最大的气候条件极其恶劣的不适于生物生存的撒哈拉大沙漠,即使沿着边缘行进也是极其艰难的。非洲北部的现代人和非洲南部的现代人是不是独立起源并并行进化的呢?是有待释疑的问题。如果在非洲北部现代人和非洲南部的现代人是独立起源的,即在人类的故乡,也是多地域起源的。不过应该指出,非洲南部和北部的现代人的文化却又都是属于非洲型中期石器时代(Middle Stone Age),南北两地基本相同的制作石器的技艺又是怎样传播与联系起来的?也是有待释疑的问题。

2. 欧亚大陆及大洋洲现代人的起源

有几种假说。主要的是:多地域进化假说(multiregional hypothesis for modern human origins, reginal continuity hypothesis)和出非洲假说(out of Africa hypothesis for modern human origins, recent African origin hypothesis)。

（1）多地域进化假说

此种假说又称蜡烛台假说或连续说。所谓的蜡烛台是指欧洲人用的蜡烛台，在一个有中心的圆盘上向上伸出几只可插蜡烛的座。这个假说表示直立人从非洲出发扩散到世界各地后，落地生根，逐渐经过古人阶段进化为现代人类，进化的样式如蜡烛台上数根蜡烛。

根据化石的研究，初期的直立人（*Homo erectus*）大约是在200多万年前产生于非洲的。不久之后，其中的一部分群体走出非洲扩散到欧洲、亚洲和大洋洲。在非洲以外的地域都已经发现有直立人化石的遗址，但又都比非洲的直立人出现得晚，因而可以认为非洲以外地域的直立人最初是来自非洲的。这种观点（第一次出非洲）在古人类学者中是一致的。多地域进化说的主张是，非洲的直立人和到达亚欧大陆及大洋洲之后的直立人便分别在各自的地域里通过移动和交配（混血）等方式继续独自进化，经过古人阶段而分别进化为非洲的、欧洲的、亚洲的和大洋洲的现代人。力主这种论点的代表学者过去是德国解剖学家、人类学家魏登瑞（F. Weidenreich，1873-1948）。魏登瑞本来在德国法兰克福大学任教，他是犹太人，受到希特勒法西斯政权的迫害而去了美国。1934年布莱克因心梗猝死，魏登瑞在1935年受聘来到北京协和医学院担任解剖学教授与新生代研究室的领导。他对"北京人"做了大量缜密的研究，相继发表了关于北京人的下肢骨（1936）、齿（1937）、四肢骨（1941）、头盖骨（1943）的研究报告。由于"北京人"的切齿齿冠的舌面凹成铁锹状，下颚里面有下颚隆起，这些结构特征只见于蒙古人种中，而在白人和黑人中是没有的。所以，基于对亚洲化石人类的研究，魏登瑞在1947年提出人类起源的多地域起源假说，力主欧洲、非洲、东亚和澳大利亚等多地域在差不多相同的时期，由同一地域的前驱者直接进化为后继者，即由直立人进化为古人再进化为现代人。他并且认为不同地域的人类系统不断地在进行混血。而北京直立人则是蒙古人种的祖先。发现爪哇杉吉兰直立人的德裔荷兰人类学家孔尼华（G.H.R. von Koenigswald）也明确主张人类的多地域进化说。杜布赞斯基、迈尔也支持人类多地域起源说。这种多地域进化说迄今仍得到一些人类学家的支持。如美国人类学家库恩（C. Coon）和澳大利亚的人类学家索恩（A. Thorne）等。当今主张多地域起源说的代表性学者是美国密西根大学的沃尔波夫（M.H. Wolpoff）。而美国伊利诺伊州立大学的F. 史密斯（F. Smith）则提倡"同化说"，从非洲走出，到达各地后与当地土著进行同化。同化假说实质是"多地域起源说"的改订版。

在我国，也有些学者是支持多地域进化假说的。笔者大学毕业后分配到山西大学生物系充当"米丘林遗传学"和"达尔文主义"（即进化学）课程的助教。当时大学使用的教材全部是从苏联教材翻译过来的。"达尔文主义"教程的最后一章是关于人类起源的问题，讲的是多地域进化说。1956年党中央提出百家争鸣方针。是年复旦大学生物系办了两个研究生班：孟德尔、摩尔根遗传学研究班和人类学研究班。笔者被派到复旦大学遗传学研究班进修，由于是脱产学习，时间充裕，就参加了两个研究班的学习，于是也有幸聆听了我国著名人类学家吴定良教授和刘咸教授讲授的猿猴学与人类学等课程。吴定良教授、刘咸教授都是赞同多地域进化说的,认为北京猿人是我们中国人的祖先。1974年笔者在俄文杂志《自然界》上看到一篇批判理查德·利基的非洲单一起源论点的文章("颅骨1470"),我在与刘咸教授交谈时,他力劝我把俄罗斯学者的文章翻译出来。在下面将介绍俄罗斯学者批判理查德·利基文章的摘要。现下中科院的吴新智教授也是主张人类多地域进化说的。

出非洲单一说不仅主张最早的直立人起源于非洲并扩展到欧亚大陆(第1次出非洲说,人类学界是普遍赞同的),连古人、智人也都是起源于非洲的(即第2次、第3次出非洲说)。就是说,非洲从来都是人类的"伊甸园"。出非洲的单一说否定原来分布在非洲以外地域的直立人,包括爪哇直立人和北京直立人等有进一步进化的可能性;否定欧亚大陆的直立人进化为尼安德特人或古人再进化为现代人的连续进化的可能性,认为他们都是走进进化死胡同的"废物"或"垃圾"。

就我们中华大地而言,在上百万年至几十万年期间,生息、繁衍着直立人如北京猿人、元谋直立人以及大荔人、马坝人等古人,从出土的化石看,在形态上具有演变的连续性和独有的特征,从文化上看也有其独特性并表现出很高的水平,如北京直立人会用火等。出非洲的单一说却说他们不能继续进化,不是我们的祖先,都莫名其妙地灭绝了。这种蛮横的论断的生物学根据、遗传学根据、生态学根据、地质学根据、古气候学根据是什么?如果说来自非洲的智人把中国大地上的土著人类都杀了,砍了,古战场和坟场又在何处?出非洲单一起源假说并没有拿出令人信服的证据。在科学发展史上,新的理论总是不断地取代旧的理论,推陈出新,科学才得以向前发展。这是真理。可是,有一个重要的前提,那就是新的理论必须对旧有理论所依赖的事实依据,如化石凭据,做出新的和更加合理的解释,否则新的理论是不能取代旧的理论的。

(2)二地域起源说

活跃在日本人类学界的学者马场悠男提出了人类起源的二地域说,认为非洲直立人走出非洲之后,一支进化为非洲-欧洲的现代人;另一支进化为东亚-爪哇-澳大利亚的现代人。二地域说承认北京直立人和爪哇直立人是东亚和大洋洲现代人的祖先。二地域进化说虽然异于多地域说,但它是不赞同出非洲的单一起源说的。

(3)在现代人的基因组中保有尼安德特人或其他古人如丹尼索瓦人的基因

1959年进化生物学者在纪念达尔文《物种起源》发表100周年的国际学术讨论会上提议,人类的分类地位隶属于人科(Hominid, Hominidea),人属(*Homo*),只一个智人种(*sapiens*),同时主张在这个种中,存在着时间性的即不同时间生存的两个亚种,其学名为 *Homo sapiens neanderthalensis*(从1964年起用此学名)和 *Homo sapiens sapiens*。纪念大会的上述的建议当然主要是依据当时人类学界所掌握的人类化石材料即依据表型组的特征提出来的。从基因组的角度看,这样的分类又是否合理呢?

分子遗传学的研究表明,在现代人的基因组中保有着尼安德特人的基因,这样的研究成果说明尼安德特人在人类进化的链条中是处于现代人前辈的位置上。

　　尼安德特人和现代人（现代智人）在大约8万年前到3万年前，他们的生存时期是重叠的。在他们共存的期间，两者是否有过性的交媾？此非庸俗之谈，而是一个严肃的关乎现代人类进化，关乎两者在遗传上有否继承联系，是否属于同一个种的科学问题，仅通过化石研究是难以回答这样的疑问的。德国马克斯普朗克进化人类学研究所的帕博（S. Pääbo）研究组在1997年成功地克隆了尼安德特人的线粒体DNA的D环领域，并与现代人线粒体DNA进行比对，发现现代人与尼安德特人大约是在50万年前分道扬镳的。而最早进化出来的现代人是非洲种群，充其量在15万年前。2010年5月，帕博研究组又发表了关于尼安德特人基因组的碱基序列的分析结果以及和现代人基因组碱基序列进行比对的结果。该研究组从位于东欧南部克罗地亚的温金加洞穴中发现的3个属于尼安德特人女性的骨头中提取出DNA进行碱基序列分析（大约是基因组全部碱基序列的60%），并与5个现代人（尼日利亚西南部居住的西非最大民族的约鲁巴族人1名，南非的桑族人1名，法国人1名，中国汉族1人，巴布亚新几内亚1人）的基因组的碱基序列做了比对，结果发现在现代人的基因组中有1%～4%是承袭了尼安德特人的基因。帕博等的分子遗传学研究结果表明，尼安德特人和现代人之间曾经发生过性关系，并在现代人的基因组中继承了尼安德特人的基因。分子遗传学的这样结论也并不令人感到太唐突，因为在1929～1934年间，英国和美国的联合考古队在对以色列（当时为巴勒斯坦）圣经中有名的卡尔梅尔山山麓的洞穴群进行发掘时，在相距百米左右的两个洞穴——埃特塔奔洞穴和埃司斯弗尔洞穴（两者不仅近在咫尺，而且从时代和文化上讲也是属于同一时期的）中却发现了令人吃惊的情形：在埃特塔奔洞穴里发现了一具属于尼安德特人女性的骨头，而在埃司斯弗尔洞穴里却发现了一具属于现代人男性的骨头。当时学界认为，这是属于两个不同种的人却在同一时期相邻而居，于是考古队的负责人加洛德便提出了尼安德特人和现代人有可能发生性关系的主张。在1999年4月还有一则令人震惊的报道：在离葡萄牙里斯本130千米处的拉佩德山谷发现了一个4岁左右的男童的骨头化石，生存在距今25 000年前。华盛顿大学的人类学家特林考司对这块头骨进行了研究，发现在此骨头上既具有现代人的特点也有尼安德特人的特点，于是特林考司得出结论：这个男童是尼安德特人和现代人的混血儿。还应指出，在帕博的上述研究结果中有两点是令人惊异的。第一，尼安德特人基因组的一部分基因不仅遗传给了欧洲人，而且传给了东亚人以及巴布亚新几内亚人那里；第二，在非洲古老民族的基因组中却没有与尼安德特人相同的碱基序列的，说明非洲的现代人的基因组中是没有尼安德特人的基因组成分的。对于上面的情形，学者的揣度是现代人类约在20万年前诞生于非洲的，那时尼安德特人已生息在欧洲与西亚。约10万年前，非洲的现代人类的一部分群体走出非洲，首先迁徙到西亚，而后从那里扩展到世界各地。当来自非洲的现代人群体迁徙到西亚的时候，很有可能与那里的尼安德特人邂逅，少数现代人（而非全部）有可能与西亚的尼安德特人发生了性关系，产生后代，因而尼安德特人的一些基因传递给了与之交媾过的现代人的后裔的基因组中，并随着现代人的不断东扩，尼安德特人的基因也就流向了东方。另一方面，没有走出非洲的现代人，从来没有与尼安德特人接触过，故而在他们后裔的基因组中自然也就没有尼安德特人的基因，这是很好理解的事。如果走出非洲的现代人在欧洲继续与尼安德特人进行交媾的话，那么，帕博的试验结果中，欧洲现代人的基因组中所保有的尼安德特人的基因的比例就应该高于东亚人的，可是事实上并非那样，尼安德特人基因所占的比例在欧洲人和东亚人之间没有差别。怎么解释这种情形呢？学者揣度：走出非洲的现代人与尼安德特人只在西亚发生了一过性的交媾，可能由于现代人的文化水平高于尼安德特人，对尼安德特人产生了嫌恶感，而后就不与尼安德特人发生交媾了。以上是帕博研究组对研究结果的解释。可这样的解释显得颇为牵强。是不是也可以做另样的解释，按着胡布林（Hublin）的见解，在欧洲，尼安德特人与现代人是组成独立的系统的，由尼安德特人进化为现代人，那么，在现代人的基因组中保有尼安德特人的基因则是理所当然的事了。或者作另种解释：尼安德特人与由他进化出的现代人有过共存的期间，有过共存期间是没有问题的，在共存期间发生了性关系也会产生同样的结果。帕博研究组在发表了尼安德特人的基因组之后，又发表了更加令人惊异的发现。他们从西伯利亚阿尔泰山脉的丹尼索瓦窑洞中出土的约 4 万年前的一个古人手指骨的断片中成功地得到了 mtDNA 的全部碱基序列。帕博将该手指的 mtDNA 的碱基序列与下列对象：生存在世界各地的 54 个现代人的，在俄罗斯发现的生存在 3 万年前的现代人的，6 个尼安德特人的，以及矮黑猩猩（*Pan paniscus*）和黑猩猩（*Pan troglodytes*）的 mtDNA 的碱基序列做了比较研究，推测出线粒体的系统树。系统树表明，丹尼索瓦人和向现代人发展的一支的分歧时间早于尼安德特人与向现代人发展的一支分歧的时间。尼安德特人与现代人是在约 50 万年前分歧的，而丹尼索瓦人与现代人是在约 100 万年前分歧的。从指骨的形态看是判断不出指骨的主人应该属于什么种，可是从其基因组的碱基序列来看，这个指骨主人所在的群体与尼安德特人是较为近缘的，而且还发现在现存人类的基因组中保有着丹尼索瓦人的基因，如构成现代人免疫系统的白细胞抗原 HLA Ⅰ 类抗原的突变型 HLA-BT3 就起源于丹尼索瓦人。HLA-BT3 型（type）在欧亚大陆人群中是很普遍的，占一半左右。而在现代非洲人群中却很难找到。这说明丹尼索瓦人曾与当时的现代人在西亚附近发生过杂交的可能性极高。正是由于杂交，现代人才从丹尼索瓦人那里继承了 HLA 基因，对于现代人提高免疫能力、繁荣人口发挥了积极的作用。而在美拉尼西亚人，澳大利亚的土著居民波利尼西亚人和西太平洋岛屿中的几个群体的基因组中保有从 1% 到 6% 数量的丹尼索瓦人的基因。而在非洲人的基因组中却没有发现丹尼索瓦人的基因。对于这样颇为奇异的事实，帕博主张智人曾两度与古人类发生过交配。第一次是智人开始走出非洲后，于西亚与尼安德特人发生过交媾，前面已述及。第二次交媾是前者的后裔移动到东亚与丹尼索瓦人邂逅而发生的。这第二次交媾就产生出美拉尼西亚人的祖先，逐渐迁徙到大洋洲。帕博的研究是很精彩的，有价值的，但隐藏在扑朔迷离现象背后的真相到底是怎样的，无疑还有待今后做进一步缜密的研究。

（4）出非洲单一起源说（out of Africa hypothesis for modern human origins, recent African origin hypothesis）

"出非洲单一起源说"或称"出非洲说"或"非洲起源说"等。其实质是排除欧亚大陆直立人有继续进化的可能性。当前主张这种论点的代表性学者是伦敦自然史博物馆的斯特林格（C. Stringer）。

现代的"出非洲起源说"主张现代人（*Homo sapiens sapiens*）约在20万年前作为一个新种诞生于非洲撒哈拉大沙漠以南的某一处，而后扩展到世界各地，并未与那里的土著古人类发生过交媾，而是把那里的古人类完全取代了。

这种论点并非始自A.C.威尔逊研究组关于人mtDNA研究所得出的夏娃（Eve）假说（R.E. Cann, M. Stoneking and A.C. Wilson, 1987），之前也有过非洲单一起源的见解。

① 理查德·利基的"颅骨1470"

在"夏娃"说之前，有的古人类学家根据化石研究就主张单一非洲起源说。1972年理查德·利基在东非卢多尔夫湖以东发现了一具280万年前的颅骨化石，脑容量为800 ml，没有眶上凸隆，即前面所讲的卢多尔夫人（KNM-ER1470）。根据1470的形态学特点，理查德·利基断言，它是智人的祖先，而欧亚大陆的直立人均为走进死胡同的"废物"。理查德·利基的这种论点当时在人类学界引起不小的波澜。俄文杂志《自然界》1974年第6期上发表了俄罗斯人类学家乌雷松撰写的题为"人类真的有三百万年吗？"的文章，不赞同理查德·利基的论点。笔者很赞同作者的见解，于是就将其译成中文，发表在《外国自然科学哲学》1975年的第1期上。笔者为了更清楚表达自己的思想将俄文文章原来的题目改成为："猿人是不是我们的祖先"（注：这里的"猿人"是指北京猿人等直立人）。由于文章很长，不宜将全部译文抄录在这里，仅取其中的主要论点和在40年后的今天仍有意义的见解介绍给读者。

> 1972年8月，在东非卢多尔夫湖东岸，曾有一项真正震撼人心的发现：理查德·利基考察团找到了一具化石人的颅骨，其登记号是1470。……
>
> 从1968年开始，考察团在路易斯·利基的儿子——理查德·利基的领导下，在肯尼亚北部卢多尔夫湖以东地区，对第四纪早期地层开始了系统的挖掘。在四个野外作业期间（1968—1971），考察团顺利地找到了化石人科的许多颅骨、肢骨、牙齿和上下颌骨的残片。理查德·利基把其中的一些残片归到南猿属，把另一些残片归到人属。考察团在一处绝对年代为260万年的地层中，发现了属于奥杜威文化的工具。这些工具较之路易斯·利基在奥杜威峡谷找到的工具早85万年。它们的创造者是比"能人"早得多的人。这一点自然是完全清楚了。……
>
> 理查德·利基考察团在这个地区的第五个野外作业的时期来到了。8月份的一天，理查德·利基的一个合作者，肯尼亚人伯纳德·恩金尼奥在一个沟壑里发现了一个化石人颅骨的许多残片。考察团的工作人员在头一天就挖出这枚颅骨的30多块碎片，许多碎片的大小不超过大拇指指甲那么大；两个最大的残片属于颅骨的额部。找到的残片数日益增多，以致理查德·利基的夫人——米薇·利基有可能着手对颅骨进行复原工作。六个星期后，复原工作顺利地完成了。根据钾-氩法分析，这具颅骨的绝对年代是很久的，超

过280万年,也就是说,比奥杜威峡谷的"能人"还要古老100万年。尤其令人惊异的是,这个生活在将近300万年前的化石人类的脑容量竟达到了800多毫升,大大超过了晚生一百万年左右的"能人"。

这枚颅骨的另一个十分惊人的特点是完全没有眶上隆凸。而眶上隆凸是被看作为现代人类的进化前辈——爪哇直立猿人、北京猿人和尼安德特人即实际上为所有化石人类所共有的特征。这具颅骨外表上的起伏也很不明显。理查德·利基还未拿定主意给这具颅骨定个固定的分类学名,即属名和种名。…… 现在暂时按照这具颅骨在内罗毕国家博物馆收藏品目录中的登记号码简单地称之为"颅骨1470"。……

考察团的成员们不久……找到了两根几乎完整的化石人的大腿骨,以及一些胫骨和腓骨的残片。埋藏这些下肢骨的地层,其绝对年代很接近于找到"颅骨1470"的地层。这项发现也是近乎轰动一时的。……根据初步研究材料来看,发现的大腿骨同南猿的大腿骨的差别是颇为清楚的,并且还具有极其进步的,同现代人的大腿骨近似的结构特点。这表明,大腿骨的主人比南猿能更好地适应于直立行走。最后,在10月份,当1972年野外作业临近结束的时候,恩金尼奥在离"颅骨1470"出土地点8英里的地方发现了一个大约6岁儿童的几颗牙齿和颅骨的一些残片。曾对颅骨进行了复原,就其复原后的相貌来看,是与"颅骨1470"近似的。理查德·利基考察团于1972年在卢多尔夫湖以东地区发现的惊人事实就是这样。……

理查德·利基提出了一个大胆的、但未必有足够根据的假说。按照他的说法,发源在卢多尔夫湖东岸的人是智人的直接祖先。他还把这种智人同"能人"、奥杜威的直立猿人(从奥杜威第Ⅱ层出土)和出自奥莫(Omo)谷地的晚旧石器时代的人连接起来。可是在这个体系中,所有南猿以及其他化石人类,其中包括爪哇直立人、北京猿人和古人(尼安德特人),实际上均被排除在人的进化历史之外,他们不过是进化的死胡同。在这种情况下,在古人类学发展的一百多年中所发现的,并且成为现代关于人类分阶段发展概念基础的大量化石人类不过是进化过程中的"废物"和"浪费"。……

1972年在卢多尔夫湖东岸的新发现向人类学家提出了艰巨的任务,并为耐人的寻思提供了最丰富的养料。我再重复一次:在对这些发现作更详细的论述和更深刻的理解之前,恐怕不应该匆匆忙忙地作出定论。还要着重指出另外一点:即现代关于人类形成过程及其系统发展史的观念确实正处在转折时期。最近如雪崩似地源源而来的新的事实,迫切要求研究人类起源理论的科学家们要以一种无畏的、客观的和批判的态度来分析迄今所积累起来的实际材料,以及根据这些材料所做的理论概括。

这篇文章发表后已过去整整40个年头了,但文章最后提出的两个论点,我认为迄今仍有现实意义。那就是:新的发现源源而来,人类学家在做更详细的论述和更深刻的理解之前,不要匆匆忙忙地下结论。同时,应该以一种无畏的、客观的和批判的态度来分析审核迄今所积累起来的实际材料以及根据这些材料所做出的理论概括。

当年理查德·利基匆匆忙忙提出的主张早已成为"明日黄花",而"颅骨 1470"不仅不是现代人的直接祖先,而且已被排除在人类发展的直接系统之外了。

附带说明一下,1974年我国正值"文革"时期,那时候写文章的著者或翻译文章的译者都是用假名而不用真实姓名的,所以这篇文章的译者名我用的是"黎歌"。

② 线粒体夏娃假说(Mitochondrial Eve hypothesis)

线粒体夏娃假说属于出非洲单一说的一种,从1987年来,这个假说非常流行,在几种假说中占据非常大的优势。

线粒体(mitochondria)是真核生物细胞中的一种细胞器。Mito在希腊语中是线的意思,chondrion在希腊语中是粒的意思。1929年齐克尔(C. Zirkle)将其命名为线粒体。线粒体是"生物机体的发动机"(Bioengine),它产生ATP,是供给生命进行各种化学反应(代谢)以及肌肉活动的能源。1962年纳斯夫妇(M.M.K. Nass & S. Nass)发现鸡的肝脏中的线粒体具有自己的DNA,命名为线粒体DNA(mitochondrial DNA,mtDNA)。后来发现所有真核生物细胞中的线粒体都有自己的DNA。线粒体基因组(mitochondrial genome)的大小因生物种类而异。哺乳动物的线粒体的基因组(mitochondrial genome)是小的,约16 kbp。在mtDNA中基因之间几乎是没有间隙的。人的线粒体基因组有16 569 bp(S. Anderson et al., 1981)。线粒体DNA基因组是单倍体,呈环状,有37个基因呈密集状态,不发生基因重组,碱基置换速度很快,较核基因碱基置换速度快上几倍。迄今已有5 000多人的线粒体DNA基因组碱基序列被解析。线粒体是母性遗传(maternal inheritance)的,即外曾祖母的mtDNA传给外祖母,外祖母的传给母亲,母亲的mtDNA传给孩子。mtDNA只沿着母系传递,故使用女人的线粒体基因组可以追溯到人的最原始的母亲那里。线粒体不论对于精子还是对于卵,都是不可或缺的重要的结构体。可是这两种生殖细胞中的线粒体数目却有着非常大的差别。受精时,精子必须摇动其鞭毛游向卵子,此时,有100个左右的线粒体都集中到鞭毛的根部。而卵子却是巨大的细胞,直径有0.1 mm,卵的体积大约是精子体积的8 000倍。在成熟的卵中至少有10万个线粒体。受精时,来自母方的线粒体数与来自父方的线粒体数为10万比100,相差千倍。受精后,来自父方的线粒体数目本来就少,又遭到选择性地破坏,结果来自父方的线粒体丧失殆尽。只有来自母方的线粒体传递给女儿和儿子。就是说,线粒体仅沿着女方代代相传。1987年加州大学伯克利分校的一位女学者坎恩(R.L. Cann)和A.C.威尔逊(A.C. Wilson)研究组利用线粒体DNA的单核苷酸多态性(SNPs)进行了追溯现代人始祖的研究。他们从非洲、欧洲、亚洲、新几内亚、澳大利亚收集到147个女人的胎盘线粒体为材料,用12种酶进行酶切,然后走聚丙烯酰胺电泳,研究结果是所有现代人最早都起源于约20万年前的一个非洲女性。约5万年前,现代人从非洲出发扩展到世界各地。坎恩和A.C.威尔逊的题为"线粒体DNA和人类进化"的论文发表在《自然》杂志上,在学界引起轩然大波。1988年科学普及记者将该项研究成果以"发现夏娃"为题写了报道,发表在美国《新闻周刊》(Newsweek)杂志上,产生了更加轰动的效果。坎恩等所说的现代人的共同的最早的母系祖先与圣经中的夏娃当然并

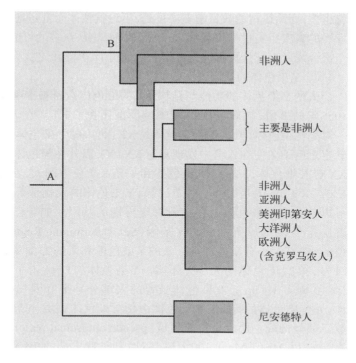

图15-2 根据mtDNA推测的现代人的系统树

A. 表示尼安德特人与现代人的分歧, 约在50万年前; B. 表示现代人中最古老的分歧, 约在15万年前。

非是一回事, 但是记者为了扩大媒体效应, 而用了"发现夏娃"那样的题目。虽说是比喻, 但倒也十分形象。为了有别于圣经的说法, 现在坎恩和A.C.威尔逊的"夏娃"一般称作"线粒体夏娃"。这种观点逐渐得到人们的接受(图15-2)。

既然"夏娃"是现代人的最原始母亲, 她总该有古代型的 Homo sapiens 的形态特征吧, 20万年前也好, 15万年前也好, "夏娃"该落实到非洲南部或者北部什么地方的某种化石人类的身上去吧, 可线粒体夏娃说并没有具体告诉我们。另外, 我们的"夏娃"最原始母亲总不会是从石头缝中蹦出来的吧, 她总该也是来自她的母亲, 而其母亲当该属于另外一种古老的人类, 是哪一种呢? 从"夏娃"的线粒体DNA也该推测、寻觅出她的母亲该属于另外的哪一种吧。可是对此, 线粒体夏娃说也无言以对。理由之一, 是受技术条件的限制。现下无法从更古老的骨骼中提取出DNA。线粒体夏娃说当下只是一种抽象的理论假说, 尚无法与古人类学所发现的众多的化石材料结合起来。

在国际碱基序列的数据库中登记的人的线粒体DNA的碱基序列已达数万人之多。取不同人的mtDNA序列作为研究材料, 可能就会绘出有差别的系统树来, 得出另外的"夏娃"。有文献提出当初曾有几十位"夏娃"(小群体)经历20万年才繁衍出当今全球近70亿的人口。

数量分类学对待不论是什么层次的系统树, 基因的, 生物群体的, 还是线粒体的系统树, 都将它们当做是抽象的操作上的分类单位(operational taxonomic unit, OTU)来处理。

作为数量分类学的结论性的见解是: OTU的数目越多, 形成系统树的可能性就越大,即系统树的数目越多。可是,不论就整体而言还是从局部而言,生物进化发展的真实历史过程仅只那么一次,故而,想从众多的可能的树形中找出仅仅一个符合或近于符合真实进化过程的正确树形,其难度之大是可想而知的。

③ Y染色体的亚当说

人的Y染色体的功能与结构:人的染色体数目被准确认知为23对46条,是1956年的事情,比确定DNA双螺旋模型还晚了3年。在人的23对染色体中,有一对是性染色体,女人的性染色体是XX,男人的性染色体是XY。人的染色体组确定之后不久便在人群中发现具有XX、XY以外性染色体的特殊个体,具有5条XXXXX染色体,3条XXX染色体和一条X染色体的人,都是女性;有XXXXY、XXY、XYY的人是男性。总之,具有Y染色体的人就是男性。依据这样的情况,可以认为在Y染色体上存在着决定男性的基因。如今已知在Y染色体上存在着决定男性形成睾丸的SRY基因(Sex Determining Region Y)。Y染色体是小型的,但其大小有个体差别。人的Y染色体和人的23对染色体组中的最小的第21号、第22染色体的大小差不多。Y染色体的DNA占了基因组的大约2%,含5×10^7碱基对(bp)。Y染色体长臂的大部分呈奎吖因(quinacrine)荧光反应阳性,是Y染色体的特征。Y染色体由伪常染色体领域、Y特异领域和异染色质领域三部分构成。伪常染色体领域(pseudo autosomal region,缩写PAR)包括短臂末端的2.6 Mb(1 Mb是100万碱基对)和长臂末端的0.4 Mb。Y特异领域(Non-recombining region of Y, NRY)有如下特征:其一,不与其他染色体配对,不发生重组;其二,总是沿着父系传递(paternal inheritance),即曾祖父的Y染色体传给祖父,祖父的Y染色体传给父亲,父亲的Y染色体传给儿子。这是Y染色体最本质性的特征。SRY基因存在于NRY内,但其位置离NRY和PAR交界处很近的只有5 kb的地方。在PAR发生重组之际,偶尔会发生错误,使SRY基因从Y染色体转入到X染色体上,这样,得到了具有SRY基因的XX个体却是男性。相反,得到失去了SRY基因的Y染色体的XY个体却是女性。这样的男性或女性在外观上都是正常的,但都是不孕的。存在于NRY领域内的基因大致可分为两类。一类是仅Y染色体所特有的基因,一类是与X染色体上的基因颇为相似的基因。Y染色体的特异基因多在精巢内表达,而与X染色体上基因相类似的基因则行使另外的功能。Y染色体的特异性基因以复数拷贝形式存在。拷贝数目因个体或民族的不同而发生变异。Y染色体上存在的基因通过人类基因组计划,已基本搞清。Y染色体上的基因很少。有文献报告,在Y染色体上有156个转录单位,78个为蛋白质编码的基因,可是问题是其中不少是相似的或似乎有点差异的,到底是不是相同的难能判别。能够与别的基因区别开来的只有27个基因。而与Y染色体大小几乎相等的第21号染色体有440个基因,第22号染色体有844个基因,说明Y染色体上的基因很少。至于异染色质领域,占大部分,其大小存在着很大的个体差异。用奎吖因染色,染得最浓,Y染色体的细胞学特征就表现在这里。但是这个部分中没有基因,是由TTCCA 5个碱基序列反复地重复所构成。

Y染色体的起源:性染色体是怎样起源的呢? 这是进化学的一个大问题。对此问题,大野乾提出一个假说在学界得到广泛的赞同。大野认为,X染色体和

Y染色体原来是一对常染色体,由于要分化出决定男女性别的功能,所以才完成了使原来的一条染色体进化为具有决定男性功能的Y染色体。Y染色体改变最大,而X染色体则保留了原来的状态,故X染色体和Y染色体在形态上、大小上、基因数目上都随着功能的分化而出现很大的差异。从DNA角度看,除PAR领域外,X染色体和Y染色体两条染色体在很多地方存在着程度不等的相同性,相同性的存在有力地证明它们本来是同源的,在进化过程中还保持着原来关系。另外,认为PAR是在比较新的时期从别的染色体演变过来的,起着避免减数分裂时发生染色体不分离现象的产生。人的X染色体和Y染色体同为性染色体,但是Y染色体在进化过程中变化最大。

通过Y染色体追溯现代人的祖先:既然Y染色体具有沿着父系传递的性质,把世界各地的各式各样人的Y染色体收集起来进行分析,该是可以追溯到现代人起源的原始祖父那里去的。Y染色体是研究人类进化的好材料。最近,科学家们将非洲、欧洲、南亚(以印度为中心的地区)、东亚(中国与日本)、大洋洲(澳大利亚和新西兰)、美国(土著印第安人)等地域的男人们的Y染色体收集起来,运用Y-STRs[Y染色体的短串联重复(short tandem repeat),又称微卫星DNA(microsatellite DNA),由2~6个核苷酸组成的重复单元串联重复10~60次而成的简单重复序列]多态和SNP(单核苷酸多态性,在Y染色体上实际由于1个碱基置换或缺失或插入造成SNPs型DNA多态是少的)的方法对Y染色体的特征进行分析,研究结果说明了以下的情形:其一,除非洲外,世界上所有的男人的Y染色体都是在约20万年前从非洲的原始祖父那里派生出来的。其二,研究结果显示,生存在非洲的人群中有着具有异于全球共同特征Y染色体的人,说明非洲人有着比其他大陆上的人们更古老的历史。其三,生存在南亚、东亚和大洋洲的人们可分为两个组群,一个组群是直接从非洲祖先那里分歧出来的;另一个组群是在保持同欧洲人具有相当共同性的同时,又与之分歧的,说明欧亚人群起初是一伙,而后分歧的。其四,美洲的土著人是从东亚的人们那里分歧出去的。

Y染色体的研究表明,世界上所有的现代人都是在约20万年前从非洲原始男性祖先起源的。这个假说可谓之是"Y染色体的亚当说"(图15-3)。

(5)交配说

德国汉堡大学的布劳尔(G. Brauer)提出"交配说"。这个假说是"出非洲起源说"的修正版。交配说主张从非洲走出的现代人扩展到世界各地后,并非干净利索地把当地的土著古人类消灭取而代之,而是与当地的土著人类发生了性关系,把之前的古人类的基因吸收到现代人的基因组中去。帕博的几项研究结果可作为这种观点的佐证。美国人类学家哈梅尔(W.H. Hammer)和沃尔(J.D. Wall)研究组对非洲现代人与非洲古人(因热带雨林,非洲古人类的DNA难以保存)交配情况进行了研究。他们收集撒哈拉以南的3个群体的基因组的61处领域的序列数据,用计算机模拟各样可能的进化途径,模拟出的结果是:3个群体的DNA中的2%是承袭自约70万年前与智人祖先分歧的、约3.5万年前在中央非洲与现代人类发生过交配、现已灭绝的古人类。哈梅尔研究组从在美国南

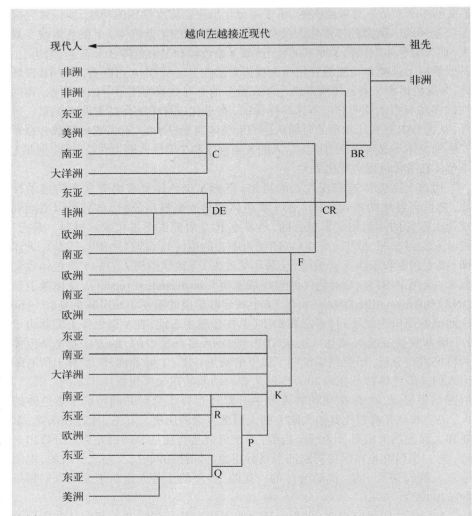

图15-3 对从世界各地收集到的现存男人的Y染色体进行研究分析的结果

　　按Y染色体单倍体的不同，分18个类型，以英文字母A—R表示之。表明全球男性均来自非洲原始男性祖先，经过分歧、反复分歧，扩展到世界各地。

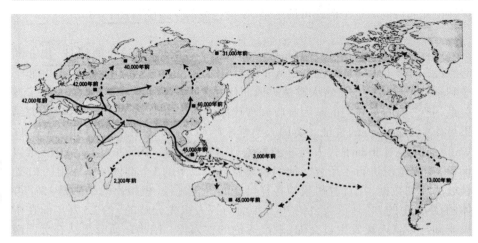

图15-4 20万年前在非洲诞生的现代人向世界各地扩展的途径及年代推测图

　　时间单位：千年

卡罗来纳州生活的一个美籍非洲人的Y染色体中发现了一段非常稀有的碱基序列,进一步研究查明,这段稀有的碱基序列是来自Y染色体系统树上30多万年前与智人祖先分歧的未知的系统。而后通过基因数据库对近6 000个非洲人的Y染色体进行检索,发现了11例这种稀有的碱基序列,这11例都是住在喀麦隆西部一个非常窄小地区的男性。说明在他们的基因组中保留着遥远古代人类未知系统的基因。

古人类学家根据所得到的既具有古人类特征又具有现代人特征嵌合型的化石资料所做出判断是,约20万年前到3.5万年前在从摩洛哥到南非的广大区域里曾生活过从古人类向智人过渡的许多人类群体,交配假说的学者认为那时是会发生生殖隔离尚不完全的异种交配的。

主张交配说的学者认为,通过异种交配,现代人基因组中承袭了古人类的基因,而古人类的基因对于现代人的生存与繁荣也许起着很有益的作用,因而才被自然选择保留下来。

人类起源问题,一个多世纪以来由于多个学科学者的努力取得了重大的进步,但是仍存有许多谜团。随着科学的不断进步,特别是测定化石中基因的技术的进步,如能突破现下3万～4万年前的界限,将测定古老人类化石基因组的年代大大向前推进的话,人类进化的途径以及现代人起源的问题,无疑会变得愈加清晰起来(图15-5)。

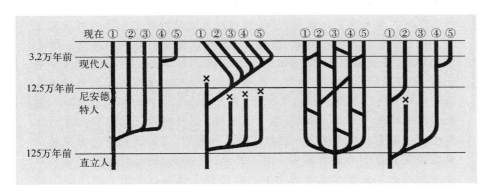

图15-5 现代人起源图

左1:多地域进化说亦称蜡烛台说、连续说;左2:出非洲单一起源说或称第二次出非洲说,第1次是直立人出非洲,×表示绝灭;左3:多地域混血说(魏登瑞),斜杠表示混血;左4:二地域进化说(马场悠男)。图顶端数字:①非洲;②欧洲;③东亚;④爪哇岛;⑤澳大利亚。

相关链接 **非洲直立人何时走出非洲与为什么走出非洲**

从前面的叙述,我们可知由南方古猿属的阿法人种(*Australopithecus afarensis*)几经周折进化到人属的直立人种(*Homo erectus*)。这个转变是在大约240万年前在非洲大陆上实现的。南方古猿属和人属的能人一直是生息在非洲大陆的。可是发展到直立人阶段后，一部分群体竟走出非洲故土，奔向亚欧大陆。但是，非洲的直立人为什么要离开故土，踏上遥远的征途？学者们认为是由于以下的原因所导致。外部原因在于非洲气候干燥化和沙漠的扩大化以及人口密度的慢慢增高，食物来源渐渐匮乏起来。内部原因则是多重的。首先在于直立人的体力及智能都有很大程度的提升，脑容量增加到1 000 ml左右，是南方古猿和能人的脑容量的1.5～2倍，直立人的智慧程度超越了"文化的卢比孔河"界限。其二，直立人的食性进一步向杂食性方向发展，促进了健康程度的提高。其三，直立人能有效地使用工具进行采集食物与狩猎活动，生产力得到进一步的发展。而生产力的发展是与生活的安定化联系在一起的。生活的安定化自然会促进人口增长，使人口密度不断增高。有的学者估计，按当时直立人的生产力水平，养活一个人的土地面积至少需要10平方千米以上，所以非洲土地能养活的人口就有限了。在上述的内部外部的双重压力下，于是在大约180万年前，一部分直立人群体为了求生，不得不离开非洲故土，向陌生的世界迁徙。首先落脚地是中近东，之后又奔向了欧亚大陆。

多地域进化说主张走出非洲的直立人到达各个地域后，落地生根，独立进化，经过古人阶段（在欧洲则是尼安德特人阶段），进化为现代人。而出非洲的单系统进化说则认为，到达欧亚大陆的直立人没有继续进化的可能性，是走进死胡同的"废物"。现代人也是由非洲起源的。即走出非洲的，不止直立人那一次，而后又发生过第二次（古人阶段）乃至第三次（智人阶段）。但是，为什么扎根在欧亚大陆的直立人没有继续进化的可能性？他们又是怎样被第二次、第三次来自非洲的移民消灭的？初来乍到的移民一定是小股的，数量不会多，怎样打败了世世代代生活在那里的土著呢？对于这样一些非常朴素的问题，出非洲的单一系统进化模型并没有给予清晰的回答。为了补台，交配说、融合说盛行起来。看来多地域进化模型和出非洲的单一系统进化模型的争论大概还将持续一段时日。

参考文献

达尔文.物种起源.周建人,叶笃庄,方宗熙,译.北京:生活·读书·新知三联书店,1954.

杜布赞斯基.遗传学与物种起源.谈家桢,韩安,蔡以欣,译.北京:科学出版社,1962.

庚镇城,谈家桢.异色瓢虫的几个遗传学问题.自然杂志,1981,3(7):512-518.

庚镇城.达尔文新考.上海:上海科学技术出版社,2009.

庚镇城.李森科时代前俄罗斯遗传学者的成就.上海:上海科技教育出版社,2014.

庚镇城.林耐与《自然体系》.上海科技馆,2013,5(1):51-58.

庚镇城.人类基因组研究的成果和趋向.科技导报,2004,6:15-22.

庚镇城.生命本质的探索.上海:上海科学技术出版社,2004.

海克尔 E.创造史.马君武,译.上海:商务印书馆,1935.

海克尔 E.宇宙之谜:有关一元论哲学的通俗读物.上海外国自然科学哲学著作编译组,译.1973.

利基 R.人类的起源.吴汝康,吴新智,林圣龙,译.上海:上海科学技术出版社,1995.

中国科学院综合计划局编.创新者的报告(第5集).北京:科学出版社,2000.

坂本秀人.科学思想史の探究.東京:学文社,2013.

宝来 聪.DNA人類進化学.東京:岩波書店,1997.

北川 修.集団の進化:種形成のメカニズム.東京:東京大学出版会,1991.

倉谷 滋.個体発生は進化をくりかえすのか.東京:岩波書店,2005.

池田清彦.生物多様性を考える.東京:中公選書,2012.

大塲秀章.植物分類表.東京:Aboc社,2009.

大野 乾.先祖物語:遺伝子と人類誕生の謎.東京:羊土社,2000.

大塚柳太郎,等.人類生態学(第2版).東京:東京大学出版会,2012.

更科 功.化石の分子生物学:生物進化の謎を解く.東京:講談社,2012.

庚镇城,谈家桢.テントウムシの遺伝学的問題.遺伝,1983,37(3):48-53.

宮田 隆.DNAからみた生物の爆発的進化.東京:岩波書店,1998.

宮田 隆.分子からみた生物進化.東京:講談社,2013.

宮下直,井鷺裕司,千葉 聡.生物多様性と生態学:遺伝子·種·生態系.東京:

朝倉書店,2012.

関村利郎,野地澄晴,森田利仁.生物の形の多様性と進化——遺伝子から生態系まで裳華房,2003.

横山利明.日本進化思想史(3):生物統計学への道.東京:新水社,2011.

井内史郎.分子生物学でダーウィン進化論を解剖する.東京:講談社,2010.

駒井 桌.遺伝学に基づく生物の進化.東京:培風館,1976.

《科学》编集部编.现代进化论の展开.科学,1982.

瀬戸口烈司."人類の起源"大論争.東京:講談社,1995.

瀬戸口烈司,小沢智生,速水 格,編.古生物の科学4,古生物の進化.東京:朝倉書店,2011.

馬場悠男 監修.人類の起源(イミダス特別編集).東京:集英社,1997.

米本昌平.时间と生命.東京:書籍工房早山,2010.

木村资生.生物進化を考える.東京:岩波新書,1988.

内田亮子.人類はどのように進化したか:生物人類学の現在.東京:勁草書房,2007.

浅島 誠,駒崎伸二.動物の発生と分化.東京:裳華房,2011.

清水信義.ヒトゲノム=生命の設計図を讀む.東京:岩波書店,2002.

日本進化学会.進化学事典.東京:共立出版株式会社,2012.

榊 佳之.ヒトゲノム.—解讀から応用・人間理解へ.東京:岩波新書,2002.

石川 统.分子進化.東京:裳華房,1985.

松本俊吉.進化論はなぜ哲学の問題になるのか.東京:勁草書房,2010.

速水格,森啓,編.古生物の科学1,古生物の総説・分類.東京:朝倉書店,2011.

太田朋子.集团遺传学の确率過程と中立説およびほぼ中立説の発展.遺伝,2009,63(4):28-32.

湯浅 明.细胞学.東京:同文堂,1943.

尾本惠市.ヒトはいかにして生まれたか.東京:岩波書店,1998.

伊藤元已.植物分類.東京:東京大学出版会,2013.

斎腾成也 等.リーズ進化学(2):遺伝子とゲノムの進化.東京:岩波書店,2004.

斎藤成也,諏訪元,颯田葉子,等.シリーズ進化学(5)ヒトの進化.東京:岩波書店,2006.

埴原和郎.人類の進化史:20世紀の総括.東京:講談社,2004.

Briggs D E G, Erwin D H, Collier F J. The Fossils of the Burgess Shale. Washington D C: Smithsonian Institution Press, 1994.

Cann R L, Stoneking M, Wilson A. Mitochondrial DNA and Human Evolution. Nature, 1987, 325: 336.

Carson H L, Genetics and Evolution of Hawaiian Drosophila. New York: Academic Press, 1982.

Ehrman L, Parson P A. Behavior Genetics and Evolution. New York: McGraw-Hill Book Company, 1981.

Gould S J. Wonderful Life. The Burgess Shale and the Nature of History. New York: W.W. Norton & Company, INC. 1989.

Gregory T R. The Evolution of the Genome. 北京: 科学出版社, 2005.

Haeckel E H. Generelle Morphologie. 1866.

Kettlewell H B D. The Evolution of Melanism. Oxford: Clarendon Press. 1973.

Kimura M. Evolutionary Rate at the Molecular Level. Nature, 1968, (217): 624-626.

Kimura M. The Neutral Theory of Molecular Evolution. Cambridge: Cambridge University Press. 1983.

King J L, Jukes T H. Non-Darwinian Evolution. Science, 1969, (164): 788-798.

Leakey R E. Skull 1470. National Geographic, 1973, 143(6).

Mayr E, Animal Species and Evolution. London: Oxford University Press, 1942.

Mayr E, One Long Argument: Charles Darwin and the Genetics of Modern Evolutionary Thought. Cambridge: Harvard University Press, 1991.

Mayr E. Toward a New Philosophy of Biology. Cambridge: Harvard University Press, 1988.

Ohno S, Evolution by Gene Duplication. New York: Springer-Verlag New York INC., 1970.

Ohta T. Slightly Deleterious Mutant Substitution in Evolution. Nature, 1973, 246(9): 96-98.

Parker A. In the Blink of An Eye: How Vision Sparked the Big Bang of Evolution. New York: Basic Books, 2003.

Sarich V, Wilson A C. Immunological Time Scale for Human Evolution. Science, 1967, (1958): 1200-1203.

Simpson G G. Horses. The Story of the Horse Family in the Modern World and through Sixty Million Years of History. New York: The National History Library, 1961.

Simpson G G. Tempo and Mode in Evolution. New York: National Academies Press, 1944.

Simpson G G. The Meaning of Evolution. A Study of the History of Life and of Its Significance for man. New Haven: Yale University Press, 1967.

Smith F H, Ahern J C M. The Origins of Modern Humans: Biology Reconsidered. New Jersey: WILEY Blackwell, 2013.

Stanley S M. Extinction. New York: Scientific American Books INC, 1987.

Stanley S M. The New Evolutionary Timetable: Fossils, Genes and the Origin of Species. New York: Basic Books, 1981.

Stebbins G L Jr., Variation and Evolution in Plants. New York: Columbia University Press, 1950.

Strickberger M W. Evolution. 3rd ed. 北京: 科学出版社, 2000.

Sturtevant A H，A History of Genetics. New York: Harper & Row Publishers，1965.

Swanson C P，Merz T，Young W J. Cytogenetics. Prentice-Hall，INC.1967.

The Human Genome. Nature，2001，409，745-984.

Бабков В В. Московская Школа Эволюционной Генетики. Москова: НАУКА，1985.

Завадский К М. Учение о виде. Издатерльство Ленинградсково Университета，1961.

Маркс К, и Энгельс Ф. Сочинение. Том. 20, Комментарии, 52. МОСКВА, 1961.

Урысон М И. Неужели Человеку 3 Миллиона Лет? Москова: Природа, 1974, 6.

Четвериков С С. О Некоторых Моментах Эволюционного Процеса с Точки Зрения Современной Генетики. Журн.Эксперим. Биологии, 1926, Сер. А, Т.2, С, 3-54.

附录　进化学史年表

年　　份	大　事　件
公元前 10 世纪	中国编纂《诗经》与《书经》。其中有关于动植物知识的记述
公元前 5—6 世纪	阿那克西曼德(Anaximandros)生物进化论萌芽
公元前 5 世纪	恩倍多克勒(Empedokles)自然选择说发源
公元前 345 年	亚里士多德(Aristoteles)著有《动物志》、《动物部分论》、《动物发生论》等；将包括生物在内的全世界事物定位在"自然阶梯"中。孕育出类似于自然选择说的构思
公元前 320 年	德阿佛拉斯多斯(Theophrastos)著有《植物志》、《植物原因论》等,奠定植物学基础
公元前 250 年	中国编纂《周礼》,建立动植物的分类体系
公元 5 年	中国编纂《神农本经》,对药草、药物进行系统的记述
公元 60 年	戴欧斯寇利迪斯(Dioscorides/Dioscurides)著《药物志》,为药草学先驱
公元 77 年	老普林尼(G. Plinius Secundus)出版《博物志》,西洋博物学从此开始
公元 2 世纪	盖伦(K. Galenos)古代西方医学集大成者
290 年	张华发表《博物志》
625 年	塞维利亚(Sevilla)的伊希道茹斯(Isidorus Hispaensis/Isidor-de sevilla)出版《语源录或事物的起源》20 卷,系百科全书
659 年	中国《新修本草》完成
9 世纪	贾希兹(Al-Jahiz)出版《动物之书》,随后科学在伊斯兰世界兴隆起来
935 年	源顺《和名类聚抄》出版,本草学输入日本
11 世纪	伊本西那(Ibn-Sina)[即阿维森纳(Avicenna)]出版《医学典范》和《矿物之书》
13 世纪	麦格努斯(A. Magnus)出版《论动物》、《论植物》
1558 年	格斯纳(C. von Gessner)出版《动物志》全 5 卷
1596 年	李时珍著《本草纲目》,对世界特别亚洲各国本草学的发展影响极大

1637年	笛卡尔(R. Descartes)出版《方法序论》提倡与生机论对立的动物机械论,主张身心二元论
1642年	阿尔德罗万迪(U. Aldrovandi)从1599年出版《大动物学书》,在其生前出版5卷,其死后由后继者出版了8卷,共13卷
1651年	哈维(W. Harvey)出版《动物发生论》,提倡个体发生中的后成论
1665年	虎克(R. Hooke)首先记载细胞
1669年	斯泰诺(N. Steno)提倡地层重叠法则
1685年	扬瓦姆丹(Jan Swammerdam)出版《普通昆虫学》,提倡个体发生中的前定论
1686年	雷(J. Ray)出版《普通职位志》,面向新的植物分类学
1709年	贝原益轩出版《大和本草》
1735年	林耐(Carl von Linne)出版《自然体系》的第一版,提倡二名法及建立植物的性分类体系
1745年	皮埃尔莫倍督(Pierre L.M. de Maupertuis)出版 Venus Physique,为提倡进化论概念之先驱
1747年	梅特里(La Mettrie)出版《人类机械论》
1749年	布丰(G.L.L. de Buffon)的《一般与个别的博物志》开始发行
1749年	狄德罗(D. Diderot)在其《盲人书简》中进行了基于自然选择作用而产生进化的初步思考
1751年	狄德罗与达朗贝尔(J.L.R. d'Alembert)出版《百科全书》
1758年	林耐出版《自然体系》第10版,开创近代植物动物分类学
1790年	歌德(J.W. von Goethe)出版《植物变态的研究》,提倡原型说(形态学上的进化假说)
1800年	居维叶(G. Cuvier)开始出版《比较解剖学讲义》,确立比较解剖学
1803年	小野兰山出版《本草纲目启蒙》
1805年	布鲁门巴赫(J.F. Blumenbach)在《比较解剖学手册》一书中提倡人种分类
1809年	拉马克(J.B. Lamarck)和特雷维拉努斯(G.R. Treviranus)同年分别使用了"生物学"(Biologie)一词
1809年	拉马克出版《动物哲学》,提倡他的进化理论
1814年	洪堡德(A. von Humboldt)开始刊行《新大陆赤道地方纪行》
1817年	居维叶出版《动物界》,将动物分为四"型"
1818年	圣提雷尔(G. St. Halaire)出版《解剖哲学》提倡型的同一性原则
1830年	巴黎科学院围绕动物的型的同一性原则问题,居维叶与圣提雷尔展开大争论
1839年	达尔文(C. Darwin)出版《贝格尔号舰航行日记》

1841年	欧文（R. Owen）命名恐龙为dinosauria（英文dinosaur）
1844年	钱伯斯（R. Chambers）出版《创造的自然史的痕迹》
1856年	在德国尼安德特溪谷发现尼安德特人的骨化石
1859年	达尔文《物种起源》出版，建立基于自然选择理论的生物进化学说
1860年	始祖鸟化石在德国发现
1861年	巴斯德（L. Pasteur）实验否定了微生物自然发生论
1866年	海克尔（E. Haeckel）发表《普通形态学》，发表生物进化系统树；论述个体发生与系统发生的统一性
1866年	孟德尔《植物杂种的研究》发表，提出遗传法则
1869年	以赫胥黎（T.H. Huxley）与斯宾塞（H. Spencer）等为成员的X俱乐部成为学术中心，周刊杂志 Nature 发刊
1871年	达尔文《人类的由来与性选择》出版，论述人类的进化及性选择
1871年	米歇尔（J.F. Miescher）发现含DNA的核素
1883年	魏斯曼（A. Weismann）指出动物体细胞与生殖细胞不同，提倡生殖质连续理论
1889年	华莱士（A.R. Wallace）出版《达尔文主义》
1889年	高尔顿（F. Galton）*Natural Inheritance* 发刊，确立生物统计学与变异统计学的研究
1900年	孟德尔遗传法则再发现
1900年	兰德斯泰纳（K. Landsteiner）发现ABO式血型
1901年	底弗利斯（de Vries Hugo）提出突变说
1909年	约翰森（W.L. Johannsen）提出纯系选择无效论
1909年	约翰森提出遗传物质基因（Gen）概念
1910年	摩尔根（T. Morgan）利用果蝇发现伴性遗传
1911年	约翰森主张基因型与表型应该加以区分
1915年	魏格纳（A. Wegener）出版《大陆与海洋的起源》，提出大陆移动说
1918年	布里奇斯（C.B. Bridges）最早主张基因重复在进化过程中的重要性
1925年	达特（R.A. Dart）在南非发现 *Australopithecus africanus* 的化石
1927年	穆勒（H.J. Muller）发现利用X射线辐照可使突变率上升
1930年	费希尔（R.A. Fisher）出版 *Genetical Theory of Natural Selection*
1932年	霍尔丹（J.B.S. Haldane）出版 *The Causes of Evolution*
1932年	霍尔丹首先利用人的数据测定自然突变率
1937年	杜布赞斯基（T. Dobzhansky）出版 *Genetics and the Origin of Species*
1940年代	解明遗传物质的本质是DNA
1946年	美国设立研究进化学会（Society for Study of Evolution）

1947年	利比（W.F. Libby）开发出利用碳素同位比测定年代（碳14）的方法
1950年	亨尼希（W. Hennig）提倡分歧学理论
1951年	麦克林托克（B. McClintock）发现转座子
1953年	沃森（J.D. Watson）和克里克（F.H.C. Crick）确立DNA双螺旋结构模型
1954年	桑格（F. Sanger）发表蛋白质氨基酸序列测定法
1954年	阿丽森（E. Allison）研究疟疾与镰刀形红细胞贫血症，证明平衡选择多态
1955年	沙库尔（R.R. Sokal）等利用计算机做成系统树，创立数量分类学
1959年	佩鲁茨（M.F. Perutz）解明了血红蛋白的立体构造
1959年	魏泰克（R.H. Whittaker）发表生物五界说（细菌、单细胞真核生物、动物、植物、菌类）
1962年	发现在叶绿体中存在DNA
1963年	迈尔（E. Mayr）出版 *Animal Species and Evolution*
1964年	哈密尔顿（W.D. Hamilton）发表近缘选择理论
1965年	朱克坎德尔（E. Zuckerkandl）和波林（L.C. Pauling）提出分子钟概念
1965年	德霍夫（M.O. Dayhoff）开始构建氨基酸序列数据库（Atlas of Protein Sequence and Structure）
1966年	在脊椎动物的基因组中发现有许多重复序列存在
1960年代	遗传密码被解明
1967年	A.C.威尔逊（A.C. Wilson）等用免疫学方法推测人与类人猿在500万年前分歧
1968年	木村资生提出分子进化的中立理论
1968年	说明大陆移动的板块构造（plate tectonics）理论发表
1969年	金（J.L. King）和朱克斯（T.H. Jukes）发表题为非达尔文进化的论文
1970年	费奇（W.M. Fitch）提出直系同源（orthology）与旁系同源（paralogy）概念
1971年	分子进化学的专业杂志 *Journal of Molecular Evolution* 问世
1972年	埃尔德雷奇（N. Eldredge）和古尔德（S.J. Gould）提出断续平衡理论
1972年	大野乾提出垃圾DNA（junk DNA）概念
1970年代	桑格等人发明测定DNA碱基序列的简便方法
1975年	E.O.威尔逊（E.O. Wilson）创刊 *Sociobiology*，社会生物学诞生
1975年	根井正利出版 *Molecular Population Genetics and Evolution*，分子群体遗传学确立

1980年	欧洲EMBL开始构建碱基序列数据库
1981年	美国开始构建碱基序列数据库GenBank
1981年	桑格等人测定了人的线粒体基因组碱基序列
1981年	马古利斯（L. Margulis）出版 *Symbiosis in Cell Evolution*，主张细胞器最早是由原核生物作为共生体组合到现代真核生物的祖先细胞当中演变而来
1983年	发现HOX基因
1983年	木村资生出版 *The Neutral Theory of Molecular Evolution*
1983年	分子进化学专业杂志 *Molecular Biology and Evolution* 开始出版
1986年	根井正利与五條崛孝提出非同义置换的名称
1987年	日本DNA数据银行（DDBJ）开始构建碱基序列数据库
1988年	欧洲进化生物学会（European Society for Evolutionary Biology）成立
1994年	諏訪元和怀特（M.J.D. White）在埃塞俄比亚发现 *Ardipithecus ramidus* 的化石
1995年	文特尔（C. Venter）最初完成细菌（流行性感冒细菌）基因组碱基序列的测定
1996年	哥费奥（A. Goffeau）等最初完成真核生物（出芽酵母）基因组碱基序列的测定
1998年	最初完成动物（线虫，*Caenorhabditis elegans*）基因组碱基序列的测定
2000年	最初完成植物（拟南芥）基因组碱基序列的测定
2001年	亚当斯（M. Adams）完成黑腹果蝇（*D. melanogaster*）基因组碱基序列的测定
2001年	赖（C. Lai）鉴定出儿童发展语言所必要的FOXP2基因
2001年	文特尔等发表人类基因组碱基序列的概要版
2002年	柯林斯（F. Colins）等发表人类基因组碱基序列的概要版
2002年	伽德纳（M. Gardner）等完成疟疾原生动物（*Plasmodium falciparum*）基因组碱基序列的测定
2002年	阿帕里西奥（S. Aparicio）发表河豚（*Takifugu ruburipes*）基因组测序的概要版，系鱼类基因组的最初解析
2002年	深津（T. Fukatsu）等发现细菌（Wolbachia）和昆虫（Callosobruchus）之间的基因水平转移
2003年	霍特（R. Holt）等完成疟疾媒介昆虫虐蚊（*Anapheles gambiae*）基因组碱基序列的测定
2003年	洛克萨尔（D. Rokhsar）与佐藤（N. Satoh）等国际研究组完成尾索类海鞘的全基因组碱基序列测定
2003年	国际人类基因组财团研究组完成人类基因组全部碱基序列的测定

2004年	文特尔对马尾藻海（Sargasso Sea）海水中细菌群的基因组（metagenome）进行解析，解析了约120万个基因，发现800种光感受基因
2004年	帕尼（E. Birney）发表GeneWise和Genomewise，系通过基因组比对研究进化的算法
2005年	国际财团研究组完成细胞性黏菌（多细胞模型化生物）基因组的碱基序列的测定
2008年	惠勒（D.A. Wheeler）完成沃森（J.D. Watson）个人全基因组碱基序列的测定，开启个人基因组测序的新时代

人名索引

结束语

　　韶华易逝，岁月倥偬。我自从教，已超过一个甲子。扪心自问，我对待教育事业是热爱的和忠诚的。不管是讲过几遍的课，上课之前，我总要认真准备，考虑板书与图表，试讲几次，尽量使艰涩的问题变得易懂化，把新掌握的知识充实到讲课的内容中去。不论在国内还是在国外，我是常到图书馆和书店去看书的。

　　这本书中的有些内容是我在讲授植物学、遗传学、分子遗传学、进化学、进化遗传学、生命科学导论以及讲授《自然辩证法》、《反杜林论》著作中有关生物科学哲学的讲座中使用过的材料。如今，当我重新拾起一些材料放到这本书里去的时候，不禁使我满怀深情地回忆起那已远去了且永远不会重返的从教生涯。满堂莘莘学子安静听讲和笔记时的样子，听得起劲时泛起的欢声笑语、掌声，费解时表现出的那种困惑眼神，课间休息时，一些学生围拢到讲坛前与我讨论问题时的情景……都历历在目，恍若昨日。其实，俱往矣，我退休已有十几个年头了。然而，往事并不如烟。对于久已被岁月尘封了的过去，我依然无限的怀念与眷恋！

　　我常常想起听过我授课的历届同学们。他（她）们早已先后离校而远去，在天之涯，海之角，漂泊四方。我由衷地祝愿他（她）们：事业有成，生活幸福！每当我听到我的学生在工作上取得重大成就时，我为他（她）们感到无比的喜悦与骄傲！同时也深深体会到作为一个播种者，园丁，践行"太阳底下最神圣的事业"（捷克伟大教育家夸美纽斯语）的教师，又是何等的光荣！我对于过去从教生涯中所付出的努力、辛劳，无怨无悔。

　　时光长河永远向前流淌。不经意间，我已迈入耄耋之年。再不能像昔日那样踏上讲坛与学生们一起切磋琢磨学问了。行笔至此，不禁一抹淡淡的惆怅漫过我的心头，慨叹在奔腾不息的生活大潮中，人生是何等的短暂与无奈！

　　然而，我有幸赶上了中华民族伟大复兴的好时代，我愿为实现振兴中华之梦尽微薄之力。

　　谨将这本小册子奉献给年轻的同行们，愿能对他们的教学、科研工作有所助益。

　　于此，我要对上海图书馆表达由衷的感激与谢忱！

　　图书馆是我求知的宝地，是我无比珍爱的精神家园。1956年我来到复旦大学研究班进修后便常到当时位于南京西路的市图书馆去看书。即使在"文化大革命"时代，凡有可能，我也到图书馆去看书。1960年代中叶李森科派倒台后，苏联的一些杂志陆续刊登出介绍、弘扬20世纪二三十年代活跃在国际遗传学舞台上的俄罗斯一些著名遗传学家的成就。我作为一个遗传学工作者对此抱有极大的兴趣。那时候没有复印机,我就把好的文章及有关的报道几乎一篇不漏地抄录下来,累积成很厚的一沓子笔记。1978年,我考取日本留学。日本人懂俄文者极少。而日本遗传学者对李森科时代前俄罗斯遗传学家的成就也颇感兴趣。于是,我就想向东京大学研究室的同僚介绍俄罗斯遗传学者的成就作为我的学术研讨会(seminar)的报告内容。我让内人把我抄录的那些俄文笔记邮到东京来。那时,家里经济颇拮据,内人为省钱而未挂号寄出,结果我一直没有收到。多年付出的心血与劳作,如石沉大海,化为乌有,我痛心万分。1981年底我留学归来。筹建实验室,科研,教学,指导研究生,行政工作等接踵而至,忙得不亦乐乎,就没有时间去图书馆看书了。直到2000年完成最后一期的教学任务后,才又有可能成为迁到淮海中路新址的上海图书馆的常客。这时的图书馆办得更加好了。论硬件,与我所看到的发达国家的图书馆相比,毫无逊色,甚至优于它们。论软件,不断从国外进口大量新书。图书馆的工作同志对读者的服务也更加周到与人性化了。我七十岁过后,视网膜发生病变,医生告诫我:看书的时间不可过长。图书馆的工作同志对我很热情,尤其葛蔼丽研究员在了解了我的病情后,对我非常热情关照。她说你既然不能长时间地阅读,就把书借给你拿回家去慢慢看吧。这对于我保养眼睛是再好不过了。一本书我不可能两三天看完,有时拖两三周才归还。我内心是十分愧疚的,怕影响其他读者阅读。当我向葛老师道歉时,她总是笑容可掬地宽容地说:"不必太介意,书总是给读者看的嘛。"尤其令我感激的是,我为了写《李森科时代前俄罗斯遗传学者的成就》一书时,由于我当年抄录的俄文笔记已付诸东流,只好凭借记忆,再把那些重要的文献、报道找出来。可是,图书馆已将20世纪六七十年代的俄文杂志全搬到南汇航头书库里去了。葛老师总是不厌其烦地一次又一次地把我所要的历时长久的陈年杂志从航头书库调到淮海中路来,让我逐本寻找。同样,即将面世的这本《进化着的进化学》一书所引用的书籍文献也多受益于上海图书馆的许多同志和葛老师的热情帮助。于此,对于葛蔼丽老师及其他同志全心全意为读者服务的崇高精神,谨致深挚的谢意。

由于眼疾,我不能较长时间在电脑前工作。《生命本质的探索》、《达尔文新考》、《李森科时代前俄罗斯遗传学者的成就》以及这本拙作,很多部分为我老伴朱定良按照我的字迹极其潦草的原稿起早贪黑地帮我打成的。她耗费了很多的时间与精力。她作为拙作的"第一读者",也给我提出过许多意见,供我思考与修改。于此,也向她致谢。

2015年12月3日黄昏
完稿于上海松江九亭国亭花苑寓所

图　版

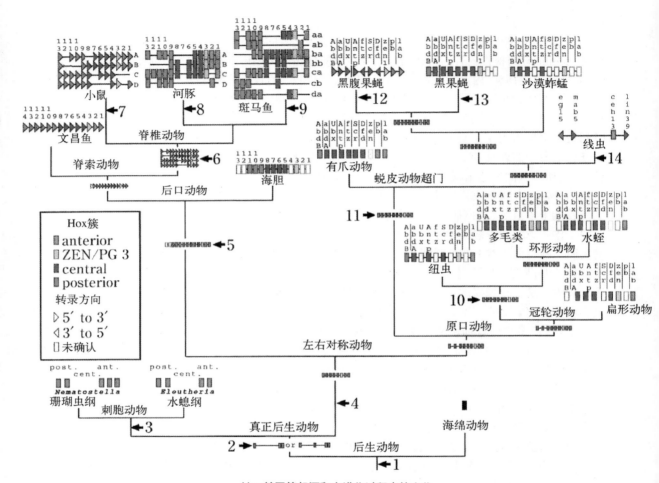

Hox基因簇起源和在进化过程中的变化